Von den besten Experten profitieren

Band 2

Expertenportal

VON DEN
BESTEN
EXPERTEN
PROFITIEREN

INSPIRATION • INSIGHTS • IMPULSE

BAND 2

GOLDEGG VERLAG

Umschlaggestaltung: Christina Pörsch

Der Verlag und seine Autoren sind für Reaktionen, Hinweise oder Meinungen dankbar. Bitte wenden Sie sich diesbezüglich an verlag@goldegg-verlag.com.

Der Goldegg Verlag achtet bei seinen Büchern und Magazinen auf nachhaltiges Produzieren. Goldegg Bücher sind umweltfreundlich produziert und orientieren sich in Materialien, Herstellungsorten, Arbeitsbedingungen und Produktionsformen an den Bedürfnissen von Gesellschaft und Umwelt.

ISBN: 978-3-99060-202-7

Herausgeber: © Expertenportal Hermann Scherer

Herstellung und Vertrieb:
Goldegg Verlag GmbH
Friedrichstraße 191 • D-10117 Berlin
Telefon: +49 800 505 43 76-0

Layout, Satz und Herstellung: Goldegg Verlag GmbH, Wien
Printed in the EU

Inhaltsverzeichnis

Vorwort Hermann Scherer
»Von den besten Experten profitieren 2«

Liebe Leserin, lieber Leser, was ist Ihre Expertise? Das Schöne am Expertentum ist doch, dass wir alle, jeder Einzelne von uns, Experten sind. Jeder hat sein Fachgebiet, seinen speziellen Bereich, in dem er sich bestens auskennt. Ob durch Erfahrung oder durch Studium und Lernen, die Wege dahin sind so vielfältig wie die Expertisen selbst. Wir alle sind unterschiedliche Menschen, und jeder von uns hat bestimmte Fähigkeiten, Talente und Interessen. Aus diesem Grund kann niemand Experte in allen Bereichen sein. Wie gut, dass wir voneinander lernen können!

In den unterschiedlichsten Situationen im Alltag und im Beruf stehen wir tagtäglich vor kleinen und großen Herausforderungen. Manche mögen mehr und manche weniger bedeutend sein, doch wer sie zu meistern weiß, kommt einfacher und entspannter durch seinen Tag. Wie gut also, dass es für alle Bereiche des Lebens Menschen gibt, die mit der Expertenbrille auf der Nase drauf schauen und uns die Richtung weisen können.

Und genau das ist der Grund, weshalb dieses Buch, das Sie gerade in den Händen halten, entstanden ist. So viele Experten haben sich hier zusammengetan, um Ihnen mit einem Wissens- und Erfahrungsschatz, der unbezahlbar ist, zur Seite zu stehen. Jeder einzelne Autor ist eine Koryphäe auf seinem Gebiet und gibt in diesem besonderen Sammelband seine Expertise weiter. Übrigens ist dieses Werk nicht einfach ein weiteres Buch, sondern regelrecht eine Sensation. Denn es scheint nahezu unmöglich, so viele Top-Experten aus so unterschiedlichen Bereichen mit ihrem Wissen zwischen zwei Buchdeckel zu bringen. Umso wundervoller ist es, dass dies hier gelungen ist.

Damit ist dieses Werk für Sie geschrieben und gemacht, liebe Leserin, lieber Leser. Es ist ein wunderbarer Wissensschatz, der Ihnen einen neuen Blick auf die kleinen und großen Probleme, Herausforderungen und Fragen ermöglicht und Ihnen Lösungen, neue Ideen und Ansätze abseits von altbekannten Weisheiten bietet. Nutzen Sie diese wertvollen Expertisen für das, was Sie gerade benötigen, und gestalten Sie Ihren Alltag entspannter und leichter.

Euer *Hermann Scherer*

Mein sicherer Hafen

Ich habe mir als Kind immer vorgestellt, dass ich der Kapitän eines Schiffes bin. Dies war mein persönlicher Zufluchtsort, wenn ich das Gefühl hatte, alles bricht über mir zusammen. Ich wusste schon in meinen Kindheitstagen, dass ich der einzige Mensch bin, der sich selbst in seinen sicheren Hafen fahren kann. Leider haben mich die Erwachsenen oft enttäuscht, diese Enttäuschungen zogen sich wie ein roter Faden durch mein Leben.

Vorhang auf für eine tragische Geschichte, die für mich persönlich nicht hätte schöner enden können.

Ich heiße Severin, bin einunddreißig Jahre alt und liebe das Meer. Ich liebe es, wenn sich die Sonne im Meer spiegelt, ich liebe die unendliche Weite, und ich liebe die Ruhe. Als gebrochenes Kind entschied ich mich dazu, dass mein Schiff mein Zufluchtsort wird. Ohne Meeresungeheuer, Unwetter und Menschen. Nur ich und das Meer. In meinem Leben habe ich einige Häfen abgefahren, bis ich an meinem sicheren Hafen angelangt war. Das war eine unschöne Reise voller Leid, Trauer und Entbehrung.

Bei meiner Geburt begann meine Schiffsreise. Meine Mutter war mit einem Mann zusammen, der weder zu ihr noch zu mir besonders liebevoll war. Wir lebten gemeinsam in einer winzigen Dachgeschosswohnung. Ich hatte kein Kinderzimmer und schlief auf einer Matratze, meine Mutter lag neben mir. Sie versuchte eine gute Mutter zu sein, jedoch war sie oft schwach und hilflos. Sie arbeitete als Reinigungskraft, um mich und ihren Partner über Wasser zu halten. Später nahm sie für ihren Partner einen Kredit auf, dieser nahm das Geld und ließ uns zurück, im Übrigen war das mein Vater. Mein Kindheitshafen war stürmisch, auf dem Meer tobte der Wind. Es tat weh, dass er einfach ging und uns alleine zurückgelassen hat.

Ich kam in den Kindergarten. Für viele Kinder ist dies ein schöner Hafen, ein geborgener Hafen, ein Hafen voller Fantasie. Für mich war er das leider nicht. Ich bemerkte früh, dass ich anders bin als die anderen. Meine Mutter war überfordert mit mir, und ich spürte das. Eine unschöne Kombination, sie trank heimlich Alkohol und dachte, ich nehme dies nicht wahr. Mein Opa mischte sich nun in die Erziehung ein. Wir zogen nach Mayen, um in seiner Nähe zu leben.

Ich wurde eingeschult, mein Lernhafen. Kinder sind oft begeistert in dieser Zeit, ich fühlte mich unwohl. Ich war ein auffälliges Kind, störte den Unterricht, war grob zu meinen Mitschülern und ließ mir nichts sagen. Nach dem ersten Schuljahr verwies man mich aufgrund meines Verhaltens von der Schule. Es folgten weitere Schulen, dies änderte jedoch nichts an der Problematik.

Das Jugendamt griff ein, und ich kam in eine Tagesgruppe. Zu diesem Zeitpunkt war ich acht Jahre alt und erlebte einen sexuellen Übergriff. Dies erzählte ich meinem Opa, der mich sofort aus der Tagesgruppe nahm. Dieser Hafen war so grau, dass er nicht grauer hätte sein können.

Das Jugendamt griff ein weiteres Mal ein und brachte mich zu einer Pflegefamilie. In dieser Pflegefamilie lebten vier weitere Kinder, einige waren dunkelhäutig, darüber habe ich mich gefreut, denn ich wollte nicht immer der »Neger« sein. Der, der aufgrund seiner Hautfarbe oft von anderen Kindern beleidigt und geschlagen wurde. Die Pflegefamilie war anfangs freundlich zu mir, und ich dachte, ich sei angekommen, angekommen in meinem sicheren Hafen. Leider hielt das Gefühl nicht lange und entwickelte sich zu meiner persönlichen Hölle. Es fing an mit einem sechsmonatigen Aufenthalt in einer Kinder- und Jugendpsychiatrie. Es folgten Schläge, ich wurde getreten und schwer misshandelt. Man hat mich angespuckt und mir immer wieder gesagt, dass ich nichts wert sei und mich meine eigene Mutter nicht lieben könnte. Ich konnte mein Schiff nicht mehr lenken, ich hatte das Gefühl, es kentert. Ich konnte mich nicht wehren, ich dachte, ich versinke. Nie habe ich mich so hilflos und alleine gefühlt.

Als ich zehn Jahre alt war, entdeckte ich meinen Bruder im Haus meiner Pflegefamilie, er hatte sich erhängt. Ich dachte, ich ertrinke, ich fühlte mich so unendlich leer. In mir starb etwas mit ihm.

Ich erzählte alles meinem Opa, er griff sofort ein und nahm

mich aus der Pflegefamilie. Ein Strahl Sonnenschein überkam mich auf dem Meer.

Jedoch verschwand die Sonne so schnell, wie sie kam. Es folgten ein Kinderheim und eine Jugendgruppe. Zu diesem Zeitpunkt war ich zwölf Jahre alt. Ich konsumierte das erste Mal Drogen. Durch all mein Leid war ich müde vom Leben, ich fing an zu trinken und gewalttätig zu werden. Ich schlug im Alkoholrausch wahllos auf Menschen ein und hatte mich nicht mehr unter Kontrolle. Ich fühlte mich gefangen in diesem Martyrium, das niemals enden wollte. Das mich niederschmetterte und mir die Luft zum Atmen nahm. Ich verlor meinen Zufluchtsort. Es folgte eine Anzeige nach der nächsten, und ich wurde mit sechzehn für vier Jahre inhaftiert. Tatsächlich hat mir diese Zeit etwas geholfen, und ich kam zur Ruhe. Ich habe in der Zeit versucht, meine Gedanken zu sortieren. Diese Abwärtsspirale belastete mich sehr, ich war doch noch ein Kind.

Nach dem Gefängnis mit zwanzig trank ich wieder Alkohol. Die Angst, kein normales Leben führen zu können, begleitete mich ständig. Ich konnte das nicht mehr ertragen und hatte Suizidgedanken. Wie weit soll dieses Martyrium noch gehen? Ich fragte mich, warum ich so bin, und fing an zu recherchieren. Ich bin auf das Wort Selbstwertgefühl aufmerksam geworden und setzte mich intensiv damit auseinander. Ich fing an zu meditieren, zu lesen und Texte zu verfassen. Ich will mich lieben als der Mensch, der ich eigentlich bin, der, der immer tief in meinem Inneren schlummerte und zerschmettert wurde. Man hat mich gebrochen, doch ich wollte niemals aufgeben. Ich wusste, dass dieses Leben hinter all dem Elend noch etwas Schönes für mich bereithält. Ich absolvierte mein Abitur und gründete eine Firma. All dies habe ich mir Stein für Stein durch meine innere Kraft aufgebaut. Dies hat mir niemand zugetraut, ich wollte jedoch allen beweisen, wie wertvoll ich bin. Mich durchströmte zum ersten Mal das Gefühl von Liebe.

Da ich nun ein sturmerfahrener Kapitän bin, fordere ich dich dazu auf, mit mir gemeinsam auf dein Schiff zu steigen und deinen sicheren Hafen anzusteuern.

Severin Bah

»Radikale Ressourcenorientierung« für Leben und Beruf

Am Freitag, den 3. August 2012, begann mein ganz persönlicher Lehrgang »Radikale Ressourcenorientierung«. Mitten in der Nacht. Meine Schlagader riss ein. Eine Aortendissektion, also unmittelbare Lebensgefahr. Ich hatte nur wenige Minuten, um einen Notarzt zu rufen. Als das Rettungsteam eintraf, waren meine Beine bereits gelähmt, ich musste auf dem Boden robben, um die Türe zu öffnen. Nicht einmal eine Stunde später in der Klinik Herzstillstand. Ich begann zu sterben. – Doch ein Elektroschock der Ärzte brachte das Herz wieder zum Schlagen. Transport ins Herzzentrum, fünfstündige Herz-Operation.

Aufgewacht bin ich drei Tage später auf Intensivstation. Querschnittsgelähmt, dialysepflichtig und verwirrt durch Narkose und einen Schlaganfall. »Die meisten Patienten mit dieser Diagnose kommen hier nicht lebend an«, beglückwünschte mich der Professor zu meiner Rückkehr ins Leben. Heute weiß ich: Das war damals mein Hauptgewinn in der Lotterie des Lebens. Und ich lernte eine *erste Lektion* der radikalen Ressourcenorientierung: »Dieses Leben ist jederzeit endlich. Möglicherweise schon im nächsten Augenblick. Also er-lebe dein Leben!«

Er-leben bedeutet nicht das Sammeln von flüchtigen Erlebnissen oder das gezwungene Abarbeiten einer »Bucket List«, sondern das regelmäßige, bewusste und dankbare Wahrnehmen eines jeden Tages mit seinen wertvollen Ressourcen. »*Was war heute wertvoll für mich?*« – Seit 2012 nehme ich mir dafür jeden Abend ein paar Minuten Zeit. Ich er-lebe nochmals bewusst all das, was ich an diesem Tag lernen, erleben und beitragen durfte. Also alles, was hilfreich war. Der Tag endet auf diese Weise mit einer Bilanz der täglichen Ressourcen.

2012 musste ich allerdings erst einmal sechs Wochen den

Lärm der Intensivstation ertragen, bevor ich für mehrere Monate in eine spezielle Reha-Einrichtung für Querschnittsgelähmte kam. Zu diesem Zeitpunkt konnte ich noch nicht einmal mehrere Minuten in einem Stuhl sitzen, ohne seitwärts wegzukippen. Keine Rumpfstabilität.

Ich lernte Menschen kennen, die wie ich um jedes noch so kleine Stück Selbstbestimmung kämpften. Selbst essen können. Selbst duschen können. Selbst den Körper im Bett umverlagern können – für die meisten Menschen alltäglich und normal, für manche Menschen aber Luxus: die *Selbstbestimmung*. Daraus entspringt die *zweite Lektion* der radikalen Ressourcenorientierung: »Lebe selbstbestimmt!« – Handle also nach deinen Werten und Prinzipien, übernimm selbst die Verantwortung und fälle Entscheidungen *für* etwas. Kurz: Sei kein Opfer.

Wenn du Menschen erlebt hast, die sich jedes noch so kleine Stückchen Selbstbestimmung stolz zurückerobert haben, dann hast du eine Vorstellung, wie wichtig diese Ressource in jedem Leben ist. Selbstbestimmung ist die Voraussetzung, um über sich selbst hinauszuwachsen. Das gilt für den Patienten, der zurück ins normale Leben will, wie auch für das selbstlernende Team. Beide wachsen über sich hinaus, wenn sie selbstbestimmt handeln können und Verantwortung tragen. Aber nimm ihnen die Selbstbestimmung, und es verschwindet auch die Motivation: Der Patient bleibt tagsüber im Bett liegen, das Team fällt zurück in den Dienst nach Vorschrift.

Das Bett war auch am Montag, den 5. November 2012, Ort eines großartigen Ereignisses: Ich konnte mit dem großen Zeh wackeln! Wenige Tage später stand ich das erste Mal, wenn auch sehr instabil. Von da an wusste ich: Es gibt die Chance, wieder auf die Beine zu kommen. Diese Hoffnung und das tägliche Erleben von Fortschritten beflügeln geradezu, alles zu unternehmen, um den eigenen Körper wieder auf die Beine zu stellen. Es waren die erfolgreichsten Wochen des ganz persönlichen Er-Lebens. Voller Schmerzen, aber beschwingt von Optimismus, Mut und sichtbarem Wachstum. Hier zeigte sich die *dritte Lektion* der radikalen Ressourcenorientierung: »*Finde und nutze Feedbackschleifen, um Selbstwirksamkeit zu erleben!*«

Wenn *Selbstbestimmung* das ist, was wir *von innen heraus*

aus eigener Verantwortung, eigenen Werten und auf Basis eigener Entscheidungen machen (inside-out), dann ist *Selbstwirksamkeit* das, wodurch wir uns als einzigartige Existenz *erleben* dürfen (outside-in). Um Selbstwirksamkeit zu erleben, braucht es *Feedbackschleifen*, also eine Rückkopplung zum eigenen Handeln. Das können im Alltag banale Dinge sein wie der Duft eines selbst gemähten Rasens.

Feedbackschleifen sind ebenso eine wirksame Ressource für das Selbstwirksamkeitserleben in Teams. Oft erlebe ich aber als Teamcoach, dass Feedbackschleifen in Teams nur spärlich gepflegt werden. »Nicht geschimpft ist Lob genug« – das ist auch heute noch ressourcenfeindliche Führungskultur. In dieser Feedback-Einöde lohnt sich Motivation nicht.

Ohne erlebte Selbstwirksamkeit ist jeder *Change* im Unternehmen nur eine Belastung, die zuweilen aktiv bekämpft wird. Kürzlich meldete sich ein Konzern bei mir, der nach einer Umstrukturierung Großraumbüros eingeführt hatte. Das erfuhren zuletzt die Mitarbeiter, und so war die Stimmung nachvollziehbar im Keller. Eine neue Motivation der Mitarbeiter erhoffte sich das Management durch ein Teamcoaching. Selbstwirksamkeit? Nicht einmal über die Zimmerpflanzen wollte man die Mitarbeiter entscheiden lassen, wobei das tatsächlich ein erster Ansatzpunkt gewesen wäre. Das Letzte, was ich von diesem Konzern hörte, waren rote Zahlen und ein weiterer, dreistelliger Stellenabbau. Ressourcen im Keim erstickt.

Leider kennen viele Führungskräfte immer noch zu wenig Wege, um *authentische* Feedbackschleifen wirken zu lassen. Dabei wäre das auch mit kurzfristigen Team-Interventionen gleich doppelt positiv zu beeinflussen. Denn je mehr es der Führungskraft gelingt, durch Feedbackschleifen Selbstwirksamkeit im Team zu erzeugen, desto selbstwirksamer nimmt die Führungskraft auch sich selbst wahr.

Meine persönlichen Feedbackschleifen begannen 2012 irgendwann mit dem wackelnden großen Zeh und brachten mich dann wieder zurück in die neue Normalität. Das waren wertvolle Wochen des Wachstums. Und als ich im Januar 2013 das Querschnittszentrum mit Gehhilfen verlassen konnte, war das einer der glücklichsten Momente im Leben. Noch im Frühjahr

2013 gründete ich ein Unternehmen mit fünfzehn Mitarbeitern, schloss in den folgenden Jahren ein zweites Studium sowie mehrere Hochschulzertifikate ab und konnte seitdem viele Teams dabei unterstützen, ihre eigenen Resilienz-, Kommunikations- und Service-Ressourcen auszubauen.

Wenn ich heute gefragt werde:»Oh, was ist Ihnen denn passiert? Wird das wieder?« – dann gibt es zwei Perspektiven auf meine Gehbehinderung. Die eine sieht das, was ich verloren habe und was nicht mehr möglich ist. Der Fokus liegt auf den *Verlusten*. Die andere Perspektive ist die *Perspektive der radikalen Ressourcenorientierung* und sieht das, was ich noch kann und dazugewonnen habe. Ich habe mein Leben zurückgewonnen, ich kann zu Fuß jeden Ort erreichen, wenn auch langsamer als zuvor. Ich kann weiterhin selbstständig leben und arbeiten, und ich habe in meinen Teamcoachings Zugänge zur Gruppe, die kein Trainer oder Coach findet. Denn wenn ich aufstehe, um zum Flipchart zu gehen, dann ist es immer mucksmäuschenstill. Weil jeder im Raum sich fragt, was gleich umfällt: das Flipchart oder der Teamcoach. Die *vierte Lektion* der radikalen Ressourcenorientierung lautet daher:»Wechsle so lange deine Perspektive, bis du deine Ressourcen erkennst.« Und als Team:»Lasst uns so lange unsere Perspektive wechseln, bis wir unsere Ressourcen erkennen.« – Radikale Ressourcenorientierung funktioniert. Weil sie Probleme löst. Dafür gibt es bewährte Tools.

Max Beier

Max Beier (M.A., BBA, Kommunikationswirt) war bereits viele Jahre als Kommunikationsexperte und Teamcoach im Einsatz. 2012 wurde er zum Ressourcenexperten mit einzigartiger Feldkompetenz: Er überlebte den Riss der Schlagader, Herzstillstand, Schlaganfall und Sepsis und kam trotz Querschnittslähmung wieder auf die Beine. Acht

Monate später gründete er ein Unternehmen mit fünfzehn Mitarbeitern und kehrte zurück in die neue Normalität. Als mehrfach hochschulzertifizierter Teamcoach und Resilienztrainer bietet er maßgeschneiderte Interventionen, Keynotes und Workshops an, indem er Ressourcenorientierung, Resilienz und Kommunikationskompetenzen kombiniert.

ressourcenexperte.de

Meine Gedanken zum Thema Führung

Was wird heute und morgen von guten Führungskräften erwartet?

Wenn Mitarbeiter beim Umgang mit ihren Kunden aufgrund mangelnder Qualifikation gravierende Fehler machen, ist dafür in erster Linie die Führungskraft verantwortlich.

Überwiegend gibt diese Führungskraft aber aufgrund der Vorgesetztenposition dem Mitarbeiter die Schuld dafür, um zu beweisen, wer das Sagen im Unternehmen hat. Natürlich führt dieses Verhalten zur Demotivation, im schlimmsten Fall zum Burnout des Betroffenen.

Die Anforderungen an Führungskräfte sind also sehr hoch. Sie müssen in der Lage sein, ihren Mitarbeitern Verantwortung zuzugestehen, Belastungssituationen vorzubeugen und Konflikte beizulegen.

Bei jedem Mitarbeiter ist individuell zu entscheiden, welches Maß an Selbstbestimmung für ihn sinnvoll ist, um keine Über- oder Unterforderung auszulösen, sondern eine Bereicherung.

Jeder Mitarbeiter muss das Gefühl besitzen, dass sein Vorgesetzter ihn ernst nimmt und dass seinen Leistungen Gewicht beigemessen wird. Weiter sollte er auch immer eine gebührende Anerkennung für gute Leistungen erhalten. Werden die Führungskräfte diesem Anspruch nicht gerecht, zeigt sich das in einer hohen Anzahl von Arbeitsunfähigkeitstagen bei den Mitarbeitern.

Struktur des prozessorientierten Führungssystems

Um die Führungs- und Organisationsaufgaben anforderungsgerecht durchzuführen, gibt es bereits eine große Anzahl von unterschiedlichen Führungsinstrumenten, wie z. B. Leitbilderstellung, Kennzahlensystementwicklung, Personalentwicklungsprogramme, Qualifizierungskonzepte und Ähnliches. In der Praxis werden diese Instrumente aber selten in einen übergeordneten Zusammenhang gestellt.

Um Mitarbeiter weiterzuentwickeln und für Aufgaben zu qualifizieren, bedarf es bei den Führungskräften, aber auch bei den Mitarbeitern selbst einer Methodenkompetenz. Diese Methodenkompetenz ist noch aus einem anderen Grund sehr wichtig. Mehrere Studien über die Ängste von Führungskräften haben gezeigt, dass sie bei Entscheidungen unsicher sind und deshalb zögern, überhaupt Entscheidungen zu treffen.

Methodenkompetenz verleiht Sicherheit und nimmt Führungskräften die Angst. Deshalb ist es wichtig, über Methodenkompetenz-Schulungsmaßnahmen dieses Defizit gezielt abzubauen.

Aber reicht Methodenkompetenz für eine erfolgreiche Führungskraft heutzutage bereits aus?

Meine Sicht der Dinge

Als ich mich vor zehn Jahren (2010) als Trainer und Coach selbstständig gemacht habe, habe ich mir einige Fragen gestellt. Die erste Frage, die ich mir gestellt habe: Wie werden eigentlich Mitarbeiter zu Vorgesetzten? Meine Erfahrungen haben gezeigt, dass viele Mitarbeiter aufgrund ihrer fachlichen Qualifikation zu Vorgesetzen wurden. Dann dreht sich die Welt um 180 Grad, und sie müssen auf einmal Dinge tun, auf die sie nicht vorbereitet sind: Mitarbeitergespräche führen, Ziele vereinbaren, Veränderungen erfolgreich umsetzen, Kritikgespräche führen, effektiver und effizienter mit dem Team kommunizieren, Wertschätzungen geben und vieles mehr. Aber wie mache ich das? Wie spiele ich auf diesem Klavier?

Die zweite Frage, die ich mir gestellt habe, ist: Was wird heute und besonders morgen von guten Führungskräften erwartet, um einen erfolgreichen Job machen zu können?

Die Anforderungen habe ich auf drei Kompetenzbereiche aufgeteilt:

1. *Die persönliche Kompetenz:* Sie beinhaltet hohes Selbstbewusstsein, sicheres Auftreten, gutes Erscheinungsbild, seine eigene Körpersprache im Griff zu haben, Initiativen zu ergreifen und Vorbild-/Vorlebefunktion zu sein.

2. *Die Methoden-Kompetenz:* Die Führungsinstrumente beherrschen, visualisieren und moderieren zu können, seine eigene Zeit und die der Mitarbeiter im Griff zu haben, Beziehungen zu anderen Menschen aufzubauen und inspirierende Präsentationen zu halten.

3. *Die soziale Kompetenz:* Diese beinhaltet die Kommunikations- und Motivationsfähigkeit, hohes Einfühlungsvermögen, angemessene Kritikfähigkeit, Kompromisse eingehen zu können und sicher Entscheidungen zu treffen.

Das ist wie die Eier legende Wollmilchsau, die dann auch noch tieftaucherfahren und höhentauglich ist. Das müssen Übermenschen sein, wo gibt es solche Führungskräfte?

Ob Sie wollen oder nicht, ob es Ihnen gefällt oder nicht, genau das sind die Anforderungen an die heutige und morgige Führung. Sonst haben Sie in den Zeiten des Wandels langfristig keine Chance. Und mal Hand aufs Herz: Wenn ich Geschäftsführer oder Führungskraft in Ihrem Unternehmen bin, bekomme ich auf diesen Feldern in Ihrem Unternehmen ein systematisches und nachhaltiges Training?

Und wenn Sie an dieser Stelle erkennen, wo es bei Ihren Führungskräften noch Potenzial gibt, dann wissen Sie ja jetzt konkret, was zu tun ist.

Es gibt kaum eine bessere Möglichkeit, sinnvoll zu investieren, als in die Entwicklung Ihrer Mitarbeiter. Und genau dafür haben die Führungskräfte Ihres Unternehmens den größten Einfluss. Gleichzeitig erzielen Sie stärkste Hebelwirkung für die Steigerung der Betriebsergebnisse.

Wie Sie hier an einer Studie der *Universität Pennsylvania*

sehen, bringt ein Investment in die Mitarbeiterentwicklung mehr als das Doppelte an Produktivitätssteigerung als ein Investment in das Betriebskapital. Besser können Sie Ihr Geld kaum investieren.

Aus diesem Grund verfolge ich zwei Lerngrundsätze, die ich jeder Führungskraft mit auf den Weg gebe:

1. Lebenslanges Lernen ist die Voraussetzung für dauerhaften Erfolg.
2. Manchmal müssen wir uns nicht nur weiterbilden, sondern uns an Dinge erinnern, die wir in der Vergangenheit gelernt haben, und konkret anwenden und umsetzen.

Daher mein Appell: Entwickeln Sie sich vom *Vorgesetzen zu einer Führungspersönlichkeit,* damit Sie zukünftig sicherer, leichter und einfacher führen, um Ihre Teamperformance massiv zu steigern. Bleiben Sie »am Ball«.

Business Training Hannover
Andreas Berwing

Andreas Berwing

Seit zehn Jahren bin ich als erfolgreicher Führungskräftetrainer besonders für kleine und mittelständische Unternehmen unterwegs. Davor war ich selbst dreißig Jahre in weltweit agierenden Unternehmen beschäftigt und war in dieser Zeit mehr als achtzehn Jahre als Führungskraft eingesetzt.

Ich verfolge zwei Lerngrundsätze: Erstens, lebenslanges Lernen ist die Voraussetzung für dauerhaften Erfolg, und zweitens, manchmal müssen wir uns nicht nur weiterbilden, sondern uns an Dinge erinnern, die wir bereits in der Vergangenheit erlernt haben, und diese konkret anwenden und umsetzen. Aus der Praxis für die Praxis.
berwing@businesstraining-hannover.de

Die
»Gesundheitsgewinner«

Im Mai 1956 kam ein kleiner Junge zur Welt, der in sehr bescheidenen Verhältnissen aufwuchs – in der ehemaligen DDR. Der Hauptverdiener war der Vater, die Mutter hatte zu dieser Zeit noch kein Einkommen. Der Vater war als Gleisbauarbeiter tätig, er war sehr viel unterwegs. Dieser Umstand einerseits sowie das berufliche Umfeld trugen im Laufe der Jahre dazu bei, dass er zum Alkoholiker wurde. Schließlich ist er mit nur achtundvierzig Jahren an den Folgen dieser Sucht gestorben. Ganz ehrlich, so etwas wünscht man niemandem, aber für die Mutter und meine beiden Geschwister war es tatsächlich eine Erlösung.

Ja, Sie haben richtig gelesen, trotz der Situation gab es noch Familienzuwachs. Unabhängig davon waren die letzten Jahre doch sehr von Gewaltausbrüchen geprägt. Und trotz dieser widrigen Umstände ist der kleine Junge von damals heute vierundsechzig und vom Grunde her fit wie ein Turnschuh. Sein Name ist Detlef Blankenburg, und obwohl er schon mehrmals im Leben abgebogen ist – wie man so schön sagt –, ist er leider noch nicht da angekommen, wo er hinwill. Dazu später mehr. Bis zu meinem sechsten Lebensjahr wohnten wir im Haus der Großeltern, was eine kleine Besonderheit hatte, es lag an einer Eisenbahnlinie außerhalb des Dorfes. Grundsätzlich war es dort sehr schön, so mitten in der Natur, aber es gab auch so einige Herausforderungen zu meistern.

Im Winter, ja, die gab es damals noch und das ziemlich ausgeprägt – so mit Frost zwischen minus 15°C und 20°C, teilweise auch mehr – und reichlich Schnee. So kam es nicht selten vor, dass der Chef eines landwirtschaftlichen Betriebes per Pferd zu uns kam – er nahm die Einkaufswünsche entgegen und erledigte somit unseren Lebensmitteleinkauf. Diese Situation gab es häufig, da die üblichen Wege einfach nicht passierbar waren.

Mit Beginn der Schulzeit musste dann doch ein Ortswechsel vollzogen werden, weil das Ganze zu kompliziert wurde. Wir sind dann ins Dorf gezogen. Die Winter waren allerdings weiterhin eine echte Herausforderung, eben wegen der Kälte und der Schneemassen.

Meine Mutter hatte zwischenzeitlich einen guten Job bekommen, in einem großen Baubetrieb als Chefsekretärin. Aber alleinerziehend mit drei Kindern war es doch schon eine Herausforderung. Im Nachhinein muss ich aber sagen, es hat keinem von uns geschadet, im Gegenteil. Jeder wusste, was er zu tun hatte, wir haben uns gegenseitig unterstützt, und so lief alles. Im Laufe der Jahre kam immer wieder das Thema »Wohnung« zur Sprache. Irgendwann lernte meine Mutter einen neuen Partner kennen. Durch diese neue Lebenssituation in Kombination mit ihrer Tätigkeit und der Möglichkeit, ein Eigenheim günstig zu finanzieren, wurden die Pläne zur Realisierung immer konkreter.

Anfänglich lief die neue Beziehung gut, es gab sogar noch einmal Familienzuwachs – nun waren wir vier Geschwister. Die Vorbereitungen für den Hausbau kamen gut voran. Aber was soll ich sagen, es kamen wieder Alkoholprobleme dazu, und letztendlich ging auch diese Beziehung zu Ende. Der Hammer war, die Baugrube war ausgehoben, und dann stand die Mutter mit ihren vier Kindern vor diesem Scherbenhaufen. Durch die außergewöhnliche Unterstützung ihres Arbeitgebers konnte der Hausbau doch realisiert werden.

Alles lief parallel zu meiner Berufsausbildung (Kfz-Mechaniker 1972-1974), im Sommer desselben Jahres sind wir dann ins neue Haus eingezogen – das war ein unbeschreibliches Erlebnis!

Kurz nach Beendigung meiner Berufsausbildung stand die Musterung auf dem Plan. In der damaligen DDR waren ja achtzehn Monate Wehrdienst Pflicht. Man hätte es gern gesehen, wenn ich mich für mindestens zehn Jahre verpflichtet hätte, um in der Nähe der Mutter zu sein. Da ich aber mit dem dortigen System so meine Last hatte, habe ich es trotz mehrmaliger Gespräche abgelehnt. Im Ergebnis hieß es dann: von Mai 1975 bis Oktober 1976 achtzehn Monate Pflichtwehrdienst.

Ein knappes Jahr nach der Armee wechselte ich in eine andere Firma, in der Nähe meines damaligen Wohnortes. Dort warteten die nächsten Highlights auf mich, die Arbeit als solche war okay. Dort wollte man mich überzeugen, in die SED einzutreten, das habe ich ebenfalls abgelehnt. Beruflich habe ich innerhalb der Firma vom Schlosser zum LKW-Fahrer gewechselt.

Die Jahre vergingen, und das dortige System belastete mich zunehmend. Letztlich habe ich im Mai 1986 die Ausreise beantragt – am 15. August 1989 saß ich dann im Zug gen Westen – Bebra war die erste Bahnstation in der neuen Heimat. Beruflich blieb ich im Speditionsgewerbe, bis 1998 – danach Wechsel in die Selbstständigkeit, per Franchise. Leider war dieser Franchisegeber höchst unseriös, und so musste ich nach einem Jahr wieder alles beenden, mit sehr unschönen Folgen. Trotzdem blieb ich in der Selbstständigkeit, viele Jahre als Handelsvertreter, später wieder LKW – im internationalen Fernverkehr.

Leider war beim Einkommen nichts so beständig wie die Unbeständigkeit, somit bin ich 2010 wieder ins Angestelltenverhältnis gewechselt. Bis zum heutigen Zeitpunkt bin ich als Berufskraftfahrer im nationalen Fernverkehr tätig. Die psychischen Belastungen in diesem Beruf sind doch schon enorm, so ist für mich das Thema Gesundheit immer mehr in den Focus gerückt.

Durch intensive Recherche im Internet fiel mir auf, dass es ja viele Menschen gibt, die ähnliche gesundheitliche Herausforderungen haben.

Zwischenzeitlich habe ich einen kleinen Einsteiger-Onlinekurs erstellt, es geht natürlich um gesunde Ernährung. Kaufinteressenten sollen zunächst einmal für die Thematik »Lebensmittelqualität« in unserer heutigen Zeit sensibilisiert werden. Des Weiteren geht es darum, mehr Obst und Gemüse auf den Tisch zu bringen und dabei im Vorfeld regional und saisonal einzukaufen.

Vitaminreich leben

Im September 2020 begann ich eine Ausbildung zum Vitalstoffberater. Dem Internet sei Dank habe auch ich die Möglichkeit, mich nebenberuflich neu auszurichten und anderen Menschen zu helfen.

Seit Oktober/November 2020 gibt es ein Online-Coaching-

Programm. Die Laufzeit liegt zwischen drei und sechs Monaten. Unter folgender Adresse können Interessierte einen Telefontermin buchen, um zu klären, ob das Programm das richtige ist.

Detlefs Coaching

Warum mache ich das? Weil es mein Herzenswunsch ist, anderen Menschen dabei zu helfen, ihre gesundheitlichen Herausforderungen zu überwinden. Und weil in knapp zwei Jahren mein Unruhestand beginnt, also bei mir kommt keine Langeweile auf.

Fazit: Niemals aufgeben, niemals – ehrlich sein und sich nicht verbiegen lassen. Und ganz wichtig, es ist im Leben nie zu spät für Veränderungen. Dafür bin ich das lebende Beispiel.

Vitalisierende Grüße
Detlef Blankenburg

Detlef Blankenburg

Aufgrund der hohen physischen und psychischen Belastungen meines aktuellen Hauptberufs ist mein Interesse an gesunder Ernährung in den letzten Jahren sehr stark gewachsen. Intensive Recherchen im Internet haben gezeigt, dass es viele Menschen gibt, die nach Lösungen für ihre gesundheitlichen Herausforderungen suchen. Im Juli und August 2020 absolvierte ich einen Ernährungskurs (Fitness im beruflichen Alltag). Ab Mitte September startete ich eine Ausbildung zum Vitalstoffberater. Somit kann ich anderen Menschen helfen, ihre gesundheitlichen Herausforderungen zu überwinden. detlefblankenburg.de

Das Ende des linearen Denkens

Seit vielen Jahren gehören Change-Prozesse, Transformationen und Restrukturierungen zu unserem Alltag. Gerade jetzt findet mit COVID-19 eine neue Dimension der Hyper-Beschleunigung von neuen Ideen und Prozessen statt. Alles verändert sich rasend schnell, und plötzlich wird möglich, was zuvor kaum jemand für möglich hielt. Sicherheit? Beständigkeit? Das war einmal.

Die Frage »Wie haben wir das früher gemacht? Dann machen wir das wieder so!« hilft nur noch eingeschränkt bei der Lösung unserer aktuellen Probleme und Herausforderungen weiter. Damit ist die Zeit vorbei, in der wir die Zukunft mit der kontinuierlichen Fortschreibung der Vergangenheit vorhersagen konnten. »Halten Sie nichts für selbstverständlich – es mag morgen schon anders sein«[1] wird zunehmend mehr zum Slogan. Schon damals wurden wir aufgefordert, unsere geliebte Komfortzone zu verlassen und mit der Unberechenbarkeit zu rechnen.

Neue Denkmodelle und kreative Lösungsansätze sind jetzt gefragt. Die feste Konstante heißt Agilität in der VUCA[2] Welt. Statt »Best Practices«, die nur Mittelmäßigkeit hervorbringen können, werden dringend »New Practices« benötigt.

Warum tun wir uns mit dem Umdenken so schwer?

Seit Jahrhunderten sind wir gewohnt, in linearen Wenn-Dann-Kausalketten zu denken und die Zukunft in dieser Weise zu prognostizieren und als Grundlage für unsere Entscheidungen zu nehmen. Bereits in den Anfängen der Wissenschaft waren lineare Gleichungen die Vorgehensweise, mit denen Probleme gelöst

---

[1] vgl. Mario Raich, Simon L. Dolan, 2010
[2] volatil, unsicher, komplex und mehrdeutig

wurden. Aber mit der wachsenden Komplexität, Unberechenbarkeit und zunehmenden Krisenanfälligkeit unserer Welt stoßen wir immer mehr an unsere Grenzen.

Veränderungen sind mühsam und anstrengend. Niemand verändert sich gerne. Wir haben es uns in unserer Komfortzone richtig gemütlich gemacht. Unser Gehirn neigt dazu, an Bewährtem festzuhalten. Gewohnheiten und automatisierte Routinen haben sich entwickelt, die uns das Leben erleichtern. Einmal Gelerntes wird automatisch wieder abgerufen, ohne dies zu hinterfragen. Evolutionsbedingt ist unser Gehirn darauf ausgerichtet, uns vor Risiken zu schützen. Deshalb blendet unser Gehirn alles das, was kompliziert, undurchschaubar und unberechenbar ist, aus und sucht nach einfachen Lösungen. Hierzu zählen auch die »Wie haben wir das früher gemacht? Dann machen wir das wieder so!«-Entscheidungen. Bei komplexen Problemen fühlen wir uns schnell überfordert. Bereits Dörner wies 1989 in »Die Logik des Misslingens« darauf hin, dass Menschen in komplexen, vernetzten Systemen Schwierigkeiten haben, die richtigen Entscheidungen zu treffen.

Lineare Schlussfolgerungen sind Denkmuster, die typisch für die linke Gehirnhälfte sind. Bei den meisten Menschen ist die linke Gehirnhälfte dominant: Wir denken in logischen Abfolgen, rational, analytisch, kontrolliert und strukturiert. Bilder, Chaos, Kreativität, Intuition, Fantasie, Neugierde hingegen sind in der rechten Gehirnhälfte lokalisiert.

Chance für persönliches Wachstum

Menschen gehen sehr unterschiedlich mit Krisen um. Krisen stellen eine Bedrohung dar. Manche Menschen verzweifeln, einige werden handlungsunfähig, und andere relativieren fleißig die Notwendigkeit zur Veränderung: »Das wird sich schon wieder beruhigen. Bis jetzt war das immer so.« Nur wenige Menschen haben großen Gefallen an den »unendlichen« Chancen in dieser Krise. Veränderung beginnt im Kopf und im Denken.

Aber einfach ist das nicht. Wie können wir plötzlich diese

Grenzen sprengen und kreativ und multidimensional denken, wenn wir uns jahrelang an linearen Glaubenssätzen orientiert haben und unser Gehirn darüber hinaus auch noch diese Komfortzone bevorzugt? Denn schließlich kann Kreativität nicht einfach wie ein Lichtschalter an- und ausgeschaltet werden.

Es ist jedoch nicht nur Kreativität, sondern auch Mut gefragt. Kreativität und Mut – beides lässt sich trainieren. Wer kennt das nicht, dass wir üblicherweise in der Not, wenn wir richtig unter Druck stehen, plötzlich unsere gewohnten Limitierungen aufbrechen können und neue Wege gehen – und dies ohne doppeltes Netz.

Oft stehen wir uns nur selbst im Weg. Wollen wir kreativ und mutiger werden, müssen wir zunächst unsere limitierenden Glaubenssätze erkennen, diese auflösen und Schritt für Schritt über das Gewohnte hinausgehen. Karl Popper[3] sprach von »Probier Bewegungen« und vom probeweisen Ver-rücken: »There must be a better way, why don't we try?« Die Fähigkeit zur regelmäßigen konstruktiven Selbstreflexion, die Bereitschaft zur Eigeninitiative und Verantwortungsübernahme und letztendlich die Konsequenz zur Umsetzung gehören mit in das Portfolio. Dabei ist es gut, mehrere Eisen im Feuer zu haben und mehreres auszuprobieren, gerade weil wir die Erfolgsquote noch nicht kennen.

Darüber hinaus sollten wir uns ein menschliches Umfeld schaffen, dass uns erlaubt, neugierig zu sein und zu experimentieren. Was nützt es uns, wenn wir die besten Ideen und das größte Potenzial haben, aber keine Menschen an unserer Seite haben, die an uns glauben und die uns bei unserem Vorhaben unterstützen? Anders Denkende und Menschen mit verrückten Ideen werden oft kritisch beäugt. Wenn wir ständig gegen Kritik und Zweifel ankämpfen müssen, kostet das Kraft und Energie, die wir besser anders einsetzen könnten.

Würde die Offenheit und Akzeptanz für Umdenker, Querdenker, Neudenker, unkonventionelle und anders Denkende wachsen und nicht in Be- bzw. Abwertungen münden, könnten neue Freiräume, Initiativen und mehr Kreativität entstehen. Chaosforschung und Agility Management liefern hierzu bereits

---

[3] Leschke, Martin; Pies, Ingo, 1999

Methoden, wie z. B. Design Thinking etc., die den Umgang mit Komplexität und die Innovationskraft unterstützen können. Voraussetzung jedoch ist eine Experimentier- und Fehlerkultur, sodass Innovationen und Ideen per Zufall entstehen können und dürfen. Krisen sind Chancen, und wenn wir dies verstehen, ist unbegrenztes persönliches Wachstum möglich.

Alles geht.

Alles ist erlaubt.

Die Zukunft ist jetzt.

Weiterführende Literatur

Dörner, Dietrich: Die Logik des Misslingens. Strategisches Denken in komplexen Situationen. Reinbek bei Hamburg: Rowohlt, 1989

Förster, Anja; Kreuz, Peter: Nur Tote bleiben liegen. Entfesseln Sie das lebendige Potenzial in Ihrem Unternehmen. Frankfurt/New York: Campus Verlag, 2010

Hofert, Svenja; Thonet, Claudia: Der agile Kulturwandel. Wiesbaden: Springer Gabler, 2019

Leschke, Martin (Hg.); Pies, Ingo (Hg.): »Karl Poppers kritischer Rationalismus«, in: Konzepte der Gesellschaftstheorie, Band 5. Stuttgart: Schäffer-Poeschel Verlag, 1999

Raich, Mario; Dolan, Simon L.: »Jenseits der Komfortzone«, in: Wirtschaft und Gesellschaft übermorgen. Ort: Vandenhoeck & Ruprecht, 2010

Singer, Wolf: »Das Gehirn, ein Orchester ohne Dirigent«, in: Max-Planck Forschung, 2. Festvortrag auf der Jahresversammlung 2005 der Max Planck Gesellschaft in Rostock. Wien: Springer Verlag, 2005

Websites

https://www.youtube.com/watch?v=jWXLNPrVhfw, letzter Zugriff: 30.05.2020

https://www.harvardbusinessmanager.de/blogs/a-1154710.html, letzter Zugriff: 25.05.2020

https://mlhoefer.wordpress.com/2010/04/13/lineares-laterales-und-assoziatives-denken/, letzter Zugriff: 25.05.2020

https://denkmotor.com/kreatives-wissen/laterales-denken/, letzter Zugriff: 25.05.2020

https://www.umweltbrief.de/neu/html/Chaos.html, letzter Zugriff: 25.05.2020

https://quiz.sueddeutsche.de/quiz/2081640111-hirndominanztest, letzter Zugriff: 19.05.2020

https://transfermagazin.steinbeis.de/?p=4020, letzter Zugriff: 25.05.2020

https://blog.eisenklinik.de/2019/09/26/hat-klassische-trainings-steuerung-ausgedient, letzter Zugriff: 28.05.2020

https://digdeep.de/2018/12/14/folge-56-wie-wir-exponentielles-denken-lernen, letzter Zugriff: 28.05.2020

Gabriele Braeker

HR Managerin-Unternehmerin-Business Coach-Mediatorin-Dipl. Psychologin-Partner Business Angels Netzwerk Deutschland über zwanzig Jahre HR-Expertise. Tätig in dreißig Unternehmen mit den Schwerpunkten: Restrukturierungs- u. Change-Prozesse, Agility Transformationen, Aufbau Start-ups/ Shared Service Center, Outsourcing, Performance Management, Betriebsrat. Einzel-, Gruppen- und Online-Coaching. Weitere Veröffentlichungen zu den Themen Interim Management, Personalbeurteilungen. gabriele-braeker.de

Nimm dein Geld und gestalte die Welt

Die Bilder dieser Welt

Jeden Tag hören und sehen wir,
- wie Menschen unter Krieg und Naturkatastrophen leiden und sterben,
- wie Tiere qualvoll existieren,
- wie Häuser und Landschaften zerstört und unbewohnbar werden,
- wie Überfluss zum Wegwerfen führt,
- wie wir die eigenen Lebensgrundlagen zerstören.

An diese schlechten Nachrichten haben wir uns gewöhnt, und sie werden hingenommen. Als wäre das der selbstverständlich zu zahlende Preis für den Wohlstand. Aber ist das wahr?

Ein Schöpfer des Neuen sein

Stellen Sie sich einmal vor, Sie können hier und jetzt Veränderungen zum Guten vornehmen, Sie können Einfluss auf das Geschehen bei uns oder der anderen Seite der Erdkugel nehmen. Stellen Sie sich vor, Sie nutzen Ihre Gestaltungsmacht in vollem Umfang, beim Einkaufen oder Geldanlegen. Stellen Sie sich vor, Sie setzen Ihre Kaufkraft ein, um lebenswerte Bedingungen für sich und die fernen Nächsten zu schaffen.

Die spannende Frage heißt: Dient Ihr gutes Geld einem »*dirty profit*« oder einem *fairen Wirtschaften*? Gibt es wenige Gewinner bei vielen Verlierern, oder wird das Gemeinwohl bedient? Diese Kernfragen stelle ich mir seit dreißig Jahren in verschiedenen beruflichen Rollen in der Kirche und der Sozialwirtschaft. Es geht darum, Geld so einzusetzen, ein lebenswertes Dasein für Viele zu schaffen.

Eines wurde mir schnell deutlich: GELD WIRKT! Entweder zum Wohl von Mensch und Natur oder zu deren Schaden! Mit jeder Entscheidung, die wir im alltäglichen Leben treffen, nehmen wir Einfluss: WO und WAS wir einkaufen, WIE wir uns fortbewegen, WELCHE Energie wir nutzen, wie wir uns kleiden oder wie wir für unser Alter vorsorgen. Geld ist ein Hebel zur Gestaltung unseres Lebens und Wirtschaftens. Seit dreizehn Jahren berate ich Menschen und Unternehmen, wie sie ihr Geld bewusst in die Bereiche lenken, die eine lebenswerte Zukunft schaffen.

Fragen Sie sich einmal, in welchen Lebens- und Wirtschaftsbereichen es notwendige Veränderungen braucht. Wo wollen Sie mit Ihren Wertvorstellungen das Lebenswerte, das Zukunftsfähige, das Enkeltaugliche fördern?

Wo können Sie als Einzelner – oder besser noch im Zusammenspiel mit Anderen – gegensteuern und gute Entwicklungen initiieren? Wo ist es SINN-VOLL, Ihr Geld einzusetzen? Wie schaffen Sie Werte, die Ihr Herz erfreuen, die Ihnen einen Gewinn mit Sinn erschaffen?

Es macht einen Riesenunterschied, ob das Geld in die bekannten Themen der Kapitalgesellschaft oder einer enkeltauglichen Wirtschaftsweise fließen. Es gibt eine Vielfalt an Möglichkeiten, unser Geld nach dem eigenen Herzen zu investieren und dadurch die Welt lebenswerter zu machen.

Choose the option

Einmal angenommen, in Ihrer Nähe gibt es einen Landwirt, der sein Gemüse, Eier, Fleisch und andere Ernteerzeugnisse im Hofladen verkauft. Sie kommen ins Gespräch und wissen, dass er seinen Hof ohne Gift und Kunstdünger bewirtschaftet. Für den Mehraufwand durch Hacken und sonstige Pflegemaßnahmen wird der höhere Preis nachvollziehbar. Können Sie sich vorstellen, dass dieses Gemüse besser schmeckt, einfach weil klar ist, wer es wo und wie produziert hat, und hier wieder ein Zusammenhang zwischen Erzeuger und Verbraucher geschlossen wird, der uns mehr und mehr abhandengekommen ist? Wer dieses Experiment startet, schmeckt den Unterschied.

Sie regen sich über die jährlich ansteigenden Energiepreise auf? Steuern Sie dagegen, und produzieren Sie Ihre klimafreundliche Energie selbst, ob im Privathaus oder Unternehmen. Für den kleinen oder großen Energiebedarf gibt es klimaschonende und zugleich renditestarke Lösungen. Ja, es mag eine intensive Beschäftigung mit der Vielfalt an Möglichkeiten notwendig sein. Langfristig gesehen lohnt es sich dreifach. Sie investieren in die eigene Lebenssituation, Sie erzielen eine Eigenrendite, statt Preiserhöhungen zu bezahlen, und die Natur gewinnt mit.

Umfragen zeigen, dass zunehmend mehr Menschen ihr Geld nach ethisch-ökologisch-sozialen Kriterien anlegen wollen. Dazu befragt, WARUM sie es noch nicht tun, antworten sie, dass es an fehlendem Wissen, guter Information und hilfreicher Beratung fehlt.

Die Vielfalt an Möglichkeiten individuell nutzen

Seit mehr als vierzig Jahren gibt es in Deutschland verschiedene Umwelt-, Ethik-, Nachhaltigkeits- oder auch Kirchenbanken, die ganz bewusst nach anderen Maßstäben wirtschaften. Dort können sowohl Privat- als auch Geschäftskonten eingerichtet werden.

Drei gute Wege:
- Zum Geldanlegen gibt es über 350 Investmentfonds mit unterschiedlichen nachhaltigen Anlagekriterien von »leicht hellgrün« bis »ganz dunkelgrün«, von schwankungsarm bis zu hoher Schwankungsbreite. Je nach Vorerfahrungen und Risiko-Einschätzung ist für jeden Anleger-Typ etwas dabei. Mit 50 Euro Monatsbeitrag lässt sich die Welt auf diese Weise mitgestalten.

- Eine weitere Möglichkeit bieten unternehmerische Beteiligungen zu erneuerbaren Energien, Immobilien, Holz u. a. Bei Genossenschaften und Crowdfunding-Plattformen sind kleine Einlagen möglich oder große Beträge als direkte Mitgesellschafter.
- Ein dritter Baustein ist die »grüne Alters-Vorsorge«, bei der die Beiträge ganz transparent ethisch-ökologisch-sozial investiert werden. Jährliche Anlageberichte informieren ausführlich darüber.

Die zukunftsweisenden Themen, die unseren Kindern und Enkeln zugutekommen, sind:

1. Nachwachsende Rohstoffe und erneuerbare Energien
2. Ökologische Landwirtschaft und Erzeugung gesunder Lebensmittel
3. Energie-Effizienz und Mobilität, die Ressourcen schont
4. Regionales Wirtschaften mit kurzen Wegen
5. Klimaschutz
6. Ein natürliches Gesundheitswesen
7. Recycling und mehrfache Materialnutzung (z. B. Cradle to cradle)
8. Bildung als Weg aus der Armut

In unserem Partner-Unternehmen MehrWert identifizieren Experten verschiedener Bereiche Möglichkeiten der Geldanlage für ganz individuelle Situationen im privaten und unternehmerischen Handeln. Mit diesem Tun leisten wir einen wertvollen Beitrag zu den siebzehn Zielen der UN (SDGs: Sustainable Development Goals), die bis 2030 erreicht werden sollen.

Zwei Schritte in die Zukunft

Der erste Schritt wird darin liegen, sich Gedanken über den aktuellen Umgang mit Geld zu machen, und darüber, was Sie gerne ändern wollen. Oft ergeben sich daraus schon die weiteren Perspektiven. Es ist wie beim Bergwandern, plötzlich sehen wir die ganze Region vor uns und wissen, wohin wir gehen wollen.

Darüber hinaus wird in einem zweiten Schritt ein Gespräch oder Telefonat, eine Online-Beratung, ein Webinar oder eine Video-Konferenz mit einem kompetenten vertrauenswürdigen Menschen die hilfreiche Klarheit zu einer sinnstiftenden Anlagestrategie bringen.

Win-Win-Win als Ziel

Um zu wissen, WAS das eingesetzte Geld bewirkt, braucht es Transparenz, WOHIN das Geld fließt und WER in welcher Weise profitiert. Auch im ethisch-ökologischen Bereich können Unternehmen nur dann existieren, wenn sie Gewinne erzielen. Es geht darum, dass Win-win-win-Lösungen erzielt werden, indem Anleger, Produktgeber mit Natur und Gesellschaft zu Mitgewinnern werden. Mit vielen kleinen Schritten und Beiträgen, mit einer wachsenden Zahl von Mit-Machern erreichen wir das, was wir uns unter lebenswerter Zukunft vorstellen. Weitere Informationen erhalten Sie unter www.wilfried-brunck.de.

Herzlichst, Ihr Wilfried Brunck

Wilfried Brunck

Zum Wohl der Menschen und der Bewahrung der Schöpfung zu agieren, wurde zum Leitsatz meines Lebens in allen beruflichen Stationen. Als Mehr-Wert-Experte für nachhaltiges Investieren helfe ich Menschen und Organisationen, wie sie ihr gutes Geld zielgerichtet dafür einsetzen, dass es Erträge generiert, dass es dem Menschen dient und die Schöpfung bewahrt. Anleger*innen erwirtschaften dadurch Gewinn mit

Sinn. Unser Zuhause mit Blockhaus-Büro ist Ausdruck meiner Leidenschaft für Holz und regenerative Energien. Mit meiner Frau, unserem Sohn und Pflegesohn bewirtschaften wir drei Streuobstwiesen.

wilfried-brunck.de

Gut aufgestellt?

Im Laufe meines beruflichen Werdegangs habe ich viele Unternehmen aus unterschiedlichen Branchen sowie Unternehmer und Führungskräfte kennenlernen dürfen.

Seit 1995 stehe ich im Berufsleben, also nunmehr fünfundzwanzig Jahre. In diesem Zeitraum ereilten uns mehrere Krisen: im Jahr 2000 die sogenannte Dotcom-Krise (oder besser bekannt als das Platzen des Neuen Marktes), 2007 die weltweite Finanzkrise und 2020 die Corona-Krise. Alle Krisen haben eines gemeinsam: nämlich, dass es immer Unternehmen gibt, die gegen den Trend wachsen oder besser durch die Krise kommen als andere. Verluste oder Insolvenzen sind auch in Weltwirtschaftskrisen kein Naturgesetz.

Was macht diese Unternehmen aus? Was machen sie besser als andere? Wieso gehen Unternehmer einer Branche in die Insolvenz und andere übernehmen in der gleichen Branche zur gleichen Zeit die Wettbewerber? Auf den folgenden Ausführungen möchte ich Ihnen die wesentlichen Punkte nennen, die bei der Unternehmensführung aus meiner Sicht die Spreu vom Weizen trennen. Und damit die Gründe, warum Unternehmen meines Erachtens scheitern oder nicht ihr volles Potenzial entfalten. Insgesamt konnte ich gut fünfzig Gründe identifizieren, von denen ich Ihnen in diesem Beitrag einen Auszug geben möchte.

Fehlende Führung

Führung kann man mit »verantwortliches Leiten« übersetzen. Der Fisch stinkt dabei – im wahrsten Sinne des Wortes – zuerst vom Kopf. Unternehmen machen häufig nur die Umsätze, die sie nicht verhindern können. Ein gutes Produkt oder eine gute Dienstleistung, eine stabile Konjunktur und ein Marktumfeld mit Mini-Zinsen haben selbst schlecht geführte Unternehmen prosperieren lassen. Im Gegensatz zu den gut aufgestellten Firmen machen Unternehmer und Führungskräfte aber nicht ihre Hausaufgaben. Führungskräfte und Mitarbeiter leben im Zimmer der Zufriedenheit. Schönwetter-Kapitäne und Schönwetter-Mannschaft. *Bei den nachfolgenden Punkten werden Sie erkennen, dass jedes Problem auf das Thema Führung zurückzuführen ist, da jedes Problem im Unternehmen am Ende immer ein Personalproblem ist!*

Zu hohe Fixkosten

Auch überproportional hohe Fixkosten sind am Ende auf mangelnde Führung zurückzuführen. Oder auf fehlende Konsequenz, was am Ende auch wieder ein Führungsthema ist. Beispiele für zu hohe Fixkosten sind in zu vielen Stabsstellen begründet, fehlende Konsequenz bei Firmenintegrationen mit ausbleibenden Synergieeffekten, zu hohe Infrastrukturkosten bei geringer Produktivität, kein wirksam atmendes Entlohnungssystem über alle Ebenen, Digitalisierung ohne ein Festschreiben der Gegenfinanzierung oder zu viele Hierarchieebenen.

Keine kaufmännische Steuerungszentrale

In vielen Firmen werden insbesondere Buchhaltung und Controlling als Kostenfaktor und weniger als Rückgrat des Unternehmens gesehen. Entsprechend steht es um das interne Standing. Alle, wirklich alle starken Unternehmen, die ich kenne, haben ein ganz starkes Controlling und einen führungsstarken CFO. Umgekehrt ist es bei ausnahmslos allen Problemfällen. Eine starke Finanz muss das betriebswirtschaftliche Gewissen des Unternehmens sein. Diese Steuerungszentrale etabliert Frühwarnsysteme, hat die Liquidität im Blick, sorgt für ein straffes Debitoren-Management, behält die Höhe und damit die Liquiditätsbindung des Vorratsvermögens im Auge u. v. m. Aber ganz entscheidend ist, dass sie eng verzahnt mit dem operativen Geschäft arbeitet und entschieden auf Missstände hindeuten darf und dies auch tut.

Finanzierung aus Abschreibungen

Viele Unternehmen finanzieren zu viel aus dem laufenden Cashflow. Das ist grundsätzlich nachvollziehbar, führt aber dazu, dass Investitionen nicht fristenkongruent finanziert sind. Unternehmen sind gut beraten, langfristige Investitionen auch langfristig zu finanzieren. Der Aufrechterhaltung der Zahlungsfähigkeit muss alles untergeordnet werden. Dass die Philosophie »Cash is King« richtig ist, bekamen die Unternehmen zuletzt in der Corona-Krise zu spüren.

Fehlendes Innovationsbewusstsein

Jedes Geschäftsmodell wird irgendwann angegriffen. Dieser Umstand ist vielen Unternehmen nicht bewusst oder wird ausgeblendet. Beispiele gibt es genug. Sie alle kennen die Geschichte von Nokia und Apple, die Entwicklung von Kodak oder die enormen Veränderungen in der Automobilindustrie. Ganz zu schweigen von den Herausforderungen des stationären Handels in der digitalen Welt. Unternehmen sind gut beraten, ein Ohr am Markt zu haben und Budgets für die Entwicklung neuer Geschäftsfelder bereitzustellen. Versuch und Irrtum müssen erlaubt sein. Nur durch Probieren und Scheitern testet man die Reaktion des Marktes bzw. die Praktikabilität des neuen Geschäftsmodells. Parallel hierzu muss das eigene Geschäftsmodell kritisch hinterfragt werden. Paradebeispiel ist der konsequente Umbau von TUI. Das Unternehmen schaffte den Kurswechsel vom Touristik- und Schifffahrtskonzern zum Reiseanbieter. Im Übrigen beschreibt der sogenannte »iPhone-Moment« den Zeitpunkt, an dem Unternehmen den Vorsprung eines Wettbewerbers nicht mehr aufholen können.

Verschiebebahnhof

Ein Klassiker, der mir in vielen Unternehmen begegnet ist, ist der sogenannte Verschiebebahnhof. Damit meine ich das Phänomen, dass nicht mehr benötigte Mitarbeiter in andere Unternehmensbereiche verschoben werden. Das führte in meinen Beobachtungen zum Beispiel im Automobilhandel dazu, dass sich gut ausgebildete Serviceberater auf einmal im Fahrdienst oder in der Fahrzeugaufbereitung wiederfanden. Dann auch noch tarifgebunden, wurden diese Mitarbeiter jedes Jahr teurer bei gleichzeitiger Verlängerung der Betriebszugehörigkeit und entsprechend stetig anwachsender Kündigungsfrist. Gerät das Unternehmen nun in eine existenzbedrohliche Krise, fallen den Unternehmen diese Themen auf die Füße und können kaum noch gelöst werden. Sanierung kostet Geld, was den Unternehmen in der Krise regelmäßig fehlt. Entsprechend ist jedes Unternehmen gut beraten, Personalprobleme zu lösen und nicht zu moderieren. Und zwar zu der Zeit, in der das Unternehmen noch aus einer Position der Stärke handelt.

Falsche Unternehmensintegration

Unternehmen vergaloppieren sich regelmäßig in ihrer Expansion. Anorganisches Wachstum gelingt am besten dann, wenn man gut laufende Unternehmen übernimmt – diese nicht oder kaum verändert – und sich der Kapitaldienst im Idealfall aus dem Cashflow des übernommenen Unternehmens weitestgehend selbst finanziert. Gutes gemeinsam besser machen sollte die Devise sein. Viele Unternehmenskäufe sind am Ende keine Erfolgsstory, weil man versucht, gesunde und erfolgreiche Unternehmen krampfhaft zu integrieren, anstatt als Konzernmutter lediglich unterstützend zur Seite zu stehen.

Übernimmt ein Unternehmen allerdings einen schwachen Marktteilnehmer, kommt es in erster Linie auf die Hebung von Synergieeffekten aus den administrativen Bereichen (Finanzen, Rechnungswesen, Controlling, HR, Marketing, IT etc.) und der Anpassung der Führungsstruktur an. Das Zauberwort heißt Konsequenz. Doppelungen in den Funktionen gilt es zu vermeiden. Viele Unternehmen scheitern daran, dass sie diese Potenziale nicht realisieren und am Ende doppelte Kostenstrukturen haben. Abseits der Potenziale auf der Personalseite ist die IT-Infrastruktur zu harmonisieren. Auch hier ist Konsequenz der Schlüssel zum Erfolg, da Komplexität und Heterogenität grundsätzlich Kostentreiber Nummer 1 sind.

Die vorangegangene Aufzählung ist nicht abschließend. Geraten Unternehmen in die Schieflage, ist dies in der Regel auf eine Vielzahl an Gründen zurückzuführen. Die Addition bzw. das Zusammenwirken macht am Ende die explosive Mischung aus.

Vor diesem Hintergrund ist es empfehlenswert, den Blick von außen zuzulassen und externe Beratung und Sparring als existentiellen Mehrwert zu begreifen. Als Unternehmer ist man weiter gut beraten, Führung einzufordern und selbst zu leben. Das bloße Besetzen von Führungspositionen ist am Ende zu wenig. Führungskräfte müssen daran gemessen werden, ob sie ihren Verantwortungsbereich weiterentwickeln und beweisen, dass sie auch in schlechten Zeiten ihrer Verantwortung gerecht werden. Das fängt damit an, in guten Zeiten die Grundlage zu legen, um in der Krise gut aufgestellt zu sein.

Ulf Camehn, Interim-Manager, Restrukturierungsberater, Certified Expert for Insolvency Management (CEIM)

Ulf Camehn

Ulf Camehn ist gefragter Interim-Manager (CFO/CRO), Spezialist für Restrukturierungsmanagement und Experte für die Etablierung leistungsfähiger Shared Service Center. Zuvor hatte er maßgeblichen Anteil an der Weiterentwicklung mehrerer marktführender Handels- und Dienstleistungsunternehmen aus unterschiedlichen Managementpositionen heraus. Als Experte für Restrukturierung baute er sich einen Namen auf und ist heute bundesweit stark nachgefragt. Er ist berechtigt, die Bezeichnung Certified Expert for Insolvency Management der Europäischen Fernhochschule Hamburg zu führen.

ulfcamehn.de

Leadership ist eine Sache der Entscheidung

Mich begeistern authentische Führungspersönlichkeiten.

Authentische Führungspersönlichkeiten sind für mich all jene, die trotz widrigster Lebensumstände nicht nur ihr eigenes Leben, sondern auch die der Gesellschaft positiv beeinflussen.

Ich bin der Meinung, nur wer sich selbst gut und erfolgreich führt, kann auch andere Menschen führen. Jeder von uns hat ungeachtet seiner Vergangenheit und seiner aktuellen Situation natürliche Leadership-Potenziale.

Mut, Ausdauer, Beharrlichkeit, Selbstdisziplin, Motivation. All diese Elemente sind in uns allen enthalten. Ganz gleich, was auch immer Ihre Ziele und Träume im Leben sind oder mit welchen Herausforderungen Sie aktuell gerade kämpfen, all diese Elemente brauchen Sie. Ich habe erkannt, dass meine Leadership-Fähigkeiten nur dadurch aktiviert werden, dass ich meinen inneren Kompass finde und anschließend mein Leben danach ausrichte.

Mitte der 1990er-Jahre fängt die junge Englischlehrerin Erin Gruwell mit viel Idealismus und Hoffnung ihre Stelle in einer kalifornischen Schule an. Aber von Anfang an ist es ein Alptraum.

Die Schüler in ihrem Klassenzimmer sind untereinander verfeindet, es herrschten Rassismus, Gewalt und Lernverweigerung. Die Schüler lehnen sie als Lehrerin ab. Weil die Jugendlichen als kriminell und als lernunwillig angesehen werden, bekommt sie keine finanziellen Mittel, keine Materialien, mit denen sie mit ihren Schülern arbeiten kann. Völlig frustriert und entsetzt über diese Zustände kommt sie bald an einen Punkt, wo sie alles hinwerfen möchte. Aber: Da ist noch ihr starker Idealismus. Der Gedanke an ihre Lebensvision, ihre Berufung.

Sie möchte den Schülern helfen, einen guten Abschluss zu machen, damit sie eine echte Chance im Leben und in der Gesellschaft haben. Sie bleibt ihrem gewählten Lebensweg treu und stellt sich den massiven Problemen. Sie nimmt neben ihrer Stelle als Lehrerin mehrere Teilzeitjobs an, um mit dem Geld Materialien, Bücher, Hefte für ihre Schüler zu kaufen. Ihr Unterrichtsstil ist anders: lebendiger, authentischer, wird erfolgreicher. Sie motiviert ihre Schüler, ihre Alltagserlebnisse in Form eines Tagebuches aufzuschreiben. Stück für Stück erobert sie sich so das Vertrauen ihrer Schüler, die bis dahin von der Gesellschaft enttäuscht worden sind. Während dieser Zeit wird sie von ihren Kollegen und Vorgesetzten für ihre Lehrmethoden kritisiert. Aber sie bleibt sich selbst, ihrem Weg und ihren Idealen treu.

Erin Gruwell gelingt es, ihre Schüler aus dem Kreislauf von Gewalt, Drogen und Gangkriegen herauszuholen. Ihre Schüler haben zum ersten Mal Hoffnung auf ein besseres Leben. Viele ihrer Schüler studieren später, andere machen Karriere in der Wirtschaft.

All dies war nur möglich, weil sie als Individuum eine Vision, eine Berufung hatte, die weit größer war als sie selbst und die ihrem Leben einen wahren Sinn gab. Ihrer inneren Verpflichtung, ihrer Vision zu folgen, gibt ihr unglaublich viel Kraft, Energie, Beharrlichkeit, Mut, Ausdauer, Selbstdisziplin.

Die Geschichte von Erin Gruwell fasziniert mich. Ich verneige mich vor so einem Menschen. Was für eine unglaubliche mentale Stärke. Aber bei weitem nicht die einzige. Tausende Kilometer weiter gibt es einen anderen außergewöhnlichen Menschen, der auf seinem Lebensweg ebenfalls entschieden hat, ein wahrer Leader zu sein.

Nelson Mandela.

Siebenundzwanzig Jahre saß dieser Mann in Südafrika unschuldig im Gefängnis. Unter schlimmsten Umständen. Als er nach siebenundzwanzig Jahren Gefangenschaft rauskommt, ist in seinem Herzen keine Bitterkeit, keine Rache, keine Wut für seine ehemaligen Peiniger. Im Gegenteil!

Sein brennender innerer Wunsch nach Frieden und Freiheit für alle Menschen in Südafrika, sein Idealismus, seine Vision von einem besseren Leben sorgen dafür, dass er alle Schmerzen, alles Unrecht loslässt. Dieser unglaubliche Akt half später, das Land zu vereinen, das im Bürgerkrieg hätte enden können. Nelson Mandela, Erin Gruwell, zwei unterschiedliche Menschen, die aber eins vereint: Beide sind authentische Führungspersön-lichkeiten, die ihr Leben nach ihrem inneren Kompass ausgerich-tet haben. Ihre mentale Stärke hat die Welt, hat die Gesellschaft positiv verändert. Sie sind Meister in der Selbstführung, ganz gleich, wie die äußeren Umstände sind. Die eigenen Leadership-Potenziale zu erwecken, sie auszuleben, um dadurch sich selbst zu führen, ist für uns alle möglich. Darauf kommt es im Leben an.

Es ist eine Frage der Entscheidung. Möchten Sie die Kont-rolle über Ihren inneren Kompass haben, oder sollen andere die Führung übernehmen? Was könnten Sie alles in Ihrem Leben schaffen, wenn Sie so wie Erin Gruwell oder Nelson Mandela Ihre natürlichen Leadership-Potenziale entfalten könnten, indem Sie Ihr Leben nach Ihrem inneren Kompass ausrichten? Wenn Sie dadurch mehr Energie, mentale Stärke, Leidenschaft, Beharr-lichkeit, Selbstdisziplin besitzen würden, mehr, als Sie es je für möglich gehalten hätten? Was für Träume und Ziele könnten Sie jetzt erreichen? Wie stark wären Sie im Alltag? Alles, was Sie dafür machen müssten, um Ihre eigenen Leadership-Potenziale zu entfalten ist: weder jammern noch klagen, kein Selbstmitleid wegen Ihrer Situation oder Ihrer Vergangenheit oder auch der Gegenwart. Lernen Sie, sich selbst und Ihr Leben so anzuneh-men, wie es ist. Machen Sie Ihren Frieden mit sich selbst. Über-prüfen Sie Ihr Inneres. Lassen Sie all Ihre destruktiven Glau-bensmuster und Werte los, die Sie nur Kraft und Energie kosten. Legen Sie sich Ziele und Träume zu, die Ihre Leidenschaft und Energien bis aufs Äußerste benötigen. Eine Vision, ein Beitrag in der Welt, der Ihnen so wichtig ist, dass allein der Gedanke daran Sie in Ekstase versetzt. Sorgen Sie für eine gute Work-Life-Balan-ce in Ihrem Leben. Nutzen Sie immer wieder die Zeit für Selbst-reflexion. Meditieren Sie, machen Sie Achtsamkeitsübungen oder schreiben Sie Tagebücher. Machen Sie Sport. Gesunder Körper bedeutet gesunder Geist. Dadurch werden Sie lernen, mehr und mehr sich selbst zu führen. Übernehmen Sie die hundertprozen-tige Verantwortung für Ihre Gedanken, Ihre Gefühle und Ihre Entscheidungen.

Wahre Führungspersönlichkeiten leben und handeln nach ihrem eigenen inneren Kompass.

Liebe Leser, auch wenn der Weg zu Leadership nicht leicht ist, es ist aber ein Weg, der sich zu mehr als hundert Prozent lohnt. Glück, Freude, Erfolg, all dies und mehr wartet auf Sie. Erlauben Sie sich selbst, die Person zu sein, die Sie schon immer sein könnten. Beschenken Sie sich selbst und die Welt mit Ihren Leadership- Potenzialen. Die Welt braucht Sie. Ich brauche Sie. Lassen Sie uns gemeinsam die Welt positiv verändern!

Ich wünsche ihnen auf Ihrem Lebensweg als wahre Führungspersönlichkeit alles Liebe und alles Gute.

Ihr Güngör Coskun

Güngör Coskun

Güngör Coskun, geb. 1967 in Köln. Er machte eine Ausbildung im Handwerk und arbeitete später in der Industrie. Nach zwei Jahren wechselte er in den öffentlichen Dienst. Dort arbeitete er über achtundzwanzig Jahre. In der Zwischenzeit baute er erfolgreich mehrere Selbständigkeiten neben seinem angestellten Verhältnis auf. Früh beschäftigte er sich mit Psychologie, Philosophie und Spiritualität. Sein Bestreben: die Meisterschaft über das eigene Selbst, durch authentische Leadership-Potentiale. 2013 trat er der Toastmaster Gemeinschaft bei, einer weltweiten Vereinigung, um die Kunst der Präsentation und Kommunikation zu studieren, und blieb dort sieben Jahre. Er ist Vortragsredner, Autor und Entertainer.

guengoer-coskun.de

Die unfairste Marketing-Strategie der Welt wird schon seit Jahrhunderten von den erfolgreichsten Menschen und Meinungsführern der Erde benutzt

Dein Expertenstatus verändert alles!

Mit deinem eigenen Buch als Business-Booster erhältst du automatisch neue Aufträge und Kunden. Du entwickelst Charisma und magnetische Anziehungskraft. Du wirst regelmäßig als »Speaker« gebucht. Die Presse schreibt über dich. Du kannst viel leichter mit VIPs in Kontakt treten. Und du genießt automatisch einen hohen Status in deinem sozialen Umfeld. Du profitierst also auf ganzer Linie – von jedem Buch, das du veröffentlichst.

Willst du das auch?

Wenn deine Antwort »Nein« lautet, dann schließe jetzt getrost dieses Buch und widme dich anderen Dingen in deinem Leben. Ist deine Antwort auf diese Frage jedoch ein klares »Ja«, dann bist du hier genau richtig. Lies unbedingt weiter!

Seit dem Jahr 2011 beschäftige ich mich mit den Themen

Erfolg und Markenbildung und habe intensiv erforscht, wieso es einigen Menschen gelingt, in kürzester Zeit quasi vom Niemand zum anerkannten, höchst erfolgreichen Unternehmer oder Experten aufzusteigen. Ich habe die unterschiedlichen Strategien, Methoden und Taktiken dieser »Super Heroes« genau analysiert und eine wichtige Gemeinsamkeit erkannt.

Ich habe den Code für dich geknackt!

Er lautet ganz einfach: Erfolgreiche Menschen senden eine glasklare Botschaft. Immer!

Diese starke Fokussierung sorgt dafür, dass sich diese im Grunde normalen Menschen für alle wahrnehmbar von der Masse abheben, sich höchst überzeugend als Experten positionieren, ihre Wettbewerber verdrängen, Idealkunden begeistern und in Rekordzeit zu Stars ihrer Branche aufsteigen.

Das funktioniert wirklich. Ich treffe mich heute ganz selbstverständlich mit VIPs wie Richard Branson, Kevin Harrington, Vishen Lakhiani, Hermann Scherer, Marc Galal und stehe gemeinsam mit ihnen immer wieder auf Bühnen in ausverkauften Hallen. Ich bin als anerkannter Experte inzwischen über Wochen und Monate im Voraus ausgebucht – allein dank meiner Bücher.

Und auch das ist dabei wichtig: Erst das Gesamtkonzert macht jeden einzelnen Ton stimmig. Strategisch denkende Experten vermitteln ihre Botschaft daher in unterschiedlichsten Formaten – mit Produkten und Dienstleistungen, mittels Videos und Podcasts, über Seminare und Coachings, in Blogs oder durch Fachbeiträge.

Der mit Abstand effektivste Kommunikationskanal ist und bleibt jedoch das eigene Buch

Autorschaft ist in unserer Gesellschaft der klarste Indikator für einen Experten oder Meinungsführer und damit das mit Abstand geeignetste Werkzeug, um auch dich nachhaltig als Marke zu positionieren, sofern du schnell und effektiv einen Expertenstatus erreichen möchtest. Ja, im »Speaker«-Business gilt das eigene Buch quasi als Ritterschlag jedes Redners. Nichts trägt stärker zum Habitus eines Experten und zu deinem persönlichen Marktwert bei als dein eigenes Buch.

Meinen ersten Bestseller »From Fitness To Fortune« schrieb ich im Alter von vierundvierzig Jahren. Mittlerweile sind drei weitere Bestseller erschienen. Meine Artikel zum Thema »Wie man in der Fitness-Branche erfolgreich ein Unternehmen aufbaut« haben Monat für Monat über hunderttausend Leser – und damit mehr Anhänger, als in einem Fußballstadion Platz finden. Die zugehörige Lernplattform »Fitness Fortune University« (weitere Infos: www.davidgilcristobal.com) zählt zu den größten internationalen Angeboten im Bereich Persönlichkeitsentwicklung unter Fitness-Fachleuten.

Deshalb erhältst du, wenn wir gemeinsam an deinem Erfolg arbeiten, auch keine mittelmäßigen Tipps oder Nullachtfünfzehn-Anleitungen von mir. Ich teile vielmehr meine ganz persönliche Erfahrung mit dir, die dazu geführt hat, dass ich mehrfach die Bestseller-Listen erobert habe. Ich offenbare dir selbst jene Geheimnisse, die andere Speaker und Erfolgsschriftsteller niemals ihren Lesern gegenüber preisgeben würden.

Der Weg zum eigenen Buch ist viel leichter und kürzer, als du denkst

Wichtig ist, dass auch dein Buch – analog zu deiner glasklaren Botschaft – auf deine Unternehmensziele und deine Vision einzahlt. Nur dann wird es auch zum Power-Booster für dein Business – so wie mein Bestseller »From Fitness To Fortune«.

Schreibtalent? Tatsächlich Nebensache!

Weitaus entscheidender als schriftstellerisches Können sind dein Konzept und die verborgene Architektur hinter deinem Buch, sein Grundkonzept. Ich weihe dich persönlich in mein entsprechendes Erfolgsrezept ein.

Das Schreiben von Büchern hat mein Leben spürbar verändert

Nur dank meiner Autorentätigkeit bin ich heute ein gefragter Ratgeber für meine Kunden, für Investoren, Unternehmer und andere Experten. Diese Möglichkeiten und Chancen hätten sich mir niemals ohne die Veröffentlichung eigener Bücher eröffnet.

Wetten, auch du als Buchautor wirst als kreativer, eloquenter und disziplinierter Geist wahrgenommen, der seine Gedanken geordnet, strukturiert und unterhaltsam vermitteln kann. Die Tatsache, dass jemand ein Buch mit seinem Wissen füllt und dass sich Menschen dieses Wissen tausendfach aneignen, verleiht dir als Verfasser einen ganz besonderen Autoren-Nimbus.

Ich spüre bei jedem Kontakt mit Kunden und Partnern, wie wichtig jedes einzelne meiner Bücher ist. Obwohl meine Bücher nicht perfekt sind und ich heute einige Dinge anders schreiben würde: Sie heben mich dennoch von der Masse ab, und ich bin aus gutem Grund dankbar für diesen Business-Boost.

Als Buchautor befindest du dich in der verantwortungsvollen und glücklichen Lage, deinen Lesern helfen und sie mit deinen Gedanken und Worten beeinflussen zu können. Bücher verändern täglich das Leben anderer Menschen. Sie helfen ihnen bei schwierigen Entscheidungen, vermitteln völlig neues Wissen und Erfahrungen. Sie inspirieren und ermutigen zu eigenen Ideen und Taten und bringen ihren Lesern sogar gänzlich neue Fähigkeiten bei. Bücher haben mein Leben verändert. Ich bin daher fest überzeugt, dass ein eigenes Buch auch dein Leben und dein Unternehmen nachhaltig verändern wird.

Wie genau du dieses Ziel auch für dich selbst erreichen

kannst und wie du für dich die vielen Vorteile nutzen kannst, erläutern wir dir gerne im persönlichen Gespräch oder – noch besser – setzen sie mit dir um.

Leg los! Die Welt wartet auf dich!
Starte noch heute dein Erfolgsbuch.
David Gil Cristóbal – dein preisgekrönter Bestseller-Buchautor
www.erfolgsbuchschreiben.com
david@erfolgsbuchschreiben.com

David Gil Cristóbal

Nach drei Jahrzehnten im Profisport-
und Fitnessbereich hat er sich schließlich auch zu einem Mentor und »Mas-
termind« für Menschen auf der Suche
nach Erfolg und persönlicher Weiterentwicklung entwickelt.

Der rührige Schweizer Unternehmer gründete mehrere erfolgreiche Fit-
nessunternehmen sowie ein Immobi-
lien-Portfolio. Der Wunsch, anderen
zu helfen, brachte ihn schließlich dazu,
mehrere Bestseller zu schreiben. Damit
hilft er anderen dabei, ihre Träume zu verwirklichen mit ihrem
eigenen Erfolgsbuch. Der einzigartige Ansatz dahinter hat ihn zu
einem der gefragtesten Fachleute in der Branche gemacht. Beitra-
gender des Men's Health Fitness Council, internationaler Speaker, der sechs Sprachen beherrscht, Auftritte in Filmproduktio-
nen sowie Auszeichnungen als mehrfacher Bestsellerautor zählen
ebenfalls zu den Meilensteinen seiner Karriere.

Neue Welt Lyrik und das transzendentale Körperbewusstsein. Be cultivated.

Die folgenden Seiten dürfen in Lyrikform, im Reim,
zum Philosophischen auch ein einfacher Wegweiser
zur wesentlichsten Fähigkeit und Kraft des Menschen sein.
Transzendentales (Transzendales) Körperbewusstsein.

Dieses physisch spürbare und wärmende, je nach Intensivierung
auch ekstatische und kohärenzfördernde Körperbewusstsein
ist ein gewisses Maß einer Energieintegrität,
wodurch man im Alltag leichter über Gedanken, Emotionen, über
unterbewusste Grenzen
und sogar körperlichen Schmerzen steht, darüber hinausgeht!
Also von müde auf vital, von verwirrt auf sonnenklar. Wie auf
Knopfdruck.
(Kohärente Hirn/Herzfrequenz: Nichts könnte für den Menschen gesünder,
erfolgs- und erfüllungsförderlicher sein.)

Auf den paar Seiten, die mir hier bleiben, versuche ich weniger im
Detail
als mehr im grundlegenden Kontext zu beschreiben, worauf es
dabei ankommt.

Wenn dadurch all die schönen Worte und klaren Erkenntnisse
etwas unterbewusst aussäen, so soll es dabei aber so gut wie möglich
über das Schönklingen hinausgehen.
Hinausgehen ist auch schon das Schlüsselwort, denn sicher ist,
solange wir nicht im Alltag beständig über gewohnte Emotionen
hinausgehen,

werden wir auch nichts Neues und Besseres erleben.
So backen wir weiterhin den Kuchen unseres Lebens
mit immer den gleichen alten Zutaten,
während wir uns einen anderen Geschmack,
ein besseres Leben erwarten.

Als ich nach einer glücklichen und erfolgreichen,
aber auch durchwachsenen Lebenszeit als Sportler
und Unternehmer mit einer Kfz-Werkstatt komplett vom Weg
abkam,
mich voller Süchte und manischen Depressionen sogar hinter Gittern vorfand,
entschied ich mich des Lebens und der Liebe willen alles zu ändern,
dabeizubleiben,
selbst beim suizidgefährdeten Kentern.

Heute, nach zirka einem Jahrzehnt intensiver
Bewusstseinsforschung,
vielen Weiterbildungen und Gesprächen sowie den besten Lehrern,
wie bei einem der außergewöhnlichsten chinesischen Großmeistern
dieser Welt,
stelle ich dabei immer mehr fest, dass dieser Zugang zu sich selbst
und zu mehr Potenzial, selbst im größten Alltagsgefecht,
durch nichts einfacher und effizienter zu erreichen ist
als durch die kohärenzschaffende Fähigkeit der Transzendenz.

Diese Kraft und Fähigkeit lässt sich durch Verschiedenes unterbewusst konditionieren.
Im Grunde braucht es für einen für sich und die Welt gesunden
Lebensstil
aber nur wenige Elemente, die durch nichts anderes zu ersetzen sind.

Ein Element als Basis zu alledem bildet die Urintelligenz,
die uns rund um die Uhr Leben schenkt:

Versuch jetzt bitte, solange du es schaffst, ohne extra Luft zu
schnappen
und ohne deine Hände dafür einzusetzen, mal nicht zu atmen,

... hast du das probiert?

Mach das bitte jetzt, bevor du weiterliest.

-

Nicht zu atmen, wie lange geht das gut?
Es kommt ganz klar der Punkt,
wo du gar nicht anders kannst, als zu leben.
Wenn du versuchst, nicht zu hören,
musst du dafür schon mit deinen Fingern
oder Ohropax stören.

Oder,
wenn du jetzt nur eine einzige Sekunde innehältst,
...
ist es bereits geschehen:

In jeder einzelnen Zelle hat sich der Prozess
von zirka 100.000 chemischen Prozessen ergeben.

Wenn du das mit den bis zu 100 Billionen Zellen deines Körpers
multiplizierst,
ist das Ergebnis, das dabei rauskommt und so wie du,
ohne etwas dafür zu tun, einfach so funktionierst,
äußerst beschämend für die meisten Taschenrechner,
die wir zu benutzen kennen.

Was beweist das?

In dir schlummert ganz klar die größte,
nein, die allergrößte Macht.
Wäre es nun nicht gelacht,
wenn man sich weiterhin wegen
sonstiger Umstände ins Hemd macht?

In derselben Sekunde, in der du innegehalten hast,
und wups, die Sekunde, die jetzt schon wieder verging,
waren es weitere zehn Millionen Zellen,
die gestorben und neu geboren,
den Platz wie aus Geisterhand
genau richtig eingenommen haben.

Allein unsere Zirbeldrüse, die als Dirigent im Körper
das Orchester unserer Drüsen und Organe dirigiert,
oder die Bauspeicheldrüse, die so funktioniert,
dass sie tagtäglich Billionen Zellen inspiziert, sie regeneriert,
zeigt schon, wie unsagbar wichtig wir mit unserem bewussten
Verstand,
unseren Entscheidungen sind, indem wir diese Heiligkeit bei uns
und anderen realisieren, es achten und ehren.

Zum Beispiel auch, indem man seiner Bauchspeicheldrüse genügend Pause gewährt,
sich also nicht ständig mit Zwischenmahlzeiten verwöhnt,
sich nicht ständig mit Stimulanzien zudröhnt
und auch das autonome Nervensystem nicht ständig negativ
beeinflusst,
nur weil man sich angewöhnt hat, beim Essen, anstatt zu meditieren,
zu sprechen, zu denken, sich mit Negativem oder Belanglosem aus
TV und Zeitung zu beflecken
oder gar irgendwas in dieser Zeit versuchen zu bezwecken.

Essen ist essen, man dient damit seinem Tempel oder auch
Spielplatz,
den man möglichst lange und voller Freude bespielen mag.
Allein diese Haltung löst mit der Zeit immer mehr vom
Befriedigungsdrang,
der uns an die Kette der Such(e)t prangt, worauf das Leben
psychosomatisch
als Botschaft mit Krankheiten und disharmonischen
Lebensumständen
zu mehr Aufmerksamkeit, Reflexion, also Verständnis und Respekt mahnt.

Aber nicht nur auf das Individuum bezogen mahnt das Leben –
ein weiteres Element, das wir uns kurz ansehen –
und hält uns als logische Konsequenz,
des unstimmigen Lebensstils der meisten wegen,
den Spiegel durch entsprechend dazu passende weltweite Ereignisse,
Entwicklungen, politisches Verhalten und Machthabern vor,
während uns die höhere Intelligenz weiter
in voller Gnade fragend flüstert ins Ohr:

Wollen wir weiterhin wegen Glaubensprinzipien,
Gewohnheiten und kurzfristigen, äußerst vergänglichen
Befriedigungen
auch nur einen Funken zur Zerstörung empfindlicher Ökosysteme,
unserer Mutter Erde sowie zu Mensch- und Tierleid
allen voran auch durch Tiereinverleib beitragen?

Wollen wir mit unserem Lebensstil all das aussäen,
während wir uns das Glück herbeisehnen?

Wofür wollen wir wirklich leben?

Nur wenn wir uns ständig verpflichten,
täglich mehr zu lieben, als zu richten,
das Beste zu geben und die Verbindung mit ebendieser Intelligenz,
diesem Feld zu vertiefen, das in einer Frequenz schwingt,
worauf sich Hirn und Herz wie von selbst neu stimmt (Kohärenz),
entwickelt es sich wie von selbst, wonach man sich am meisten sehnt.

Nur über diesen Weg wird man finden können,
wonach man sonst ein Leben lang vergeblich im Alltag sucht.

Kultiviere morgens, tagsüber und abends etwas Zeit für Stille!
Zeit für gegenwärtiges Träumen einräumen,
sich mit der Energie der Kohärenz
und Göttlichkeit einschäumen.

Was man wirklich sein und haben will,
muss man jetzt schon spüren!

… Genau das zu kultivieren, ist zum stimmigen Lebensstil der absolute Schlüssel, sodass sich die tiefsten Herzenswünsche immer mehr wie von selbst beginnen zu manifestieren.

Alles, wonach du suchst,
findet sich tatsächlich in dir.
Du entscheidest. Jetzt.

David Diesel

Als kleiner Junge hatte er lange Zeit nichts anderes im Kopf, als Profifußballer zu werden. Von einem Bundesligaverein verpflichtet und in die Bundesnachwuchsauswahl berufen, schien es auch gar nicht so schlecht um diesen Traum. Nachdem ihm aber immer mehr die Freude am Spiel verging, auch verletzungsbedingt, folgte darauf zum Glück eine seiner schönsten Zeiten mit einer eigenen Werkstatt im Zwei-Takt-Tuning- und Motorradbereich. In dieser Zeit rutschte er allerdings immer mehr in einen Sumpf voller Süchte und manische Depressionen und entging nur knapp einer dreijährigen Haft durch »Therapie statt Strafe«. Schon öfters entschied er sich dabei für eine Radikalveränderung, die ihm dann 2010 gelang. Fünf Jahre später, nach langen Phasen in bloßer Stille, spiritueller Kultivierung und dem Erforschen, »warum Menschen tun, was sie tun«, dann ein Transzendenzerlebnis, das nahezu alles veränderte. Und genau daraus entwickelte sich auch eine Fähigkeit und Lebensphilosophie, die ich nun mit dir teilen möchte …

BEOBACHTER
gibt es immer!

Zu Beginn: Du bist Unternehmer? Selbstständig? Angestellter? Politiker? Egal in welcher »Rolle du dich befindest« – es gibt immer diesen einen, er ist immer da, in unser aller Leben, der BEOBACHTER!

Viele Menschen denken, es gibt »diesen BEOBACHTER« nur auf Anfrage, nur, wenn ich es möchte, nur, wenn ich ein Feedback einfordere. Aber den BEOBACHTER gibt es immer, in jeder Szene, in jedem Moment – egal ob angefragt oder nicht.

Was bedeutet »BEOBACHTER« überhaupt?

Der BEOBACHTER ist jemand, der dein Verhalten für sich analysiert, der Rückschlüsse aus gemeinsamen Erlebnissen und/oder Reaktionen zieht. Das kann gut oder schlecht sein, das entscheidest du ganz allein! Wie kannst du es entscheiden? Im Umgang mit dem BEOBACHTER – mach ihn sichtbar, jetzt!

Aber Schritt für Schritt, wer kann denn dein BEOBACHTER sein?

- Dein Nachbar: Er sieht, wie du durch die Straße fährst. Hältst du dich an die »Regeln«?
- Dein Kollege: Wie gehst du mit Erfolgen um? Was tust du bei Misserfolgen?
- Dein Freund: Bist du zuverlässig? Wie lebst du Freundschaft?
- Dein Kunde: Wie ist seine Erfahrung mit dir? Mit deinen Produkten?

Und der vermutlich stärkste BEOBACHTER unserer Gesellschaft: das Internet! Hier gibt es viele Plattformen, auf welchen Kunden dich bewerten können, *Google* (Rezensionen werden bei jeder Suche angezeigt) sowie *Kununu* als Arbeitgeber-Bewertungsplattform und viele andere.

In einer für meine Unternehmen groß angelegten Auswertung (in welcher insbesondere auch soziologische Faktoren berücksichtigt wurden) haben wir folgende Erkenntnisse zusammentragen und analysieren können – wir nennen sie »The Big 4«:

1. Zwei Drittel der potenziellen Kunden lesen Google-Bewertungen, davon fast die Hälfte gelegentlich und immerhin ein Drittel regelmäßig!
2. Bei positiven Bewertungen entscheiden sich 91 Prozent der Kunden häufiger für das Produkt!
3. Negative Bewertungen sorgen dafür, dass 82 Prozent der Kunden das Produkt nicht kaufen!
4. Online-Bewertungen sind mittlerweile deutlich wichtiger als Empfehlungen!

»The Big 4« sagen auch, dass die Macht des oftmals anonymen BEOBACHTERS weiter steigt und eine nie dagewesene Relevanz in der Kundenbeziehung und im Empfehlungsmarketing entsteht.

Was war bisher mein Problem? Ich konnte die BEOBACHTER nicht identifizieren, nicht weil man sie nicht erkennen kann, sondern weil ich mir ihrer nicht bewusst war!

Um den BEOBACHTER zu identifizieren, habe ich für mich, meine Kunden und für dich ein Modell geschaffen, das Epple 3+BEO Modell®. Bereits bei der Analyse gilt es, alle Facetten und Themenstellungen, die in unserer aktuellen Zeit berücksichtigt werden müssen, aufzunehmen und zu beachten. Hierfür habe ich das Epple 3+BEO Modell® entwickelt. Dieses berücksichtigt alle möglichen Einflussfaktoren und Interessengruppen (Unternehmer, Mitarbeiter, Kunde). In der Betriebswirtschaft wird bei Interessengruppen von Shareholdern und Stakeholdern gesprochen. Die Interessen dieser beiden Gruppen haben sicherlich absoluten Vorrang für strategische und unternehmerische Entscheidungen. In unserer heutigen digitalisierten und veränderten Welt dürfen wir aber eine neue Interessengruppe nicht außer Acht lassen: die Gruppe der (unsichtbaren) BEOBACHTER. Ich möchte dir hierzu einen ersten Impuls zur Verfügung stellen. Er soll dich dabei unterstützen, deine Analyse und deinen Blick zu schärfen, um zur richtigen Zeit die richtigen Entscheidungen zu treffen.

An dieser Stelle möchte ich ein Beispiel einer tollen Kundin, welche ich mit Stolz meine Mandantin nennen darf, aufzeigen. Sie betreibt ein Second-Hand-Brautmodengeschäft voller Leidenschaft und vertritt die Philosophie, »nicht das schnelle Brautkleid« verkaufen zu wollen, sondern Wohlfühlatmosphäre zu schaffen und eine glückliche Kundin zu verabschieden. Durch schlechte Bewertungen ist sie aufmerksam geworden, dass zwei ihrer Mitarbeiterinnen diese Philosophie nicht mittragen. Die unsichtbaren BEOBACHTER haben über Google-Bewertungen unmissverständlich negativ gewertet. Sie hat das Problem angenommen, gehandelt und vieles verändert. Das Epple 3+BEO Modell® war der Schlüssel zum Erfolg. Sie ist so erfolgreich, dass neben den regionalen Medien auch überregionale Medien auf sie aufmerksam werden.

Was ist ihr Geheimnis? Sie hat klare und folgende Regeln für sich und ihre Mitarbeiter aufgestellt:

1. Was hat die Unternehmerin/die Führungskraft für eine Verantwortung für das (Fehl-)Verhalten ihrer Mitarbeiter? Mögliche Gründe:
   - Sind die Regeln für die Bedienung klar und verständlich definiert?
   - Hat sie die Regeln den Mitarbeitern erklärt?
   - Bricht der Eigentümer möglicherweise selbst die Regeln und bedient falsch?
2. Warum handeln die **Mitarbeiter,** wie sie handeln?
   - Welchen Erfahrungsschatz hatten die Mitarbeiter?
   - Warum halten sie sich nicht an die Regeln?
   - Sind sie sich eines möglichen Regelbruchs bewusst?
3. Welche Rolle nimmt der **Kunde** ein?
   - Spricht der Kunde seine Zufriedenheit oder Unzufriedenheit aktiv an?
   - Kunde bewertet danach aktiv und alleine auf Google?
   - Wie vernetzt ist der Kunde im Web?
4. Welche Rolle hat der **BEOBACHTER?**
   - Wir kennen ihn nicht und können ihn nicht identifizieren.
   - Er verbreitet diese Information im Web und entscheidet sich gegen einen
   - weiteren Besuch.
   - Er zieht weitere stille BEOBACHTER im Web mit, die sich ebenfalls gegen einen
   - Besuch entscheiden.

Die Rolle des BEOBACHTERS nimmt in der heutigen Zeit einen so bedeutenden Stellenwert für dein Unternehmen ein, dass sie über Erfolg oder Misserfolg mitentscheiden kann. Betrachte daher nicht nur das Geschäftsmodell »Unternehmer – Mitarbeiter – Kunde«, sondern hab den Blick des (unsichtbaren) BEOBACHTERS von außen stets im Auge. Er ist immer da.

Erweitere deinen Blick um den BEOBACHTER, und schärfe den Blick deiner Mitarbeiter für diesen, und steuere somit dein Unternehmen in eine erfolgreiche Zukunft – DU hast es in der Hand!

Tobias Epple

Tobias Epple ist ein Unternehmer und Vertriebs- und Führungsexperte aus Stuttgart. Mit seinen zweiunddreißig Jahren führt er neben einem Team von sechzig Mitarbeitern weitere erfolgreiche Unternehmen an, welche eine hohe Vertriebsorientierung und Expertise vereint.

Tobias Epple erkennt Entwicklungsmöglichkeiten und analysiert und entwickelt Potenziale von kleinen und mittelständischen Unternehmen auf ihrem Wachstumspfad. Dabei setzt er erfolgreich seine eigenen Analyse- und Methoden-Tools ein, zum Beispiel das von ihm entwickelte und vielfach verwendete »Epple 3+BEO Modell«® oder die methodische Vorgehensweise »Build my Story«®.

Bitte mach aus dir das, was du sein willst!

Tja, es gibt zu Beginn so vieles zu sagen, damit ihr wisst, um wen es überhaupt geht.

Aber das Schwierigste ist wohl, sich selbst zu beschreiben.

Dabei ist es ja auch subjektiv und nur ein Teil von mir. Deshalb möchte ich euch nur ein Gefühl oder eine Inspiration dessen geben, welche Wege ich gehen musste und gegangen bin,

um die zu sein, die ich sein will.

Ich wünsche mir wirklich, wirklich nichts mehr, als dass jeder von euch, wenn er mag, für sich etwas daraus zieht.

Warum?

Weil es kein wunderbareres und wertvolleres Gefühl gibt, was man mit sich haben kann, was vergleichbar wäre.

Aus einer halb sehr konservativen, halb sehr künstlerischen Familie stammend, wurde ich von meiner doch eher dominanten, sehr strengen französischen Mutter auf Leistung und »perfection« erzogen. Alles musste perfekt sitzen, ich musste still sein, einen braven Eindruck hinterlassen, lernen und die entsprechenden Noten nach Hause bringen neben dem ganzen Musik-/ Ballett-/Tanzunterricht. Leistungssport ab fünf Uhr morgens betreiben, was gut gemeint war und mich bis zu einem Numerus-clausus-bedingten Studium gebracht, zu einer exzellenten Leistungsschwimmerin und Läuferin gemacht hat und sicherlich auch zu dem, was ich heute bin.

Doch der Fokus lag auf etwas ganz anderem.

Mir haben der Sport, die Musik, das Tanzen, das Zusammenarbeiten mit Kindern unglaublichen Spaß gemacht und mir den Halt und die Freude gegeben.

Dabei hat mich der Druck, das Eingeengt- und Bestimmtwerden sehr unglücklich gemacht. Ich kann mich sehr gut daran erinnern, dass ich immer aus meinem Kinderfenster schauend das Wegziehen der Wolken, das Aufgehen der Sonne und das

Knistern der Blätter von meinem Lieblingsbaum beobachtete und träumte. Ich war schon immer voller Sehnsucht und Neugier auf die große weite Welt. Wer oder was ich wohl sein werde, wenn ich erwachsen bin?

Ich sah mich in bunten Kleidern, wie Mädchen halt so sind, wenn sie klein sind, mich mit unterschiedlichen Instrumenten spielend, in Länder reisend, Menschen zum Lachen bringend, für hilfebedürftige Kinder eine neue Schule streichend und vieles mehr.

Jeden ganz frühen Morgen ging ich zu meinem Vater ins Atelier und fragte ihn über seine Geschichte aus, wie er zum Modedesigner- und Schneider wurde und wann er mit Musik angefangen hatte. Es war für mich immer wieder die schönste Geschichte, die mich am Träumen hielt.

Als die Zeit meines Abiturs immer näher rückte, wo meine Mutter bestimmte, dass ich ein Zahnmedizin-Studium absolvieren müsse, um eine Familie gründen zu können und eine vernünftige berufliche Ausbildung zu haben, brach in mir die Welt zusammen.

Aber ich wusste, es war auch die Chance, um für immer von meiner Mutter geliebt zu werden und um in die große weite Welt hinauszugehen.

Meine Reise begann …

In diese Reise eintauchend, kann ich leider nicht alles erzählen. Dafür würde dieses Kapitel nicht reichen. Aber vielleicht ein, zwei Einblicke von gefühlten Situationen, in denen ich drin war und aus denen ich wieder rausgekommen bin, wo ich jetzt mehr denn je stärker, authentischer und vor allem bei mir bin.

Dieses eine Studium hat mich direkt zu Anfang meine Gesundheit gekostet. Dazu ein halbes Vermögen, mir mein Strahlen genommen, fast einen tödlichen Unfall mit lebenslangen Schäden verursacht. Mir meine Freunde, meinen Sport, meinen Tanz, meine Musik, mir den Sinn für Mode genommen, den Bruch zu meiner großen Kindheitsliebe und durch den Abbruch meines Studiums den Kontakt zu meinen Eltern. Ich hatte mich komplett verloren und habe mich dann an das gehalten, wo mein Tag als Kind begann.

An den Sport, da hatte ich gelernt aufzustehen, zu kämpfen und durchzuhalten.

Mein Schamgefühl und meine Selbstzweifel waren sooo

groß, dass ich nur nachts laufen gegangen bin und mich nicht mehr unter Menschen getraut habe.

Mit dem Einstieg in die Kinderarche als ehrenamtliche Mitarbeiterin habe ich wieder die Freude an der Freude und an dem, was einen wirklich ausmacht, entdeckt.

Es hat mich unglaublich glücklich gemacht, die Kinder mit einer unbewussten Selbstverständlichkeit in ihren Stärken zu stärken.

Mit ihnen zu stricken, zu malen, Fußball zu spielen, Perlenketten als modisches Accessoire zu kreieren, lustige Texte und Sketche auszudenken und zu spielen, um wiederum die anderen Kinder zum Lachen zu bringen oder bei allem, was sie sonst so ausmacht, zu unterstützen.

Das Strahlen in ihren Augen zu sehen, wie sie sich gefreut haben, etwas mal außerhalb der Schule, der Norm zu machen und tatsächlich – einfach so – zu können!

Wie dankbar sie waren, mich als Unterstützer und Mutmacher zu haben, der sie in ihren Fähigkeiten bis hin zu einem Auftritt auf der Bühne vor ihrer Familie in ihren Sprach-/Musik-/ Tanz-/Schauspiel- oder anderen künstlerischen Talenten fördert.

Den Weg von der Kinderarche nach Hause bin ich immer wieder zu Fuß gegangen – bewusst oder unbewusst bei jedem Regen und Sonnenschein – und habe in den Himmel geschaut, zu meinen Freunden hoch, den knisternden Blättern und vorbeiziehenden Wolken und jedes Mal mit einem wahnsinnigen Glücksgefühl und habe mich erinnert:

»Rezzan Fabienne, wer wolltest nochmal sein?«

Anfangs kamen noch die Stimmen in meinen Ohren hoch:

»Hör auf zu träumen!«

»Du musst arbeiten! Was richtiges TUN! Geld verdienen! An später denken!«

»Ach, Fühlen, Intuition, künstlerisches Talent – ALLES nur Träumerei. Hören Sie endlich auf damit. Dadurch werden Sie noch untergehen, haben sie gesagt.«

Heute helfe ich Jugendlichen bei ihren Talenten auf der Bühne, vor der Kamera, im Theater, mache Musik, performe, mache Comedy/Sketche, schreibe und rede auf der Bühne und werde als Model und Schauspielerin gebucht.

Ich habe gar nicht das Gefühl zu arbeiten, sondern gehe eher meinen Neigungen und Fähigkeiten nach, habe Freude und bekomme auch noch Geld dafür und helfe so gerne anderen.

Ich fühle mich frei wie ein Drache, den man aufsteigen lässt. Mit allen Facetten, Farben und Kanten.

Dabei fühle ich mich so glücklich und frei und freue mich über jedes glücklich strahlende Wesen.

Ich erinnere und frage mich jeden Tag:

»Bist du auch heute der, der du sein willst?«

Genau diese Frage öffnet mein Herz und meine Kreativität und lässt mich auf meinem Weg bleiben, weitergehen. Und wie meine Mutter sagen würde: »Perfektionieren« – nur diesmal nach meinen Vorlieben.

Das wünsche ich jedem von euch.

»BITTE, mach aus dir das, was du sein willst!«

Rezzan Fabienne

- Sportlerin in den Bereichen Sprint, Laufen und Schwimmen
- Internationale persönliche Betreuung als Personal Trainerin und Personal Coach
- Künstlerin/Komikerin, Schauspiel-, Moderation- und Modelerfahrung, Musikerin und Tänzerin
- Veröffentlichungen: Kinderärzte mit Herz (RTL), Buchprojekt: Muskelkater kann man nicht streicheln
- Ehrenamtlich: Kinderarche Köln

fabienne.rezzan@googlemail.com

Unbezahlbar ist die Hand, die hilft, wenn man sie braucht, oder: Wie komme ich in weniger als 48 Tagen aus dem Burnout?

Burnout wurde lange Zeit als Mode-Krankheit abgetan und überhaupt nicht ernst genommen.

Die Wahrheit ist aber, dass das Burnout-Syndrom oft gar nicht erkannt wird, da es sich um einen schleichenden Prozess handelt, in dem der Betroffene sich nicht nur von seiner Umwelt und seinem Umfeld entfernt und entfremdet, sondern auch von sich selbst. Besonders tückisch ist, dass oft eine sehr lange Zeit vergeht. Vom Anfang bis zum wirklichen Crashdown können es oft Jahre sein – und wie gesagt, der Betroffene merkt es selbst nicht und lehnt Hilfe sogar vehement bis aggressiv ab. Zumindest war es bei mir so. Es gibt aus meiner Sicht auch keinen einheitlichen Verlauf dieser mittlerweile als Krankheit anerkannten Erschöpfungszustände. Deshalb fischt anfangs der Betroffene nicht nur im Trüben, im Gegenteil, er »fischt« nicht mal, da er selbst nicht fähig ist, seine exzentrierte Lage zu erkennen. Ganz davon zu schweigen, dass der Betroffene nicht in der Lage ist, sich selbst und seine Situation kritisch zu betrachten und zu reflektieren. Somit kann er sich auch nicht externe Hilfe holen. Ich selbst hatte das leicht gestresste Gefühl, als befinde ich mich in einer Art Überhol-Prozess (wie beim Autofahren). Aber eben noch viel schneller als alle anderen, die mich natürlich nicht verstehen konnten. Also eigentlich alles ganz normal, nur ich bin der, der doppelt so schnell ist ...

Und dann verselbstständigte sich das Problem auf eine gefährliche Art. Also wie beim Autofahren auf einer Landstraße hinter einer langen Autoschlange. Du setzt zum Überholen an und musst Gas geben, zunächst kommt keiner entgegen, also alles scheint so weit in bester Ordnung – dann stellst du fest, dass die Geschwindigkeit, die du mittlerweile hast, eigentlich viel zu groß ist, um in die vorhandene Schlange wieder einzuscheren ... Aber anstatt zu bremsen, denkst du: »Solange niemand entgegenkommt, da geht noch was«, und du trittst weiter aufs Gaspedal. Aber anstatt nun wieder runterzubremsen, um eventuell irgendwo eine Lücke in der Schlange zu erwischen, gibst du weiter Gas in der Hoffnung, dass sich da vorne irgendwo sicherlich eine ganz, ganz große Lücke auftut, um mit mehr als der doppelten oder dreifachen Geschwindigkeit wieder Platz in der Reihe zu bekommen. Der Crash ist sozusagen vorprogrammiert.

Beim Autofahren wissen wir, dass dies ein Fehler ist, der hitzköpfigen, jüngeren Fahrern nachgesagt wird ... Beim Burnout jedoch ist es eher die Gedankenwelt eines Menschen, der an seine Unsterblichkeit oder besser gesagt an seine Unfehlbarkeit glaubt, mit gefährlichem Hang zum Optimismus, eine Art Zweckoptimismus oder besser gesagt *Zwangsoptimismus*.

Einen Teil dieser gerade beschriebenen Eigenschaften muss man haben, wenn man Unternehmer sein will, aber wo ist die Grenze zwischen dem, was gut und sinnvoll ist, und dem, was unnormal, ungesund ist und die eigenen Ressourcen bzw. die eigene Gesundheit ruiniert? Das ist nicht genau festzustellen, da diese Grenzen fließend sind.

Aber vielleicht hier:

Angefangen beim ewigen zu spät zu Terminen Erscheinen bis hin »zum kompletten Vergessen« oder Ausblenden von wichtigen Verpflichtungen oder Terminen, ist der Beginn von Burnout eventuell zu erkennen, aber dieser wird immer wieder vom Betroffenen wegdiskutiert, nicht ernst genommen und mit anderen, wichtigeren Dingen erklärt. Das Wegschieben und Nicht-verantwortlich-sein-Wollen kann ein Indiz sein, aber es ist eben leider auch kein eindeutiges Zeichen!

Bei mir waren alle diese Alarmzeichen auf ROT ... aber ohne direkte bzw. sofortige Konsequenzen ...

Dafür waren dann aber die indirekten, also Spätfolgen

meiner ignoranten Art umso heftiger. Ich verlor meine Familie, Freunde und auch meine gesamte Altersvorsorge, also meine Firma und meine Immobilien ... Wert knapp siebenstellig.

Touch Down – Bodenberührung – völliger o-Punkt – Game over

Als ich mich in vollkommener Ausweglosigkeit befand, ging ich zum Arzt, und der diagnostizierte sofort: *Mittelgradige depressive Episode, Burnout-Syndrom.*

Einerseits war ich geschockt, da ich mich alles andere als depressiv ansah, anderseits vermutete ich die gestellte Diagnose »Burnout« bereits vorher.

Danach informierte ich mich, und mir wurde klar: Aus einem Burnout kommst du so schnell nicht raus. 24 Monate wäre eine realistische Zeit, in der man es schaffen könnte, wieder auf die Füße zu kommen.

Aber das war mir eindeutig zu lang. Ab diesem Zeitpunkt begann für mich mein nächstes Rennen.

Ich forschte nach und habe mir alles zu Gemüte geführt, was auch nur im Ansatz mit dem Thema Heilung bzw. schnelle Heilung zu tun hatte, und je schneller, desto besser – egal ob es direkt mit dem Thema Burnout zu tun hatte oder nicht. Mir ging es in erster Linie darum, schnellstmöglich wieder handlungsfähig zu werden.

Nachdem ich die verschiedensten Heilmethoden und Techniken kennen und anwenden gelernt hatte, wurden meine Probleme Stück für Stück kleiner. Als ich dann endlich einen Platz bei einer Therapeutin hatte (Wartezeit rund acht Monate), hatte ich eigentlich das Problem bereits auf meine Weise gelöst. Somit wurde mir bereits nach fünf Sitzungen gesagt: »Ich sehe keinen Gesprächsbedarf mehr bei Ihnen, oder?« Damit konnte ich die Therapie beenden, obwohl sie kaum begonnen hatte.

Meine Heilung und meinen Weg aus der Dunkelheit des Burnouts kann ich in erster Linie auf meine eigenen Aktivitäten und die erlernten Fähigkeiten und die richtige Methode zurückführen. Wesentlich für mich war jedoch, die richtigen Methoden in der richtigen Kombination zusammenzustellen. Danach dauerte es nur noch etwa sechs Wochen, bis ich wieder Stück für Stück klarer wurde. Ich war zwar damit noch nicht vollständig genesen, aber ich habe a) meinen Lebenssinn und b) meine Lebensfreude wiedergefunden und c) eine neue Perspektive entdeckt.

Das war für mich der Durchbruch. Der Beginn meines neuen Lebens. Heute gebe ich mein Wissen und diese unglaubliche Wirkkraft dieser Methoden täglich an andere Menschen weiter.

Mein Fokus ist die sofortige Hilfe, also innerhalb von 24 Stunden (auch am Wochenende), da ich aus eigener leidvoller Erfahrung weiß, wie viel kaputt gehen kann, *wenn die Zeit dein Gegner ist* und du dich hoffnungslos überfordert fühlst. Wie gesagt, die meisten warten schon viel zu lange.

Burnout ist in den Folgen oft eine komplette Katastrophe, und zwar für die gesamte Familie, auch wenn es nicht zum Suizid kommt.

Ich danke allen lieben Menschen, die mir geholfen haben, ob sie von meinem Burnout wussten oder nicht, spielt dabei keine wirkliche Rolle – ihr habt mir geholfen – DANKE!

Also finde den Mut, Hilfe anzunehmen …

Und wenn schon nicht für dich, dann wenigstens für deine Familie.

Dein
Marcus Cornelius Folgenreich

Marcus Cornelius Folgenreich

Herzinfarkt – pleite – Familie weg. Wie Matthias Gondorf alias Marcus Cornelius Folgenreich in kürzester Zeit aus seiner eigenen Burnout-Hölle entkam. Der Weg aus der totalen Handlungsunfähigkeit und Verzweiflung zurück in ein freies, selbstbestimmtes und glückliches Leben war zunächst sein eigenes Ziel. Nachdem er es selbst geschafft hatte, konnte er nun vielen Menschen helfen, ihren eigenen, »besten Weg« zu finden. Mit Herz, Verstand und Intuition bringt er die Menschen innerhalb kürzester Zeit wieder zurück zu ihren ur-eigenen Zielen, damit diese dann zur »besten Version ihrer selbst« transformieren können.

matthiasgondorf.com

Richtig gut führen wie die »Halbgötter in Weiß«

»Muss ich erst krank werden, um richtig gut führen zu lernen, Frau Franz?« Ja, denn dann lernen Sie von den Besten – von unseren »Halbgöttern in Weiß«. Von den guten Ärzten in unserer Gesellschaft. Totaler Blödsinn, meinen Sie? Das haben bereits viele meiner Kunden am Anfang gedacht. Nachdem sie mein Businessiologie®-Konzept kennengelernt und umgesetzt haben – war die Meinung eine ganz andere. Nämlich: Warum habe ich das vorher nicht gesehen? Aber beginnen wir von Anfang an.

Richtige Führung will gelernt sein, behaupten viele Experten. Ich behaupte, wir müssten bereits vieles tief in uns besitzen und mutig sein, um als Führungspersönlichkeit zu gelten. Wir sollten hungrig sein und mit offenen Augen durchs Leben gehen.

Bevor ich Sie mitnehme, was ist die Businessiologie®? Versuchen Sie nicht, bei Wikipedia oder anderen Suchmaschinen etwas darüber zu finden – es wird Ihnen nicht gelingen. Die Businessiologie® wurde von mir – Tanja Franz – ins Leben gerufen.

Lassen Sie uns mit einem spannenden Teil der Businessiologie® beginnen:

Business + Medizin.

Wenn wir uns das Thema Führung vor Augen führen, fallen uns folgende Themen ein: situatives Führen; Vertrauen; Motivation; Entscheidungen treffen; loslassen; zuhören; Fragen stellen; Vereinbarung und einiges mehr.

Ich zeige Ihnen ein paar Punkte der Themen anhand von Praxisbeispielen auf:

Situatives Führen

Im Business

Ein Zauberwort, das jeden Personalchef feuchte Augen bekommen lässt. Ein/e gute/r Chef/in sollte in der Lage sein, diese Form der Führung optimal umzusetzen. Sich auf die Mitarbeiter einzustellen und dann im richtigen Moment angemessen zu reagieren, ohne etwas in der Beziehung zum Mitarbeiter zu zerstören. Gerade bei Konflikten ist das eine wichtige Gabe, da man vieles gewinnen, aber auch vieles verlieren kann.

In der Arztpraxis

Wenn ein Patient in die Praxis kommt und ein Problem hat, muss der Arzt sich ebenfalls individuell auf seinen Patienten einstellen – hier geht es um die Probleme – das Führen des Patienten, damit er wieder gesund wird. Wenn hier alles nach nur einem Patientenbild umgesetzt wird, hätte der Mediziner nicht die wichtigen Faktoren vor Augen – aktuelles Problem – Schmerz, körperliches und seelisches Befinden und die Ursache. Zeigen Sie mir zwei Patienten beim Arzt, die eins zu eins identisch sind. Sehen Sie – das gibt es nicht. Darum muss ein guter – und ich betone guter – Mediziner individuell seine Patienten führen.

Vertrauen

Im Business

Schon lange ist bekannt: Je mehr ich Vertrauen zu meinem Vorgesetzten habe, umso besser ist der Mitarbeiter zu führen, kann ich schneller auf die Bedürfnisse reagieren. Zum Beispiel, wenn der Umsatz einbricht. Gerade da müssen klare und vertrauensvolle Worte miteinander gesprochen werden. Ihr Mitarbeiter befindet sich in der Trennungsphase und kann sich nicht voll auf seinen Job konzentrieren – wer bekommt die Kinder, was wird mit dem gemeinsamen Haus? Wenn Sie das Vertrauen Ihres Mitarbeiters gewonnen haben – wobei es hier nicht um Details, sondern um den Hinweis für eine schwierige familiäre Situation geht –, können Sie gemeinsam Möglichkeiten finden und unterstützen. Glauben Sie mir, wenn Sie gemeinsam diese oder eine andere schwierige Phase überwunden haben, hat das Thema Loyalität und Vertrauen einen ganz besonderen Stellenwert.

In der Arztpraxis

Denken Sie an Ihren Hausarzt, zu dem Sie mit Magenschmerzen gehen. Ab und zu haben Sie Herzrasen und zu hohen Blutdruck. Bei einem guten Arzt können Sie sicher sein, dass Fragen zu den persönlichen Belastungen gestellt werden. Hierzu geben Sie Ihrem Arzt einen Vertrauensvorschuss, indem Sie ihm erzählen, was Sie zusätzlich belastet. Denn häufig ist das ein relevanter »Trigger«, den man angehen muss. Es werden zum Teil tragische Details aus dem privaten Umfeld zutage gebracht, die zu unserem Wohlbefinden im Positiven wie im Negativen beitragen. Hier erhalten Sie Hinweise, wie Sie das verbessern sollen – gemeinsam mit Ihrem Arzt. Sehen Sie die Parallelen? Es kann so einfach sein und so offensichtlich.

Entscheidungen treffen

Im Business

Gerade als Führungskraft wird von uns verlangt, Entscheidungen zu treffen, und zwar die richtigen. Aber das ist gar nicht so einfach. Versetzen wir uns in die Businessalltags-Situation Budgetverteilung: Sie haben erfolgreich Ihre Budgetverhandlungen vor der Geschäftsführung geführt und müssen jetzt unter Ihren Mitarbeitern die gerechte Verteilung nach Prioritäten vornehmen. Sie können es einfach gestalten – alle gleich – oder versuchen, nach möglicher Sales-Effizienz die Verteilung vorzunehmen. Bei dieser im Vertrieb sehr erfolgreichen Variante stehen

Sie vor wichtigen Herausforderungen: Diejenigen, die weniger erhalten, werden das nicht unbedingt verstehen. Also müssen Sie vorab Ihre Entscheidung klar, bestimmt, mit Verstand und Empathie »verkaufen« – einen »Verkaufs-Plan« erstellen, damit keine Missgunst untereinander entsteht. Trauen Sie sich das zu – oder gehen Sie immer den einfachen, bequemen Weg?

In der Praxis

Ihr Arzt oder Ärztin hat seine Diagnose gestellt – zum Beispiel eine Gastritis aufgrund von ungesundem Essen und permanentem Stress. Welche Medikamente müssen verordnet werden? Diese Entscheidung muss Ihr Arzt fällen, bestimmt und mit Begründung »verkaufen«. Der wichtige Hinweis: Die Tabletten müssen zu folgenden Zeiten genommen werden und die Dauer. Ebenso verzichten Sie auf bestimmte Nahrungsmittel und gehen Ihre Stressfaktoren an. Es bleibt keine Zeit zu diskutieren oder dass Sie Alternativen anbringen. Hier spiegeln sich ebenfalls Vertrauen, schnelle und verbindliche Entscheidungen wider.

Loslassen

Im Business

Besonders ehrgeizige Führungskräfte mit einem Drang zur Kontrolle vergessen das Loslassen immer wieder. Sie reißen wichtige Aufgaben an sich und vertrauen ihren Mitarbeitern nicht hundertprozentig. Zum einen ist das Denken, dass eine Führungskraft überall Spezialist sein muss, noch fälschlicherweise in den Köpfen verankert. Hier gilt: Eine gute Führungskraft ist Generalist, hat seine Spezialisten und lässt es auch zu. Wenn Sie dieses verstanden haben, öffnen sich fantastische Möglichkeiten, die den Mitarbeitern, dem Team zugutekommen. Probieren Sie das aus! Ohne gute Mitarbeiter, die das auch zu spüren bekommen, kommen Sie nicht weiter. Also LOSLASSEN lernen.

In der Arztpraxis

Wollen Sie wissen, ob Ihr Arzt gut oder schlecht ist? Es ist ganz einfach. Hier trennt sich die Spreu vom Weizen. Zum Beispiel bei einer Diagnose – nehmen wir Schwindel, Müdigkeit und Konzentrationsprobleme. Ein guter Mediziner überweist immer zum Fachkollegen – er weiß, wo sein Bereich ist und kann abgeben – loslassen.

Dieses Phänomen findet man leider überall. Schauen Sie genau hin, denn wenn jemand loslassen kann, ist er/sie ein sehr guter Arzt/Ärztin.

Dieses ist nur ein kleiner Einblick in die Businessiologie® – wie Sie mit dem Businessiologie®-Konzept Ihre Mitarbeiter an sich binden, die Performance steigern u. v. m., erfahren Sie unter www.framedi.de.

Halten Sie beim nächsten Arztbesuch die Augen offen.

Ihre
Tanja Franz

Tanja Franz

Über 40.000 Verkaufs- und Führungsgespräche mit Medizinern, Mitarbeitern und Entscheidern aus der Wirtschaft. Über 40.000.000 € Umsatz, eine Steigerungsrate von über 20% mit »alteingesessenen« Produkten und 23 Jahre Erfahrung im Medizin- und Pharmabereich – das bin ich, Tanja Franz.

Als ich in die Führungsetage wechselte, war meine Vision groß. Ich wollte den Weg anders und besser gehen, habe ein Team aufgebaut, das Freude an der Arbeit hat und anschließend Businessiologie® aufgebaut: Die Lehre von Medizin und Business im Führungsalltag. Die Framedi BesserDenker Akademie ist seit September 2019 zugänglich für jene Unternehmen, die neue Wege gehen möchten.

Kriegsenkelgeneration – warum Kriegstraumata die berufliche Karriere blockieren und krank machen können

Am 8. Mai 2020 liegt das Ende des Zweiten Weltkriegs fünfundsiebzig Jahre zurück, doch hat es die gesellschaftlichen und familiären Geschichten bis heute stark geprägt. Die Gefühle Schuld und Scham sind vor allem in der Kriegskindergeneration und bei den Kriegsenkeln stark verankert und spürbar.

Das Leid, welches unter dem Naziregime anderen Völkern und unserem Volk zugefügt wurde, hängt wie eine schwarze Wolke über uns allen. Dies darf nicht vergessen werden, damit sich eine solche Politik und Herrschaft nicht wiederholt.

Es ist jetzt an der Zeit, unseren Familien und Ahnen Beachtung zu schenken. Das Leid zu sehen und anzuerkennen, welches sie erlebt haben und welches Trauma sie davongetragen haben. Die letzten hundert Jahre hatten sie erst keine und dann wenig Möglichkeit, ihre Erlebnisse und Erfahrungen aufzuarbeiten. Stillschweigend mussten sie weiter funktionieren. Erst seit zwanzig Jahren öffnet sich das Thema Kriegstrauma der Gesellschaft, und doch ist Coaching und Therapie noch nicht für jeden Menschen normal, etabliert und zugänglich in der Gesellschaft.

Es gab in den letzten hundert Jahren den Ersten Weltkrieg, die Weltwirtschaftskrise, den Zweiten Weltkrieg und die Finanzkrise. Immer wieder wurden die Traumata getriggert, auch wenn die Menschen dies nicht bewusst wahrgenommen haben. Ihr Verhalten, ihre Reaktion bringt man nicht in Verbindung mit übertragenen Kriegstraumata der Ahnen, da das Thema wenig verbreitet ist. Doch selbst in der Corona-Krise wurde dies wieder sehr deutlich. So war der Corona-Virus Anfang 2020 in Deutschland nicht real bedrohlich, es gab bis Ende März keine eingreifenden Konsequenzen für die Menschen, und doch kam es zu Hamsterkäufen. Grundnahrungsmittel, Seife, Desinfektionsmittel und Toilettenpapier waren über Wochen hinweg immer wieder ausverkauft. Die Gesellschaft lachte über die Menschen. Niemand öffnete sich mit seinem wahren inneren Befinden, welches ihn/sie zu seinem irrationalen Verhalten antrieb. Konnten sie es sich vielleicht selber nicht erklären?

Ist dir klar, dass Traumata so tief sind, dass sie oft nur schwer erkannt werden? Dass sie vererbt werden, nicht nur die Erziehung Einfluss auf uns hat?

Hast du ein Kind oder Kinder? Hast du auch schon leise in dich reingelächelt oder gestaunt, wenn dein Kind dir gespiegelt hat, was du ihm mitgegeben hast?

Mir ist dies in den letzten Jahren oft geschehen. Vieles freut mich, manches nicht. Blicke ich auf mein eigenes Leben zurück, so wird mir bewusst, dass ich meiner Tochter in ihren ersten zehn Lebensjahren all die Zwänge, Regeln, Glaubenssätze und Prägungen weitergegeben habe. Schließlich hatte ich es bis dahin nicht anders gekannt und aus meinem Elternhaus nicht anders gelernt. Manchmal habe ich mich schon hinterfragt, doch war der Einfluss von außen oft mächtiger. Heute kann ich sagen: Ich habe ihm die Macht gegeben. Es folgte ein langer Lern- und Entwicklungsprozess, der mein Leben lang anhalten wird.

Die Veränderung beginnt in dir.

Anerkennung und Heilung der Kriegstraumata unserer Ahnen ersetzt lange Therapien

Ich weiß, dass der Weg oft schwer ist, und doch ermutige ich dich für diesen Weg. Als ich mich im April 2013 auf die Reise zu mir selbst machte, habe ich nicht geahnt, wie mich das Thema Ahnen, Weltkrieg und Traumata einholen würde.

Warum sollte ich mich mit Weltkriegen beschäftigen? Was haben die Kriege mit mir zu tun?

Welche Folgen haben übertragene und selbst erlebte Traumata?

Traumata, auch übertragene, können zu verschiedenen psychischen Erkrankungen wie z. B. PBS, Burnout, Depression, Zwangsstörungen u. v. m. führen. Oft fühlt es sich für die Menschen an, als würde ein Gummiband an ihnen ziehen, sie beruflich nicht vorankommen; etwas manipuliert sie immer wieder.

Traumata haben Einfluss auf unsere Gene. Hierzu gibt es im Speziellen Forschungen der Professorin Mansuy für Neuroepigenetik/Hirnforschung an der Uni und ETH in Zürich. Die Gene verändern sich durch die Traumata aufgrund chemischer Prozesse an der Erbsubstanz. Es werden an einzelne Bausteine der DNA sogenannte Methylgruppen angeheftet. Traumata sorgen nicht nur in der DNA für Veränderungen, sondern sind ebenso im Körper abgespeichert. Mit Körperarbeit und Energiearbeit können sich Traumata erkennbar machen und lösen, die bis dahin ein schwarzes Loch im Leben der Menschen hinterlassen haben.

Erst nach sieben Generationen, wenn das Trauma nicht vorher bewusst gelöst wurde, ist die Übertragung so gering bis aufgelöst, dass das Trauma keinen Einfluss mehr auf die Nachfolgen hat, bzw. das Zellgedächtnis erinnert sich nur noch über ganz spezielle Formen der Nachforschung.

Was kannst du tun, wenn du dich auf Spurensuche machst und in die Heilung gehen möchtest? Es gibt die verschiedensten Möglichkeiten. Coaching, Therapie, Energiearbeit, Selbstreflexion, Körperarbeit.

Woran erkennst du, dass es auch in deiner Familie Themen gibt? Kennst du Sätze wie: Sei zufrieden mit dem, was du hast? Darüber spricht man nicht. Das macht man nicht. Das gehört sich nicht. Was sollen die anderen denken! Gab und gibt es wirklich Nähe zwischen dir und deiner Familie? Fühlst du dich gesehen?

Mit Selbstliebe dein Potenzial und damit in Reichtum und Fülle leben

Mich erfüllt es im Sommer 2017 endgültig mit Schmerz, wie ich auf Abwehr, Ablehnung und Verleumdung bei Konfrontation meines Erlebens meiner Geschichte bei meinen Eltern stoße. Mir wird bewusst: Meine Eltern, die ich so sehr liebe, sehen mich noch immer nicht. Sie sagen, meine Wahrheit ist eine Lüge. Mein Bedürfnis nach Liebe, Annahme und Gesehen-Werden wird nicht erfüllt. Ich trenne mich, weil ich spüre, dass es mich mehr Kraft kostet, um ihre Liebe zu betteln, als endlich in die Eigenverantwortung, die Selbstwirksamkeit und ins Selbstvertrauen zu gehen. Ich benötige diesen Abstand zu meinem Familiensystem, um meinen Kopf und Bauch miteinander in Verbindung zu bringen. Es ist an der Zeit, mich aus der »Erwachsenes-Kind-Rolle« zu lösen und die wirkliche erwachsene Maren zu werden. Dieser Schritt ist zu dem Zeitpunkt notwendig, um meinen Selbstwert, meine Unabhängigkeit und bedingungslose Liebe leben zu können.

Es darf heutzutage nicht mehr um Scham und Schuld gehen. Wir dürfen, ja wir müssen sogar den Weg in die Heilung und den Frieden gehen. Es ist an der Zeit, die Kriegsfolgen und Traumata zu erlösen, damit wir und nachfolgende Generationen emotionale Freiheit erhalten und ein glückliches Leben führen können.

Gehst du deinen Herzensweg, verläuft dein Leben in Liebe, Freude und Leichtigkeit. Es setzt dein Potenzial frei und du kommst in deine Energie, Balance und Effizienz.

Maren Fromm

Maren Fromm, 1972 in Niedersachsen geboren und seit 2001 in Weil im Schönbuch, Baden-Württemberg wohnhaft. Beruflich bin ich Coach und Heilpädagogin, privat Mutter einer 2002 geborenen Tochter und zudem hochinteressiert an Persönlichkeitsentwicklung. Eine große Veränderung in meinem Leben 2012 führte mich zu meiner Reise in mich. Es folgten Ausbildungen,

Workshops rund um das Thema Persönlichkeitsentwicklung, und hierdurch kam ich auf das Thema Kriegstraumata. Heute ist es nicht mehr aus meinem Leben wegzudenken, und ich begleite Menschen auf ihrer Spurensuche.

maren-fromm.de

Das »emotionale Erbe« deiner Vorfahren – vom »Flirt mit dem Tod« zur Lebensfreude

»Ich habe heute mein Kind geboren, und ich werde heute sterben. Mein Herz pocht. Die Welt um mich ist in einen weißen Schleier gehüllt. Vierzehn Menschen kämpfen um mein Leben. Die Blutungen sind nicht kontrollierbar. Mein Leben – es läuft wie ein Film vor mir ab. Einmal mehr bin ich dem Tod näher als dem Leben. Mehrere Suizidversuche, lebensbedrohliche Infekte, komplikationsreiche Operationen, allergische Schocks. All das kenne ich seit Jahrzehnten. Heute bin ich am Ende meines Lebens angelangt. Einen dramatischeren Moment zum Sterben hätte ich mir nicht aussuchen können.

Warum sehne ich mich so sehr nach dem Tod, dass ich den heutigen Ankunftstag meines Babys als meinen heutigen Abgangstag gewählt habe? Mein Herz hört auf zu schlagen. Ich fliege davon.«

In den achtundzwanzig Jahren meiner Praxis- und Seminartätigkeit mit über 22.000 kinesiologischen Einzelsitzungen erhielt ich unzählige Rückmeldungen zu lebensbedrohlichen Situationen. Mittlerweile spüre ich die unbewussten zerstörerischen Überzeugungen meiner Klienten genau.

Vor dreißig Jahren während meiner Zeit als Grundschullehrerin versuchten zwei meiner achtjährigen Schüler, sich die Pulsader mit einer Schere zu verletzen. Sie wirkten traurig und niedergeschlagen und redeten davon, nicht mehr leben zu wollen.

Dass diese Kinder die Symptome ihrer Familie übernahmen und den bewussten oder unbewussten Wunsch zu sterben eines Elternteils ausdrückten, war mir damals nicht klar.

Auf der Suche nach Hilfe für diese Kinder bin ich auf die

Kinesiologie gestoßen. Nie hätte ich geahnt, was alles aus einer Kombination von Kinesiologie, systemischen Aufstellungen, Traumaarbeit, Tiefenpsychologie, Spiritualität und Quantenphysik an Transformation und Heilung möglich ist.

Die meisten unserer Symptome und Krankheiten gehören nicht uns. Sie sind sichtbarer Ausdruck der emotionalen Traumata, die wir unbewusst übernommen haben.

Rund neunzig Prozent meiner Klienten und Seminarteilnehmer tragen einen unbewussten Todeswunsch in sich. Meistens will der eine Teil leben und der andere, »verstrickte« Teil möchte sterben.

Dieser innere Konflikt, diese »Todessehnsucht«, ist den meisten Menschen *nicht bewusst* und kann sich durch lebensbedrohliche Krankheiten, Krebs, Depressionen, Burnout, Unfälle, diverse Süchte, Magersucht, Übergewicht, massive Ängste, Panikattacken, Allergien, risikoreiches Verhalten, das Betreiben von gefährlichen Sportarten oder sogar durch Suizidgedanken und Suizid ausdrücken. Andere schleppen sich mehr tot als lebendig durchs Leben und funktionieren nur noch. Immer mehr Menschen berichten von ihren Nahtoderfahrungen während eines Unfalls oder während einer Operation. Auch das sind Flirtversuche mit dem Tod und weisen auf diesen Konflikt hin.

Die Eingangsgeschichte erzählt von einer Klientin, die ein weiteres Mal mit dem Tod geflirtet und es überlebt hat. Millionen von Menschen sind unbewusst dabei, sich massiv zu sabotieren. Sie setzen ihre Gesundheit, ihr Glück, ihren Erfolg und ihr Leben aufs Spiel. Diese familiären Verstrickungen, allen voran die Todessehnsucht, sind verantwortlich für unendlich viel Leid, Elend, Schmerz und weitere Schicksalsschläge. Aus Verbundenheit zu unseren Eltern und Vorfahren sind wir bereit, für sie zu leiden, unglücklich zu sein, krank zu werden oder sogar früh zu sterben.

Dynamiken, welche die Todessehnsucht auszulösen vermögen.

Ich folge dir nach in den Tod, in die Krankheit, in das Schicksal

Verliert ein Kind früh einen Elternteil, will es bei ihm sein, denn er ist für das Kind das Zentrum seines Lebens. Es ist von ihm abhängig und nimmt alles ungefiltert auf. Wenn ein Elternteil stirbt, möchte das Kind nachfolgen. Es möchte bei Mama oder Papa sein, egal wo sie sind. Um geliebt zu werden und dazuzugehören, wollen wir es gleich oder ähnlich machen wie unsere Eltern und unsere Ahnen.

Lieber sterbe ich als du, lieber leide ich als du

Dieses Muster, sterben zu wollen, wird über Generationen weitergegeben. Dieser Wunsch, den ein Kind seiner Mutter abnimmt, kann einem Großelternteil oder einem anderen Vorfahren gehören.

Die Rettungsversuche deiner Kinder.

Wenn unsere Eltern oder Familienmitglieder leiden, wollen wir helfen und sie retten. Lieber sterben wir an ihrer Stelle. Manche Kinder übernehmen diese Todessehnsucht schon sehr früh, verlassen die weltliche Ebene bereits im Mutterleib (Totgeburt, plötzlicher Kindstod, Tod durch einen Unfall, eine Krankheit, Drogen oder Suizid).

Viele Kinder haben Mühe, in den Kindergarten oder in die Schule zu gehen. Sie leisten Widerstand, weinen oder schreien. Oft hat das mit ihrer Mutter zu tun. Sie wollen sie nicht alleine lassen, da ihr zwischenzeitlich etwas zustoßen könnte.

Mit Verhaltensschwierigkeiten oder Krankheiten werden die Eltern aufgefordert, sich um das Kind zu kümmern, anstelle abzuhauen, indem sie sterben. Auch das sind versteckte Rettungsaktionen und Hilfeschreie des Kindes aus Liebe zur Familie.

Schuld und Sühne

Ein Geschwister oder ein Kind stirbt, weil wir nicht aufgepasst haben. Wir verursachen einen Unfall, und jemand kommt dabei ums Leben. Wir haben unser Kind abgetrieben und haben uns dafür nicht vergeben, oder wir haben unbewusst einem Vorfahren die Schuld abgenommen. In solchen oder ähnlichen Situationen könnten wir unbewusst als Sühne für die eigene oder übernommene Schuld unser Leben aufs Spiel setzen, indem wir z. B. eine lebensbedrohliche Krankheit entwickeln, verunglücken, süchtig werden oder Suizidgedanken hegen.

Überlebende eines Krieges fühlen sich oft schuldig, weil sie noch leben und ihre Kameraden tot sind.

Endscheide dich jetzt für ein wahrhaft gesundes, glückliches und erfolgreiches Leben. Es liegt an dir. Du hast immer die WAHL.

Diese destruktiven Seelenmuster können erlöst werden, sodass du in deine Kraft kommst, um deine Träume, dein Potenzial und deine Bestimmung voll zu leben. Ganz im Sinne von »Knacke deinen Ahnen-Code, und du bist frei«.

Unsere Vorfahren haben kein Interesse daran, dass wir für sie leiden. Ihr Schicksal gehört ihnen. Wenn wir es ihnen zumuten, sind wir frei.

»Jahre sind vergangen. Ich lebe noch. Irgendwie habe ich die dramatische Nacht nach der Geburt meiner Tochter überlebt. Einmal mehr überlebt.

Dann kam der Moment, der mein Leben für immer veränderte. Ich saß in einem Vortrag von Ursula, den ich mir eigentlich gar nicht anhören wollte. Glasklar erkannte ich plötzlich meine Familiengeschichte. Ich sah meine Ahnen wie auf einer Landkarte, all die, die sich das Leben genommen hatten, all die Frühverstorbenen, all die Todkranken. Alle hatten sie dieselbe Todessehnsucht in sich. Kurz darauf durfte ich in einer einzigen Kinesiologiesitzung und in einer Ahnen-Code-Aufstellung meine Todessehnsucht auflösen. Was für ein Durchbruch in meinem Leben!

Meine letzte Operation, welche ich viele Jahre aufgeschoben hatte, aus Angst, sie nicht zu überleben, lief vor ein paar Wochen total entspannt und langweilig komplikationslos ab. Ich lebe! Und wie ich lebe!«

Ursula Garo

Ursula Garo ist Expertin für das Erkennen und Auflösen von tiefen bewussten und unbewussten Programmen und Verstrickungen, welche die Menschen von ihren Vorfahren über viele Generationen hinweg übernommen haben. Ihr Hauptfokus liegt auf den Traumata, die früh verstorbene Familienmitglieder bei den Hinterbliebenen hinterlassen können. Es ist ihre Vision, dass Gesundheit, Freude, partnerschaftliches Glück, finanzieller und beruflicher Erfolg für alle Menschen erreichbar sind. Dies ist aus ihrer langjährigen Erfahrung mit über 22.000 kinesiologischen Einzelsitzungen und in über 3000 systemischen Familienaufstellungen nur möglich, wenn die tiefen unbewussten Loyalitäten und emotionalen Verstrickungen mit der Familiengeschichte aufgelöst werden.

ursulagaro.ch

Wie man erfolgreich ein Unternehmen aufbaut und warum 95 Prozent aller unfreiwilligen Unternehmens- schließungen vermeidbar sind

50 Prozent aller Neugründungen scheitern bereits in den ersten beiden Jahren, über 80 Prozent spätestens nach drei Jahren. Nach fünf Jahren sind 90 Prozent der Unternehmen verschwunden. Und wissen Sie was? 95 Prozent aller Unternehmensschließungen sind definitiv vermeidbar! Nur in wirklich wenigen Fällen sind die Produkte oder Dienstleistungen daran schuld.

Vor ein paar Monaten besuchte ich ein Event, auf dem gescheiterte Unternehmer davon erzählten, warum und woran sie letztlich mit ihrem Produkt oder ihrer Dienstleistung gescheitert sind. Und wie schon in den vielen Jahren zuvor als Unternehmer und später auch als Berater und Coach habe ich gemerkt, dass es immer wieder dieselben Gründe sind. Und das Schlimme daran ist: Die Gründe dafür sind sehr banal! So leicht vermeidbar. So unnötig. So viele tolle Produkte und Ideen verschwinden vom Markt, nur weil das Unternehmen aufgrund von vermeidbaren Fehlern geschlossen werden musste. Ein sehr häufiger, jedoch vermeidbarer Fehler ist die fehlende Marktanalyse. Dazu zwei anschauliche Beispiele:

Ein Gründer wollte sich mit dem Bau von Drohnen selbstständig machen. Er hatte noch zwei Partner, allesamt Freunde aus Zeiten des Studiums. Und sie alle verfolgten das Ziel, eine innovative, hochwertige Drohne zu bauen. Aus dem familiären Umkreis konnten sie dafür Gelder lukrieren, und wenige Monate später gab es auch noch öffentliche Förderungen. Tolle Idee, tolles Produkt! Es wurde am Produkt gefeilt und gearbeitet – voller Enthusiasmus und Leidenschaft. Mitarbeiter wurden eingestellt und größere Büros bezogen. Nach rund vierundzwanzig Monaten entschieden sie sich, das Unternehmen freiwillig zu schließen. Um die Außenstände zu tilgen, mussten die Familien im Hintergrund nochmals finanziell einspringen. Was war passiert? Das Produkt an sich war toll – aber nicht wettbewerbsfähig. Die Kosten waren zu hoch und damit auch der Verkaufspreis. Hersteller aus Fernost bauten um einen Bruchteil der Kosten ebenso Drohnen mit entsprechender Qualität. Dadurch konnten sie ihr Produkt, in welches sie zwei Jahre Lebenszeit und viel Geld gesteckt hatten, nicht verkaufen. Und ich saß im Publikum und dachte mir: »Nach zwei Jahren merken sie, dass ihr Produkt zu teuer ist?«

Eines Montagmorgens um acht Uhr rief mich ein guter Freund an. Völlig untypisch für ihn, da er sonst eher als Langschläfer bekannt war. Jetzt war er jedoch total euphorisch! Er erzählte mir, dass er am Freitagabend verkühlt war und an sehr starkem Schnupfen, Husten usw. litt. In der Folge kramte er in seinem Medizinschrank nach Medikamenten, die seine schwere Männerkrankheit erträglicher machen würden. Er merkte, dass er bei den meisten gar nicht wusste, wofür sie gut sind. Also saß er mit seinem iPad und den Medikamenten im Bett und googelte ihr Einsatzgebiet. Und dann kam ihm die Idee: Eine App, mit der man den Code der Verpackung lesen kann – und schon steht alles da! Genial, dachte er sich. Vor seinem geistigen Auge zog der Reichtum schon vorbei. Samstags ging es ihm schon wieder besser, und er telefonierte mit einem befreundeten Programmierer. Dieser meinte, so eine App sei überhaupt kein Problem. Mein Freund erarbeitete noch am Wochenende ein entsprechendes Konzept. Während er mir am Telefon von seiner genialen Idee erzählte, öffnete ich den App Store und sah, dass die bekannte Apotheken-App diesen Service bereits inkludiert hatte. Als ich ihm das mitteilte, war seine Geschäftsidee dann auch schnell wieder beendet.

Jetzt könnte man meinen, das sind doch eher seltene Beispiele. Doch da muss ich Sie leider enttäuschen. Die fehlende Marktanalyse ist mitunter jener Bereich, der für die meisten Unternehmenspleiten verantwortlich ist. Weil angehende Unternehmer im Vorfeld zu wenig Zeit und Geld investieren, um eine entsprechende Marktanalyse durchzuführen und damit die mitunter wichtigsten Fragen zu beantworten: Wer sind meine Kunden? Wie viel können und wollen diese Kunden für das Produkt ausgeben? Wer sind meine Konkurrenten? Wie groß ist der Markt generell für meine Produkte und Dienstleistungen? Welche Trends gibt es auf diesem Markt? All diese Informationen ermöglichen eine perfekte Planung Ihrer Unternehmung. Im Zeitalter von Google und Co. ist es einfach, schnell im Vorfeld zumindest grob an die notwendigen Informationen zu kommen – und zwar ohne teure Marktanalysen in Auftrag zu geben. Es reicht zu Beginn, wenn man sich ein paar Tage Zeit für eine ausführliche Recherche nimmt. Das kann online sein, im Gespräch mit anderen Unternehmern oder auch beim Besuch von diversen stationären Geschäften und natürlich auch Onlineshops. Damit lässt sich die Machbarkeit einer Geschäftsidee oftmals schon im Vorfeld gut bestimmen.

Eine Analyse der Zielgruppe, des Marktes und der Konkurrenten sowie die richtigen Schlüsse daraus zu ziehen, erhöht die Chance auf Erfolg um ein Vielfaches. Darum empfehle ich meinen Kunden schon in der Planungsphase eine möglichst umfangreiche und detaillierte Marktanalyse.

Neben der Marktanalyse ist auch der Vertrieb ein wesentlicher Punkt. Sie müssen für Ihr Unternehmen und Ihre Produkte den richtigen Vertriebsweg finden. Erstellen Sie ein unwiderstehliches, kompaktes Portfolio, und wählen Sie die passende Vertriebsstrategie dafür aus. Je gewissenhafter Sie das machen, umso zielgerichteter können Sie Kunden akquirieren.

Darüber hinaus ist auch die Präsenz auf Social-Media-Kanälen in der heutigen Zeit ein absolutes Muss für jeden Unternehmer. Facebook, LinkedIn, Instagram und Co. bieten Ihnen die richtigen Plattformen, um Kunden zu akquirieren. Lassen Sie sich von Experten beraten und betreuen. Die Werbemöglichkeiten sind mittlerweile so umfangreich, dass es besser ist, auf Profis zu vertrauen. Doch Vorsicht! Diese sind schwer zu finden. Nehmen Sie sich Zeit, und überprüfen Sie Ihre künftigen Partner in diesem Bereich.

Natürlich gibt es noch viel mehr Aspekte, die ein Unternehmen erfolgreich sein lassen – unter anderem ein unwiderstehliches Produktportfolio und eine realistische Finanzplanung. Lesen Sie diese in meinem Buch »Die unumstößlichen Prinzipien für eine erfolgreiche Unternehmensgründung« detailliert und umfangreich nach. Auch Sie können mit hoher Wahrscheinlichkeit erfolgreich sein, wenn Sie meine Prinzipien für eine erfolgreiche Unternehmensgründung umsetzen! Ein erfolgreicher Unternehmensaufbau ist wie ein Puzzlespiel. Ein oder zwei fehlende Teile sind unter Umständen noch verkraftbar. Aber je mehr Teile fehlen, desto weniger ist das Gesamtbild erkennbar und umso höher ist die Wahrscheinlichkeit des Scheiterns.

Nehmen Sie sich auf jeden Fall ausreichend Zeit für die Planung Ihrer Geschäftsidee, prüfen Sie diese im Hinblick auf ihre Machbarkeit, und holen Sie sich auch Meinungen von außen! Eignen Sie sich im Vorfeld auch genügend Basiswissen an. Nur so können Sie sicher sein, dass Sie während Ihrer Tätigkeit schwerwiegende Fehler vermeiden. Natürlich gehören Fehler dazu – aber es wäre doch schade, wenn ausgerechnet die leicht vermeidbaren Fehler Ihre unternehmerische Tätigkeit in Gefahr bringen.

Andy Gerard

Er bringt Unternehmen auf die Erfolgsspur und hilft ihnen dabei, aus ihren Ideen erfolgreiche Unternehmen zu machen! Mit Leidenschaft und Begeisterung vermittelt er seine Erfahrungen aus vierundzwanzig Jahren Selbstständigkeit in persönlichen Coachings, Beratungen und als Vortragsredner. Denn eines hat er in den vielen Jahren als Unternehmer gelernt: 95 Prozent aller unfreiwilligen Firmenschließungen sind vermeidbar. Sein Buch »Die unumstößlichen Prinzipien für eine erfolgreiche Unternehmensgründung« gilt als Erfolgsleitfaden für Gründer und Unternehmer.

andy-gerard.com

Vom Geheimnis der »Magic Moments«

Oft werde ich von meinen Kunden gefragt: »Du führst so ein erfülltes Leben und strahlst das auch aus. Wie machst du das nur?« Wow! So werde ich wahrgenommen? Toll!

Schon in meiner Kindheit wusste ich, es gibt da irgendwo eine streng gehütete Geheimformel, die Menschen eine besondere Ausstrahlung, ja sogar Super-Kräfte gibt und sie so wirken lässt, als wären sie vom Glück geküsst. Ihnen gelingt scheinbar alles, was sie anpacken, und sie sind *offensichtlich* nicht so wie du und ich, *oder doch?* Ich wollte es wissen. Und machte mich auf die Suche nach dieser Formel.

Ein eher mittelmäßiges Abi und die beinahe schlechteste Englischprüfung des Jahrgangs waren zwar kein besonders gutes Startkapital, dennoch folgte ich meiner Intuition und schmiss meine »ich mach erst mal was Sicheres«-Bankkarriere. Da draußen gab es schließlich ein Geheimnis zu lüften. Ich schloss meine Augen, drehte den Globus und tippte mit dem Finger auf irgendeinen Punkt. Okay. Also dann – auf nach Australien! Ohne zu ahnen, was mir wenige Wochen später Down Under widerfahren sollte.

Als Praktikantin in *»Paul's Parachuting Company«* verstand ich ehrlicherweise nicht *so genau,* was meine Aufgabe war, aber ich bemerkte schnell, die Jungs hatten Spaß. Das schien mir schon mal eine heilige Lebenseinstellung zu sein.

Als Bob mich fragte, ob ich Lust auf einen Skydive hätte, schrie ich »JA!«, bevor er die Frage zu Ende stellen und erwähnen konnte, es seien mindestens 4500 Meter freier Fall ... Ähm, whaaatt?

Am nächsten Tag *checkte* ich erst im aufsteigenden Flugzeug, was ich mir da gerade antue! Die offene Tür, der Push aus dem Flieger, der freie Fall von sechzig Sekunden – wow! Meine dreißig Billionen Körperzellen waren so high, dass ich fast das

Atmen vergaß! Dieser atemberaubende Blick über Land und Meer löste ein Feuerwerk von Emotionen in mir aus, wie ich sie nie zuvor gefühlt habe. UNGLAUBLICH. FREI. VERRÜCKT.

Dieses Ereignis ist nun schon siebzehn Jahre her, und mein Körper spürt gerade in diesem Moment wieder diesen Adrenalinrausch, als wäre ich gerade aus dem Flugzeug gehüpft. Dabei habe ich nur einmal den Globus gedreht und zu einem bestimmten Zeitpunkt JA! gesagt. Ein »Magic Moment forever«!

Aber es ging ja um die Geheimformel ...

Zurück vom schönsten Ort der Welt, war ich ein bisschen schlauer, nicht nur im Englischen. Meine Energie *hatte* sich gewandelt, die Reise hat mich zu mir geführt, und meine Lebens-Neugierde war gerade erst geweckt! Doch lag noch ein langer Weg vor mir zum wirklich selbstbestimmten Leben und dem Geheimnis *erfolgreicher, glücklicher* Menschen.

Zu dieser Zeit peinigte mich meine innere Stimme geradezu, die mich permanent ungefragt, ja schon fast penetrant dazu drängte, mehr aus meinem Leben zu machen. Ständig fragte sie mich: »Was sind deine Stärken?« »Warum und wofür bist du eigentlich hier?« Ganz ehrlich – wer hat darauf schon eine Antwort? Doch wofür hat man seine Kreativität!? Ich fing trotz meines guten Weges an, verschiedene Verdrängungsstrategien zu perfektionieren. Nur um ja nicht auf Antworten in mir zu stoßen. Irgendetwas hemmte mich, und das machte mich waaaahnsinnig!

Doch auf meine Intuition war Verlass. Das Leben schenkte mir immer wieder »Zufälle«, die mich eines Sonntags den wichtigsten Schritt meines Lebens machen ließen.

In der Zwischenzeit gestaltete ich mein Leben weiter mit vielen tollen Begegnungen, Reisen, Studium sowie einer weiteren besten Zeit meines Lebens auf den Philippinen. Ich kam zu dieser Zeit interessanterweise mit immer mehr Menschen in Kontakt, die beruflich unzufrieden waren, auf-, um-, vielleicht sogar wieder aussteigen wollten oder noch gar nicht wussten, wohin mit sich.

Und so saß ich am besagten Sonntag zur Kuchenzeit bei meiner Mutter, und meine Finger flitzten über die Tastatur meines Laptops. *Ich sichere mir nur noch mal schnell meine eigene Domain:* www.grossmann-karrierecoaching.de

Rumms ... geschafft! Mein Herz schlug schnell, mein Geist

flog Loopings, und ich spürte dieses magische Gefühl ... ähnlich wie beim Skydive – Ruhe, Jubel, Klarheit.

Es hat sich was gedreht! Die Weichen waren gestellt, und ich war sichtbar! Ich hatte ein Statement, ja eine Aufgabe – und ich habe sie der Welt offen gezeigt. Wieder ein »Magic Moment forever«.

Seitdem sind viele Jahre vergangen, und dieser »Magic Moment« wirkt noch immer nach. Heute sitze ich hier als Karrierecoach und Mentorin, ja sogar Dozentin und schreibe diese Story, weil – Überraschung! – wieder mal meine Intuition die Führung meiner Finger übernommen hat und ich zur Autorin werde. Wer hätte das jemals geahnt? Ich bin im Flow. Voller Gewissheit und Ruhe und innerer Stärke, den Lauf der Dinge zu meinem Weg zu machen. Und immer wieder JA! zu sagen. Herman Scherer selbst hat es in seinen Büchern mit Chancenintelligenz beschrieben. Ich ergänze es noch einmal um das magische und so wichtige Wort MUT. Hey, wir alle leben dieses Leben zum ersten Mal und haben für alles eine *Bedienungsanleitung* – für unser TV, unseren Staubsauger, Geschirrspüler, Rasenmäher ... und für noch viel mehr, außer für unser eigenes Leben!

Aber was ist denn nun das Geheimnis erfolgreicher und glücklicher Menschen? Dass sie einfach mehr Chancen, mehr Glücksmomente im Leben kreieren? Mehr Risiken eingehen? Öfter Ja sagen? Neugieriger sind? Dass sie sich mehr zutrauen? Sich selbst annehmen und an ihre Einzigartigkeit glauben?

Ich denke, es ist eine Mischung aus all dem. Und manchmal reicht ein einziger »Magic Moment«, der unseren Blick aufs Leben verrückt und uns zu einem echten Fan unserer selbst werden lässt. Was wäre gewesen, hätte ich jede Entscheidung und meinen Mut dreimal hinterfragt? Hätte ich dann so viele Glücksmomente erlebt? Wäre ich Unternehmerin geworden? In der Lage, andere Menschen auf ihren beruflichen Findungswegen zu begleiten und zu ermutigen? NEIN!

Worauf schaust DU, wenn du auf deine Lebensstory blickst? Was siehst du, wenn du deine »Magic Moments« im Leben zählst, und wie oft tanzen deine Körperzellen Samba? Wie oft sagst du JA? Wie oft bereust du Entscheidungen? Wie oft feierst du dich für sie?

Ich wünsche dir für dein Leben eine Fülle an »Magic Moments«, mutigen Entscheidungen und vielen verrückten Augenblicken!

Hast du selbst besondere und entscheidende Momente in deinem Leben erlebt? Dann schreibe mir unter kontakt@diepotentialentfalter.com (Stichwort: Magic Moments).

Herzlichste Grüße,
Deine Stefanie Grossmann

Stefanie Grossmann

Stefanie Grossman ist Karrierecoach und Trainerin für Karrieregestaltung, New Work, Mindset und Leadership und gefragte Hochschul-Dozentin für „Marketing und Führung". Sie begleitet dabei engagiert Führungskräfte von morgen sowie aufstrebende junge Startups. Zudem wird sie mit ihrer Fähigkeit, „innere Grenzen zu sprengen", als Expertin für Laufbahnberatung und berufliche Zufriedenheit geschätzt. Sie schickt ihre Kunden erfolgreich auf Potentialentdeckungsreise. Ihre Erfahrung als Querdenkerin und Weltenbummlerin ist eine Schatztruhe der Inspiration für alle, die sich neu ausrichten wollen.

grossmannandfriends.de

Das Geheimnis
liegt in dir ...

Das Leben bietet unbegrenzte Möglichkeiten!

Stimmt nicht ... stimmt doch!

Ein Praxisalltag bietet vielfältige Informationen und Erfahrungen über Begrenzungen, warum Menschen nicht ihr Leben leben, ihrer Intuition nachgehen, ihren Lebensplan umsetzen oder ihrer Vision folgen.

In unzähligen Gesprächen, über viele Jahre, in denen Menschen sich begrenzt, eingeengt, gefesselt, ausgehebelt, ja manchmal sogar ohnmächtig fühlten, unfähig, das Leben zu leben, von dem sie träumten, nach dem sie sich sehnten oder welches sie fühlten, stand ihnen immer eines im Weg ... sie selbst!

Kennen auch Sie Aussagen wie:

- Das macht man nicht! – Wer ist man?
- Was werden die Leute sagen? – Wer sind die Leute?
- Das gehört sich nicht! – Wer oder was ist sich?

Beschränkungen in verschiedensten Formen unseres Lebens, beginnend in frühester Kindheit, gefolgt von Maßnahmen auf dem Weg zu oder in der Schulzeit, multipliziert mit überlieferten Weisheiten, die unser Umfeld ausmachen.

Gipfelnd in gesellschaftlichen Verpflichtungen, arbeitstechnischen Anweisungen oder gesetzlichen Bestimmungen.

Gefangen in Grenzen, Systemen, Beschränkungen, Verboten, Vorgaben, Regeln und No-Gos.

Gehalten in Zielvorgaben, Erwartungen, Bewertungen, Beobachtungen und Vorbildern, verlernen wir eines ... zu leben!

Dieses Gebilde nennt die Wissenschaft Persönlichkeit.

Die Summe aller angeborenen und anerzogenen Eigenschaften, die Vereinigung von Selbst- und Fremdbild. Alle inneren Prozesse, Bedürfnisse, Gefühle und das äußere Verhalten.

Eine Praxisbeispiel: Kurzfassung eines siebenundvierzigjährigen Mannes, der laut eigenen Angaben »mitten im Leben« steht und mit mir in seine Vergangenheit reist.

Träume und Erlebnisse seiner Jugend ...

» ... unvorbereitet und ungezwungen sind wir mit Zelt und Schlafsack ins Blaue gestartet ... am Lagerfeuer sitzend, Gitarre spielend haben wir gesungen und getrunken, geredet und gelacht, bis die Sonne aufging ...«

Die Freiheit ... grenzenlos.

» ... völlig verliebt, mit Schmetterlingen im Bauch; die Welt war ein großer Abenteuerspielplatz, war kein Weg zu weit, war kein Wetter zu schlecht, kein Sommer zu heiß, kein Platz zu klein und keine Barriere unüberwindbar ...«

Die Liebe ... bedingungslos.

» ... erwachsen geworden, endlich!!! Voller Enthusiasmus ins Leben gestartet; das Leben gestalten wir jetzt selbst! Erfahrungen unserer Lehrer (Eltern, Geschwister, Großeltern, Kindergärtner, Lehrer, Ausbilder, Meister usw.) ... abgelegt! Dem Himmel sei Dank, wir erfinden das Rad neu ... und zwar selbst!«

Die Selbstbestimmung ... zügellos.

»Dann kam das, was überall kommt«:
Achtung: überlieferter Glaubenssatz

» ... verlobt, verheiratet, Haus gebaut, erstes Kind (Frau zu Hause), zweites Kind, drittes Kind; Job gewechselt – bessere Position, mehr Geld! Neuen Job angenommen, noch mehr Geld – mehr Verantwortung! Nächster Job, mehr Geld, mehr Verantwortung – mehr Leistung – mehr Druck!

Mein Focus lag auf den Wochenenden und dem Jahresurlaub, damit habe ich mich täglich aufs Neue motiviert!?!«

Unser folgendes Gespräch:

»Vielen Dank für Ihre Ehrlichkeit und Ihr Vertrauen, ich habe aufmerksam hingehört. Wie kann ich Ihnen helfen?«

»Ich will endlich wieder leben!

Ich lebe nicht mehr, ich funktioniere und gefalle allen anderen ... nur nicht mir selbst. Ich bin nicht mehr ich! Ich habe mich verloren! Ich kenne mich nicht mehr! Ich fühle mich nicht mehr!«

»Was ist der Grund? Wo und wann haben Sie sich verloren?«

»Ich kann mich nicht mehr erinnern – ich brauche Hilfe!!!

Ich möchte endlich ankommen, aber ich habe schon alles versucht, ich komme einfach nicht weiter.«

»Wieso weiter? Zurück ist der richtige Weg!«

Ein fassungsloses Gesicht starrt mich an.

»Ja, zurück zu sich selbst!

Wenn Sie bereit sind, erinnern wir uns gemeinsam.«

»Gemeinsam ... wieso?«

»Weil Experten Persönlichkeitsentwicklung nicht in Eigentherapie abgeben.«

Persönlichkeitsentwicklung kann Grenzen sprengen, Fesseln lösen, Hürden nehmen, Niederlagen überwinden, Rückschläge verarbeiten, Blickwinkel ändern, Lösungen finden und Energien aktivieren.

Wenn Sie am Sprengsatz stehen, sollten Sie nicht selbst den Zünder betätigen; wenn Ihnen die Hände gebunden sind, fehlt derjenige , der die Fesseln löst; wenn Sie eine Hürde nehmen möchten, bietet der Experte Ihnen Hilfestellung; allein das Gefühl, gehalten zu werden, macht Mut, und sollten Sie gestürzt sein, hilft der Experte Ihnen wieder auf, im Fall eines Rückschlages fängt er Sie auf, und Sie begehen den Platz, auf dem sich das Hindernis befindet, gemeinsam, schauen sich alle möglichen Wege an und starten neu; aus einem neuen Blickwinkel betrachtet ist die Lösung meist ganz einfach. Das spart Energie, die Sie für den nächsten Schritt verwenden.

Es gibt Möglichkeiten, in Eigentherapie Inspiration zu erlangen und Bereitschaft zu entwickeln, danach folgt der Weg der Umsetzung, begleitet von Erkenntnissen, Positionierungen, Neuausrichtung, Definitionen, Zielsetzungen und Erfolgen. Alles entwickelt aus dem eigenen Ich.

Die Bereitschaft ist der Anfang des Weges und die beste Investition in sich selbst.

Allein mit sich sein ist wunderbar, wenn Sie bei sich angekommen sind. Wenn Sie sich wiedergefunden haben, Sie sich wieder fühlen, sich angenommen haben, sich respektieren und lieben gelernt haben; wenn Sie sich selbst glücklich machen können.

»Das funktioniert?«

»Ja, das funktioniert, wenn Sie wissen, wer oder was Ihnen im Weg steht!«

Alle Menschen werden mit einem Anteil von bestimmten Komponenten geboren; das bringen wir mit. Wir lernen durch Erlebnisse und werden erzogen. Wir passen uns an, oder wir rebellieren. Wir haben Erfolge und Niederlagen, unser Verhalten prägt sich. Wir bewegen uns in einer Matrix, die bestenfalls den geringsten Widerstand bietet; oder wir kämpfen permanent dagegen, oder wir schwimmen mit dem Fluss.

Wo sind die Komponenten wie Individualität, wie Einzigartigkeit oder das Alleinstellungsmerkmal, welches Ihre Persönlichkeit ausmacht?

Wo sind Empfindungen, Visionen, Gefühle und Träume, Erfüllung und Ihr ganzheitliches Sein geblieben?

Wo sind die Menschlichkeit, die Achtsamkeit, die Liebe, der Respekt und die Hingabe geblieben?

Verloren – auf einem Weg, der nicht unser eigener ist.

Wo sind all die Träume, die Sehnsüchte, die Bedürfnisse und die Wünsche; wo sind die Ziele?

Sie sind in dir – gespeichert im Zellgedächtnis – erinnere dich!

Begib dich auf die Reise zu deiner Authentizität, entwickelt aus der eigenen Persönlichkeit, umgeben von deiner unverwechselbaren Aura.

Nutze die Erfahrung eines Experten; er ist kein Gelehrter, sondern ein Erfahrener!

Die Welt ist im Wandel; sei bereit und nicht länger das Double von ...

Erinnere dich, begleitet durch die liebevolle und authentische Begleitung auf deiner Reise zu dir, und werde wieder eins ... authentisch, selbstbestimmt, frei und unverwechselbar einzigartig!

Das Geheimnis liegt in dir!

Birgitt Johannah Groth

Seit 1985 im Bereich Training/Coaching von Menschen aktiv, seit 1995 selbst-ständiger Experte und Speaker im Bereich: authentisch leben, sein und begleiten – authentische CEO's – Authentizität ist LEBEN – Back to real Life!

authenic-life-academy.de

Hack your Audience – in sechs Schritten zur Top-Präsentation

Es gibt Bach, Beethoven und Mozart. Vollbesetzte Reihen im Kirchenkonzert lauschen den Musikvirtuosen und spenden trotz der andächtigen Gemäuer frenetischen Beifall. Als vorletzter Künstler klettert ein kleiner sechsjähriger Junge auf den Orgelschemel und findet auf den gestapelten Sitzkissen nur mäßigen Halt, dafür aber die Tasten. Als er oben sitzt, grinst er ins Publikum und hat damit alle.

1. Schritt: Aufmerksamkeit ist der Schlüssel

Wie schaffen wir es, wie der Junge auf der Orgelbank, dass die Menschen gespannt sind wie eine Kirchenmaus? Wie bekommen wir die Aufmerksamkeit, die unsere Präsentation im Verkauf, im Meeting oder am Rednerpult verdient?

In Wahrheit enden die meisten Präsentationen und Vorträge leider, bevor sie richtig angefangen haben. Warum? Weil die Aufmerksamkeit des Publikums an eine knallharte Bedingung geknüpft ist, die oft unerfüllt bleibt. Es ist die Frage nach der Relevanz. **Wabrimida?** Was bringt mir das? What's in it for me? sagt der Amerikaner.

Wir alle hören nur zu, wenn wir etwas davon haben. Deshalb müssen wir als Redner und Verkäufer diese Frage so beantworten, dass unser Thema in Relevanz zum Nutzen des Publikums steht. Das Herausfordernde ist, dass wir das schon mit dem Anfang unserer Präsentation leisten müssen, denn es gibt keine zweite Chance für den ersten Eindruck. Wie ein gutes Opening garantiert gelingt und viele weitere wertvolle Tools gibt es in diesem Beitrag und im Präsentations-Check am Ende.

Nach seinem Grinsen sagt der Junge: »Ich spiele etwas von Bach.«

2. Schritt: Das Wichtigste klar, einfach und kurz

In jeder Präsentation und Rede gibt es im Vergleich zum geschriebenen Text keine Chance zurückzuspringen. Es gibt nur diesen einen Moment, in dem unser Gesagtes sofort klar sein muss. Die Zauberformel: Wichtiges einfach, kurz und klar!

Martin Luther King hat auf Anraten seinen berühmt gewordenen Satz »I have a dream« aus dem Manuskript gestrichen und ihn durch längere Erklärungen ersetzt, damit, so seine Berater, die Leute seine Botschaft verstehen. Als er während seiner Rede bemerkte, dass die Menschen fast einschlafen, kehrte er zu seinem Entwurf zurück und prägte damit eine der bekanntesten Botschaften aller Zeiten. Die Erfolgsregel: Botschaft in maximal fünf Worten. »I have a dream«, »Ich bin ein Berliner«, »Wir schaffen das«. Mach deine Aussagen klar, einfach und kurz, und deren Wirkung erhöht sich signifikant.

Das »etwas von Bach« des Jungen hat genau drei Akte, wie jedes erfolgreiche Musik- und Theaterstück.

3. Schritt: Struktur und Gliederung

Wir kennen alle die Fragezeichen über unseren Köpfen, wenn wir bei einem Vortrag den Überblick verlieren und nicht mehr verstehen, was er/sie gerade sagen will. Uns fehlt dann der Überblick, der rote Faden. Die Folge? Selbst beste Inhalte fallen beim Publikum durch.

Zum Glück gibt es seit Jahrtausenden eine sehr erfolgreiche Struktur. Unser Gehirn denkt in Dreier-Schritten. Aller guten

Dinge sind drei, sagt der Volksmund, und auch Johann Sebastian Bach setzte darauf.

Die Gliederung der Champions ist: Teil 1, Teil 2, Teil 3. Zu wenig? Nein, genau richtig. Mehr Inhalt können wir unter die drei Hauptteile gliedern. So kommt alles unter, und das Publikum kann trotzdem folgen. Die Profis setzen dramaturgisch einen grandiosen Opener vorneweg und krönen den Vortrag mit einem unvergessenen Finale. Führe aktiv Regie bei deiner Dramaturgie.

Die Spannung im Kirchenschiff ist spürbar, als der kleine Junge zwischen den Akten eine Pause einlegt. Er wartet, blättert seine Noten um, pausiert nochmals und beginnt erst dann den nächsten Akt.

4. Schritt: Rhetorische Mittel sind besser als deren Ruf

Stell dir deinen Lieblingssong vor. Jetzt streiche aus diesem Lied sämtliche Pausen heraus. Du hörst also nur noch die Töne. Würdest du den Song erkennen? Ich habe einmal in einer amerikanischen Quizsendung gesehen, wie dem erfolgreichen Musiker und Songwriter Quincy Jones seine Songs ohne Pause zwischen den Tönen vorgespielt wurden und er konnte nicht einen erkennen. Verrückt, oder?

Pausen sind eines der wirkungsvollsten rhetorischen Mittel. Sie bringen Struktur, Rhythmus und Klarheit, und ein guter Redner nutzt sie ganz bewusst. Aber Achtung: Alles unter drei Sekunden ist keine Pause, sondern nennt man Atmung. Rhetorische Mittel sind nicht nur wirkungsvoll, sondern sie gibt es wie Sand am Meer, in dem wir spielen sollten. Die Pause ist eine, und sie macht damit Musik.

Kurz vor dem Ende misslang dem Jungen ein Tastengriff. Der kleine »Held« war gestürzt, aber nur der ist ein Held, der weitermacht, und das tat er.

5. Schritt: Storytelling ist der heilige Gral

Wir alle hören gerne Geschichten, und es gibt nichts auf dieser Welt, das so mächtig und beständig ist. Alles, was uns und die gesamte Menschheit ausmacht, basiert im Kern auf erzählten Geschichten.

Finde die Story, die deine Botschaft am besten ausdrückt, und dann nutze die beste Erzähltechnik: Erzähle vom Altbekannten, über das Jetzt zum Neuen. Steve Jobs beherrschte diese Methode perfekt. Bei der Präsentation des iPhones zeigte er ein altes Wählscheibentelefon (Altbekanntes), dann einen iPod (Jetzt) und dann das iPhone (Neues). Infolgedessen übernachteten Menschenmassen vor Apple-Stores, um eine der Ersten der Zukunft zu sein. Die Welt folgt den Geschichten.

Am Konzertende fragte der Kirchenvorstand den Jungen tatsächlich: »Was hast du dir dabei gedacht, als du den Fehler gespielt hast?«

Der Junge schlagfertig: »Ich dachte mir, der ›Komponierer‹ hat's ja eh nicht mehr gehört!«

6. Schritt: Humor schlägt alles

Für mich gibt es nichts Schöneres, als Menschen zum Lachen zu bringen. Humor entspannt, deckt auf, bringt auf den Punkt. Ein humorvoller Vortrag ist mehr als die halbe Miete, er ist die Bank. Richtig begeistern, im Kopf bleiben und Menschen berühren können wir mit Humor. In meinen Improtheater-Shows habe ich gelernt, dass es nicht um reines Witzeerzählen geht, sondern um viel Technik, richtiges Timing und vor allem darum, ein persönliches und individuelles Humortalent zu entwickeln. Wie sagte ein schwedischer Philosoph: »Entdecke die Möglichkeiten.« Mach deinen Vortrag unterhaltend und lustig und damit zum unvergessenen Erlebnis.

Was der junge Organist heute macht, persönliche Tipps, wertvolle Tools und Methoden zur Top-Präsentation gibt es im Präsentations-Check auf meiner Webseite. Ich verspreche dir, dass wir in dreißig Minuten herausfinden, wie wir deinen Vortag auf das nächste Level heben.

Besten Dank für deine Aufmerksamkeit.

Andreas Hacker
Hack your Audience

Andreas Hacker

Über 1000 internationale Shows, Events und Vorträge, sieben erfolgreiche Unternehmensgründungen und Beteiligungen, 1800 Trainingstage und Beratungen, DAX-Unternehmen, Verbände, 1zu1, Improtheater und Kabarettbühnen mit insgesamt vor 150.000 Menschen. Andreas Hacker steht für Infotainment, begeisterndes Präsentieren, Ideen am laufenden Band und setzt Impulse für mehr Umsatz und wirkungsvolle Sichtbarkeit. Der gebürtige Oberbayer ist Querdenker, spricht und handelt »Out of the Box«, hat einen spontanen herzerfrischenden Humor und zugleich bemerkenswerten Tiefgang und analytischen Business-Verstand.

andreas-hacker.com

Führe Menschen, keine Gehaltsempfänger!

Lektion über Mitarbeiterführung beim Metzger

Ich bin beim Einkaufen an der Metzgertheke. Viel ist los – fünf Mitarbeiter kümmern sich um die Kundschaft. Die Kundin vor mir wartet darauf, dass die Verkäuferin ihr alles in eine Tüte packt. Jetzt fehlt noch das Etikett zum Bezahlen. Leider funktioniert der Drucker nicht – genervt, mit lautem Stöhnen, sodass jeder es mitbekommt, öffnet sie das Gerät und stellt lautstark fest: »Da hat doch jemand die Rolle falsch eingelegt – wer hat das hier zuletzt gemacht?« Mit einem Augenrollen nimmt sie die Rolle heraus, dreht sie einmal um, und schon druckt das Gerät anstandslos. Für die Kundin ist diese kurze Wartezeit irrelevant und nicht weiter von Belang. Da tönt es plötzlich von der anderen Seite der Theke herüber: »Dieser ›Jemand‹ war bestimmt blond!« Ich kenne den Laden, der Kommentar kam vom Chef. Kurzer Blick von mir auf alle Mitarbeiter: Nur eine blonde Person, gerade eifrig beschäftigt einen Kunden zu bedienen. Sie bekommt mit, sichtlich nervös, dass über sie geredet wird. Schließlich hat sie gerade einen Fehler gemacht, den, dank ihrer Kollegen, auch noch jeder mitbekommen hat. Flüstern mit einer anderen Kollegin: »Was war denn wieder?« – »Die Rolle war falsch eingelegt« – »Oh Mann, das passiert nur in dem ganzen Stress hier«.

Mein persönliches Fazit: So geht gute Führung und gelungene Kommunikation … nicht! Das Beispiel scheint alltäglich – da diese Art der Kommunikation im Beruf für viele »normal« ist. Wir übersehen dabei leider die Probleme dahinter.

Weniger Stress durch bessere Kommunikation

*»Das größte Problem in der Kommunikation
ist die Illusion, sie hätte stattgefunden.«*
George Bernard Shaw

Gelungene Kommunikation ist schwerer als man gemeinhin annimmt. Zu schnell passiert es, dass man aneinander vorbeiredet. Wenn der Ober im Restaurant am Tisch fragt: »Wer hatte das Schwein?«, dann melden wir uns selbstverständlich, obwohl es nicht darum geht, ob wir tatsächlich dieses Tier zu Hause im Stall haben – sondern um das gewählte Gericht. Wir interpretieren also. Das tun wir ständig und blitzschnell. Im Büro ist der Kontext jedoch nicht immer so klar. Das Ergebnis sind Missverständnisse und eine falsche Erwartungshaltung. Das Problem tritt meistens erst verzögert auf – wenn der Auftrag nicht rechtzeitig ausgeführt oder die Arbeit nicht korrekt erledigt wurde. Verschlimmert wird dies, wenn keine Zeit zur Abstimmung von genauem Auftragsziel bzw. Erwartungshaltung vorhanden ist oder die Kommunikation eingeschränkt ist, z. B. am Telefon oder auch schriftlich. Ich habe es oft in vielen Situationen erlebt. Zwei Klassiker:

- Einladung zum »wichtigen Besprechungstermin«, nur ein Thema in der Überschrift genannt, und sonst nichts.
- Der vermeintlich »dringende«, wichtige ad-hoc-Auftrag vom Chef, bei dem vieles unklar ist und der bei der Ausführung mehr Fragen als Lösungsoptionen aufwirft. Rückfragen? Fehlanzeige! »Herr/Frau XY – Sie machen das schon!«

Das führt dann nicht selten zu Stress bei Mitarbeitern und Führungskraft (»Alles muss man selber machen«) gleichermaßen sowie zu Konflikten bis zur chronischen Demotivation der Mitarbeiter, die sich vom Chef nicht wertgeschätzt fühlen. Dabei wäre es so einfach, würde man sich nur etwas mehr Zeit nehmen und sich als Führungskraft klar machen, dass man nie sicher sein kann, wie etwas beim Empfänger interpretiert wird: Kommunikation ist Wirkung und nicht Absicht. Das ist die Voraussetzung für gelungene Kommunikation und weniger Stress.

»Make Chef sein great again!« – Mehr Menschlichkeit führt zu mehr Erfolg

Überlegen Sie, wie Sie mit anderen über Ihren Chef reden. Wie oft kommen Sie denn abends mit den Worten nach Hause: »Schatz, mein Chef ist so toll, heute hat er XYZ gemacht?« Oder fragen Sie sich, welchen Anlass haben Sie Ihren Mitarbeitern gegeben, positiv über Sie zu sprechen?

Vielleicht klingt es meist doch eher so: »Mein Chef weiß doch eh nicht, was ich tue.« Oder: »Die da oben wissen nicht, was bei uns abgeht.« Zugegeben: eventuell etwas zugespitzt – doch wenn es um Chefs oder »Leaders« geht, dann klingt es eher negativ statt positiv. Dadurch bleibt Potenzial auf der Strecke. Beides finde ich schade und das möchte ich ändern.

Zwischen Mitarbeitern und Chef gibt es immer eine gewisse Distanz – das ist o.k. Wichtig ist, dass die Mitarbeiter ein Sicherheitsgefühl haben, das ihre Führungskraft hinter ihnen steht. Hierbei spielt auch das Umfeld im Team oder Abteilung eine Rolle. Hier kommt Ihre Führungskultur ins Spiel! Kollegen sprechen untereinander, tauschen sich aus – das prägt das ganze Team. Oft spürt man schnell, welches Klima herrscht. Dieses Gefühl macht den Unterschied, ob jemand die Extrameile geht und sich engagiert, oder lieber Dienst nach Vorschrift macht. Denn Dienst nach Vorschrift bedeutet weniger Risiko, weniger Risiko bedeutet geringere Chance für Ärger.

Daher: Die Kultur, die Sie als Chef vorleben, ist entscheidend. Ich sage nicht, dass dies einfach ist, aber bei Erfolg bekommen Sie die Energie und den Schweiß mit Zinsen zurück! Denken Sie nochmal kurz an unsere Fachverkäuferin an der Wursttheke: Hätte der Chef dort anders reagiert oder gäbe es eine andere Fehlerkultur, wäre die Situation sicherlich anders verlaufen.

Wie kann ich als Chef »menschlicher« führen?

Fangen Sie bei sich selbst an. Alle Führungspersonen sind auch »nur« Menschen. Fragen Sie sich: Erfülle ich selbst alle Erwartungen, die ich an meine Mitarbeiter stelle?

Wer sich z. B. darüber aufregt, dass Mitarbeiter nebenher mal etwas Privates erledigen oder telefonieren, darf sich selbst nicht weniger diszipliniert verhalten. Andernfalls wäre der Respekt der Mitarbeiter und die Vertrauensbasis angekratzt. Ein Sprichwort zu Vertrauen lautet sinngemäß: »Vertrauen verdient man in Tröpfchen, man verliert es aber mit Eimern«.

Der oftmals auferlegte Druck, perfekt zu sein, führt dazu, die Chef-Rolle als makellosen Supermann (oder Superfrau) auszumalen – was in der Praxis auf Dauer nicht machbar ist. Daher: Vertrauen Sie auf sich, zeigen Sie sich als Mensch und haben Sie keine Scheu, Schwachstellen durchscheinen zu lassen. Bedenken Sie dies bei der Festlegung Ihrer persönlichen Erwartungshaltung gegenüber Ihren Mitarbeitern. Vermitteln Sie das Gefühl von Sicherheit und Menschlichkeit.

Ich selbst habe die Wirkungsweise dieser Prinzipien ständig bestätigt bekommen. Bei meiner Arbeit mit agilen Teams und der Methode »Scrum« lernte ich, dass sich die dort notwendigen Werkzeuge zur Führung auch auf andere Führungssituationen übertragen lassen. Zusammen mit den richtigen Kenntnissen zur Kommunikation ist das der Schlüssel für menschliche und effektive Führung.

Leider wird der Begriff »Scrum« und »Agile« sehr stark gehyped. Einige Grundgedanken geraten dadurch aus dem Fokus. Mein Angebot: Holen Sie sich unter www.tobias-hauk.net/von-den-besten-profitieren/ mein kostenloses ePaper. Darin erfahren Sie, wie man Kommunikations- und agile Führungsprinzipien einfach nutzen kann, um weniger gestresst und erfolgreicher zu werden. Oder melden Sie sich direkt bei mir – ich freue mich darauf!

Tobias Hauk

Tobias Hauk ist Experte für zwischenmenschliche Kommunikation und Führung im Kontext von agilen Teams und Unternehmen. Seit 2009 ist er in fachlichen und disziplinarischen Führungspositionen in einem internationalen Konzern tätig. Er weiß, welchen Stellenwert die persönliche Kommunikation hat und was es bedeutet, ein Team zu führen, das örtlich ungebunden sowie selbstorganisiert operiert. Tobias hilft Personen in Führungsrollen, eigenständige und zuverlässige Mitarbeiter zu bekommen. Seine Vision: Alle Menschen kommen gern und mit einem Lächeln zur Arbeit – und gehen auch glücklich wieder nach Hause.

tobias-hauk.net

Wie du sie alle in deinen Bann ziehst

Kennst du, wie viele andere auch, Situationen, in denen du dich mit jemandem unterhältst und dich irgendwann fragst, ob du mit einer Wand redest? Wusstest du, dass Menschen unterschiedlich ticken und auch unterschiedlich wahrnehmen?

Ich lade dich ein, gemeinsam mit mir die Welt der Vogelmenschen zu erkunden. Ein Modell, dass es dir ermöglicht, viele Menschen aus deinem Umfeld zu deinen Fans zu machen. Ein Modell, mit dem du deine Kommunikation, dein Verhalten gegenüber deinem Partner, deiner Partnerin optimieren kannst, um noch mehr Ausgeglichenheit und Harmonie in deiner Beziehung zu erzeugen. Möglicherweise entdeckst du dich in einem Typen sogar selber. Doch ich möchte dich nicht weiter auf die Folter spannen. Steigen wir also hinein in die Welt der Vogelmenschen.

Den ersten Typen, den ich dir vorstellen möchte, ist der Adler. Der Adler ist ein eher dominanter Typ. Es ist der Typ: »Wo ist das Klavier? Ich trage die Noten.« Er ist von seiner Ausdrucksweise eher etwas lauter und bringt Sachen gerne schnell auf den Punkt. Dabei scheut er sich nicht, Knackpunkte direkt anzusprechen, ohne dabei zu emotional zu werden. Der Adler geht zudem gerne in den Wettbewerb und scheut auch keinen Streit, um seinen Standpunkt durchzusetzen. Wir finden den Adler häufig in Führungs- und Leitungspositionen. Hierbei ist es übrigens egal, ob es ein Wirtschaftsunternehmen oder das Unternehmen »Haushalt« ist. Umstehende bezeichnen den Adler auch häufig als empathielos, rücksichtslos oder verletzend. Dabei meint es der Adler überhaupt nicht böse. Er möchte Probleme nur schnell lösen, um umgehend die nächste Herausforderung anzupacken. Der Adler ist eben ein Macher, ein Kämpfer und damit auch häufig der Chef im Ring.

Der zweite Typ, den du heute kennenlernst, ist der Papagei. Der Papagei ist ein lebensfroher Mensch, dessen oberstes Ziel

»Spaß am Leben« ist. Hierbei hat er gerne viele Menschen um sich, die er von sich und seinem hohen Charme begeistern kann. Der Papagei sagt sich immer: »Fremde sind Freunde, die man nur noch nicht kennt.« Böse Zungen behaupten, der Papagei sei häufig schlampig, unkoordiniert, unpünktlich und unzuverlässig. Aus einem anderen Blickwinkel betrachtet, könnte man auch feststellen, dass der Papagei sehr flexibel, spontan, eher extrovertiert und vor allem kontaktfreudig sowie charmant ist. So finden wir Papageien häufig in Entertainment-Berufen oder im Bereich des Vertriebes. Der Papagei braucht den Applaus bzw. Komplimente wie die tägliche Luft zum Leben. Anstatt also einen Papageien zu quälen, indem du ihn alleine in einen Raum oder am besten noch an einen Schreibtisch setzt, um Statistiken zu studieren, lasse ihn unter Menschen, damit er sich in seiner vollen Blüte entfalten kann. Der Papagei wird dich dafür lieben.

Das Huhn ist der dritte Typ, den ich dir näherbringen möchte. Früher beschrieb ich das Huhn immer als Arbeitsbiene eines Unternehmens, doch es gehört eher zu den Menschen, die ein Unternehmen zusammenhalten. Das Huhn kämpft eher mit viel Leidenschaft für eine bestehende Beziehung, damit sie erhalten bleibt, als nach etwas Neuem zu suchen. Veränderungen mag das Huhn nämlich überhaupt nicht. Das liegt daran, dass das Huhn ein stetiger, traditionsbewusster, harmoniebedürftiger und fürsorglicher Familienmensch ist, dem Zusammenhalt bzw. gemeinsame Aktivitäten unwahrscheinlich wichtig sind. Das Huhn ist übrigens auch sehr verlässlich und stets um das Wohl der anderen besorgt, bevor es an sich selber denkt. So kann man mit dem Huhn stundenlang auf der Couch rumlümmeln und intensive Gespräche über Gott und die Welt führen. Fürs leibliche Wohl wird durch das Huhn stets gesorgt. Vom Auftreten her ist das Huhn in der Regel ein bequemer Mensch, was sich auch in seiner Kleidung häufig widerspiegelt. Maßanzüge mit bis oben geschlossenem Hemdknopf und fest gebundener Krawatte sind dem Huhn genauso unwichtig wie das Markenkleid eines Designers. Also ein pflegeleichter Typ, wenn man nur ausreichend Zeit mit ihm verbringt und sich gerne umsorgen lässt.

Der vierte Typ im Bunde ist die Gans. Die Gans ist ein typischer ZDF-Typ. ZDF steht für Zahlen, Daten und Fakten, denn die Gans ist ein sehr genauer, gründlicher Typ, der sehr perfektionistisch angehaucht ist und in seiner Art sehr gewissenhaft. Die Gans erkennt man daran, dass sie in der Regel korrekt gekleidet auftritt und zudem stets überpünktlich ist. Willst du mit einer Gans verreisen und der Zug fährt morgens um 10:00 Uhr am Bahnhof ab, ist die Gans spätestens 9:45 Uhr am Gleis. Willst du einen Gans-Typen zur Weißglut treiben: Sei einfach unpünktlich. Auf der anderen Seite kannst du bei einer Gans immer punkten, wenn du mit ihr sachlich sprichst und dich auf die Fakten konzentrierst. In Situationen, bei denen die Gans eine Entscheidung treffen soll, ist es sinnvoll, gleich sowohl Pro- als auch Contra-Aspekte mitanzubringen, wobei sie in den meisten Fällen eine Nacht drüber schlafen möchte, bevor überhaupt eine Entscheidung gefällt werden kann.

Spannend ist jetzt noch, dass die meisten Menschen Vogelmensch-Mischtypen sind. Also etwas Adler und etwas Papagei oder etwas Gans mit etwas Huhn. In der Regel überwiegt allerdings einer der Vogelmensch-Typen, und den überwiegenden Typen gilt es bei deinem Gegenüber zu entdecken.

Abschließend möchte ich es auf keinen Fall verpassen, dir noch die vier wichtigsten Tipps im Umgang mit den vier Vogelmenschen an die Hand zu geben. Wenn du diese aktiv anwendest, wirst du schnell die positiven Resonanzen der Menschen aus deinem Umfeld spüren.

Tipp Nr. 1: Spricht dein Gegenüber etwas lauter, sprich auch du etwas lauter. Spricht dein Gegenüber etwas leiser, sprich auch du etwas leiser. So sprecht ihr auf Augenhöhe, und es entsteht eine unterbewusste Akzeptanz deiner Person.

Tipp Nr. 2: Wenn dein Gesprächspartner einen Abstand zu dir hält, akzeptiere diesen Abstand. Dadurch fühlt sich dein Gegenüber bei dir wohler.

Tipp Nr. 3: Spricht dein Gegenüber kurz knapp knackig, bringe auch du Dinge sofort auf den Punkt. Möchte dein Gegenüber hingegen ein ausgedehntes, emotionales Gespräch, nimm auch du dir Zeit für dieses Gespräch. Deine Sympathiepunkte steigen.

Tipp Nr. 4: Akzeptiere dein Gegenüber so, wie er ist und wie er sich gibt. Verankere in deinem Herzen: Jeder Mensch ist gut, so wie er ist. Jeder Mensch ist einzigartig. Jeder Mensch ist wertvoll.

Oliver-D. Helfrich

 Über zwanzig Jahre Verkaufs- und Vertriebserfahrung. Seit mehr als zehn Jahren beschäftigt sich Oliver-D. Helfrich mit den Verhaltensmustern von Menschen und der Optimierung von Kundengesprächen. Seinen Schwerpunkt legte er schnell auf die Weiterbildung von Immobilienmaklern, um deren Qualität im Umgang mit Verkäufern und Käufern von Immobilien zu steigern. Dabei geht es bei Oliver-D. Helfrich immer um den Menschen und die zwischenmenschlichen Beziehungen.

oliverhelfrich.de

Steuern sparen ohne Mafia

Kennen Sie Klosterfrau Melissengeist? Die Werbung lautet: »Noch nie war Klosterfrau Melissengeist so wertvoll wie heute.«

Auf Steuerberater übertragen heißt dies: Noch nie war ein guter Steuerberater so wertvoll wie heute. Aber ich behaupte folgende These: Ein guter Steuerberater wird in Zukunft noch viel wertvoller sein als heute.

Warum soll das so sein? Ganz einfach. Auf breiter Front wird es eher schwieriger, Geld zu verdienen. Gleichzeitig wird der Hunger des Staates nach Steuern immer größer, nicht nur wegen Corona.

Diplomatisch ausgedrückt heißt dies, der Staat versucht, die Einnahmenseite zu verbessern, was nichts anderes heißt, als dass die Steuern erhöht werden.

Die einzige Möglichkeit, die der Staat hat, ist, die Steuern zu erhöhen. Sparen kann der Staat wohl nicht. Die Versprechen der Politiker von heute sind die Steuererhöhungen von morgen.

Allein durch die sogenannte kalte Progression hat der Staat jedes Jahr eine verdeckte Steuererhöhung.

So bekommt der Staat jedes Jahr mehr Steuern, und zwar ohne dass er eine Steuerhöhung offiziell durch Gesetze verabschieden muss.

Früher kam der Höchststeuersatz wirklich bei den sogenannten Besserverdienern zur Anwendung. Heute ist dies schon beim Einkommen eines Facharbeiters der Fall.

Gleichzeitig gibt es durch siebzig Jahre Frieden so viel zu vererben wie noch nie.

Die Menschen in Deutschland haben mehr als zehn Billionen Euro an Geld- und Sachvermögen.

Natürlich ist es mit dem Steuersparen nicht so einfach, wie man sich das als Laie vorstellt.

Über neunzig Prozent der weltweiten Steuerrechtsliteratur werden in Deutsch geschrieben. Aber nicht in Österreich, Schweiz oder Lichtenstein, sondern in Deutschland.

Allein die Erstellung einer einfachen Einkommensteuererklärung ist schon so komplex, dass Otto Normalverbraucher die Segel streicht.

Trotz alledem ist vom Steuernsparen noch keiner reich geworden. Umgekehrt hat schon manch einer seinen Reichtum an das Finanzamt wieder abgeben müssen.

Man sollte sich deshalb in erster Linie Gedanken machen, wie man mehr verdienen kann. Falsch ist es, über Steuernsparen nachzudenken, bevor man überhaupt angefangen hat, Geld zu verdienen.

Dann aber sollte man sich genau überlegen, wie man sicherstellt, dass man das behält, was man sich hart verdient hat.

Steuersparmodelle

Dann gibt oder gab es in der Vergangenheit die Anbieter der großartigen Steuersparmodelle.

Das Problem war oft nur, dass man schlechtem Geld gutes Geld hinterherwarf.

Man hat Schiffchen versenken gespielt, oder mancher Flieger ist im wahrsten Sinne abgestürzt.

Deshalb ist einer meiner Grundsätze, dass ich erst von Rendite reden kann ab dem Moment, an dem ich mein eingesetztes Kapital zunächst wieder zurückbekommen habe.

Diese Steuersparmodelle waren oft bei Zahnärzten sehr beliebt. So hieß es, bei den Zahnärzten ist der Steuerspartrieb stärker ausgeprägt als der Fortpflanzungstrieb.

Steuergestaltungen

Weiter gibt es noch die Spezies von Steuerzahlern, die sich dank ihrer Berater in komplizierte Steuergestaltungen verstricken, und zwar so, dass sie ihr eigenes Unternehmen nicht mehr verstehen.

Hier werden Gesellschaften gegründet, und es wird hin und her verrechnet. Anfangs fühlt sich der Unternehmer gut dabei und schaut voller Stolz auf seine Holding-Struktur. Bis er irgendwann kapiert, dass er in seinem Unternehmen keinen Durchblick mehr hat.

Plötzlich kommt es zu Betriebsprüfungen und Nachzahlungen, die auch sein Steuerberater ihm nicht mehr verständlich erklären kann.

Schweiz oder Cayman Islands

Wieder andere bringen ihr Geld ins Ausland und wissen nicht, was damit passiert. Das Geld wird in Vermögensverwaltungen hin und her geschichtet, bis es heißt: Außer Spesen nichts gewesen.

Der erfolgreiche Unternehmer

Nach dreißig Jahren Steuerberatung ist meine Erfahrung, dass die erfolgreichen Unternehmer einfache Lösungen lieben.

Wie heißt es? In der Einfachheit liegt die Raffinesse.

Kurze Verträge, übersichtliche Verträge, keine komplizierten Regelungen, klare Firmenstruktur. Erfolgreiche Unternehmer wissen, was sie wollen. Sie wollen vor allem Klarheit und haben ein klares Ziel vor Augen.

Von Konzepten, die nicht das halten, was sie versprechen, halten sie schon gar nichts.

Die Mafia und die liebe Familie

Was soll man aber jetzt letztlich machen, wenn man Steuern sparen will?

Hier hilft ein Blick nach Italien bzw. ein Blick auf die Mafia.

Bei der Mafia steht die Familie im Mittelpunkt. Mit der Familie lässt sich nämlich auch hier zu Lande viel Steuern sparen und Vermögen aufbauen und im Gegensatz zur Mafia ganz legal.

Dabei muss man das Geld nicht einmal jemand anders anvertrauen, sondern viel besser: Es bleibt in der Familie. Vor allem wenn die Kinder noch jung sind und noch nicht über eigenes Einkommen verfügen.

So lässt sich mit einem Family-Company-Modell sowohl Vermögen steueroptimal übertragen wie auch Einkommen innerhalb der Familie verlagern, um Steuern zu sparen.

Das ist ganz legal, und warum soll man dies nicht tun, wenn man schließlich auch die Verantwortung für die Familie übernimmt? Wenn der Gesetzgeber hier Möglichkeiten bietet, warum sollte man diese nicht in Anspruch nehmen? Man geht ja schließlich auch nicht in den Supermarkt und kauft anstelle der Haushaltspackung Pampers mit dreißig Prozent Rabatt die kleine Packung, nur weil diese teurer und damit seriöser sein soll.

Auf diese Steine können Sie bauen

Ein weiterer wesentlicher Baustein, um Vermögen aufzubauen und auch Steuern zu sparen, ist die Immobilie. Die Immobilie eignet sich nicht nur als solider Sachwert im Portfolio. Auch hier lassen sich bei entsprechender vorausschauender Planung erhebliche steuerfreie Gewinne vereinnahmen. Hierzu braucht es aber einer guten Beratung durch Steuerberater bei Erwerb, Verkauf und Renovierung von Immobilien.

Auch im Hinblick auf die Erbschaft- und Schenkungsteuer bietet die Immobilie immer noch Vorteile. So gibt es vereinfacht gesagt einen zehnprozentigen Abschlag auf den Immobilienwert von vermieteten Immobilien im Vergleich zu anderem privaten Vermögen.

Das Familienheim lässt sich zu Lebzeiten vollumfänglich auf den Ehepartner schenkungssteuerfrei übertragen. Natürlich sollte man auch an Rückfallklauseln denken z. B. bei einer Scheidung.

Schaukeln Sie gerne

Durch eine sogenannte Güterstandschaukel lässt sich Vermögen auch auf den Ehegatten ohne Schenkungsteuer übertragen.

Vereinfacht ausgedrückt geht es hier um einen Wechsel des Güterstands. Aufgrund dessen wird der sogenannte Zugewinnausgleich wie bei einer Scheidung fällig. Dieser Zugewinn unterliegt nicht der Schenkungsteuer. So kann man Vermögen auf den Ehepartner übertragen, ohne Schenkungsteuer bezahlen zu müssen. Allerdings ist hier wirklich höchste Vorsicht geboten, damit man sich nicht selber verschaukelt. Daher braucht es hier wirklich einer professionellen Expertise.

Sind Sie schon einmal stiften gegangen?

Wenn Sie schon stiften gehen wollen, dann gehen Sie nach Lichtenstein. Dann sind Sie fein raus. Wenn Ihre Stiftung allein den Zweck haben sollte, Ihr Leben zu bereichern, dann ist keine Schenkungsteuer fällig. Ihr Handeln wäre dann nicht unbedingt mildtätig, aber die Schenkungsteuer-Freiheit liegt auf der Hand. Nur wer andere beschenkt, ist nach deutschem Recht schenkungsteuerpflichtig. Diese und andere Stilblüten treibt das deutsche Steuerrecht.

Falls für Sie hier nichts dabei sein sollte, empfiehlt es sich, Ihre Ehefrau oder Ihren Ehemann als außergewöhnliche Belastung von der Steuer abzusetzen: Denn eines sollte man bei dieser anspruchsvollen Materie nicht verlieren– den Humor!

Jürgen R. Herrmann

Dipl.-Betriebswirt (FH) Jürgen R. Herrmann, geb. 1961 in Stuttgart, ist Wirtschaftsprüfer/Steuerberater. Berufstätig in der Steuerberatungsbranche seit 1987, unter anderem ab 1993 als Geschäftsführer einer Steuerberatungsgesellschaft. Ab 2002 Gesellschafter-Geschäftsführer der JRH Wirtschaftstreuhand GmbH & Co. KG Steuerberatungsgesellschaft, Esslingen am Neckar. 1986 Wirtschaftsprüferexamen Ministerium für Wirtschaft Baden-Württemberg. 1992 Steuerberaterexamen Finanzministerium Baden-Württemberg. 1981 bis 1986 Studium der Betriebswirtschaftslehre an der Fachhochschule Nürtingen. Schwerpunkt: Steuerlehre, Prüfungswesen und Bankbetriebswirtschaftslehre. Abschluss Dipl. Betriebswirt (FH).

Die 12 Säulen der Gesundheit

Der Mensch wird heute älter denn je und wünscht sich ein langes, gesundes Leben. Wie gelingt uns das? Das Wichtigste haben wir für Sie zusammengefasst.

Unser Beitrag soll Sie inspirieren, Eigenverantwortung für ein gesundes, glückliches Leben zu übernehmen. Er soll Ihnen Anregungen geben, was Sie täglich selbst für Ihr Wohlbefinden und Ihre Gesundheit tun können.

1. Bewegung – jeder Schritt zählt

Das waren noch Zeiten, damals im Neandertal, als wir unserem Essen hinterherlaufen mussten: bis zu 40 Kilometer am Tag. Biologisch gesehen sind wir Langstreckenläufer und keine »Bürohengste«. Mangelnde Bewegung schadet uns. Schon 2-3 x pro Woche einen Spaziergang mit ca. 10.000 Schritten tut uns gut. Wer fit werden und seine Leistung steigern möchte: 3 x 75 Minuten Ausdauersport pro Woche, z. B. Joggen, Radfahren, Schwimmen, Walken. Zusätzlich noch die großen Muskelgruppen (Brust, Rücken und Oberschenkel) trainieren – z. B. morgens und abends je 3 x 10 Kniebeugen, Liegestützen und Hanteltraining – und der Körper fühlt sich wohler in seiner Haut.

2. Ernährung – nur nicht sauer werden

Was die vielen Nahrungsmittelunverträglichkeiten heutzutage anbelangt, zeigt sich, dass der Verzicht auf Kuhmilch- und Weizenprodukte hilft. Dr. Otto Warburg erhielt 1931 den Nobelpreis für Medizin für seine Erkenntnisse in der Krebsforschung: »Keine Krankheit kann in einem basischen Milieu existieren, nicht einmal Krebs.« So einfach ist es heute nicht mehr, jedoch ist ein basisches Milieu für den gesunden Körper unerlässlich. Der eigene Säure-Basen-Status kann als pH-Wert im Urin gemessen werden. Chronische Entzündungen entstehen häufig durch Übersäuerung. Zum Entsäuern empfiehlt sich, auf Zucker und Weißmehlprodukte zu verzichten, viel reines Wasser zu trinken und gute, (mehrfach) ungesättigte Fettsäuren zu sich zu nehmen.

3. Vitalstoffe – Baustoffe des Lebens

Unser Körper braucht Vitamine, Mineralstoffe, Spurenelemente, Fett- und Aminosäuren, damit er optimal funktioniert. Eine chronische Unterversorgung an Vitalstoffen gilt als Ursache für viele Erkrankungen. So sind unsere Zellen permanentem Stress durch Umweltbelastung, falsche Ernährung, Genussgifte etc. ausgesetzt. Deshalb ist es heutzutage umso wichtiger, den Körper – zusätzlich zu einer ausgewogenen Ernährung – mit natürlichen, hochwertigen Baustoffen zur Verbesserung der Stoffwechselprozesse zu unterstützen. Freie Radikale, der Name lässt es erahnen, wirken radikal und bedingen viele Erkrankungen. Antioxidantien wie Vitamin C und OPC schützen unsere Zellen davor.

4. Darmgesundheit – das Zentrum des Wohlbefindens

Ein gesunder Darm ist für eine intakte Gesundheit essenziell und hält Körper und Geist gesund. Franz Xaver Mayr, ein österreichischer Darmspezialist, brachte es deutlich auf den Punkt: »Der Tod sitzt im Darm.« Er fand heraus, dass sich fast alle Krankheiten verbessern, wenn der Darm gesund ist. Die Zusammensetzung unserer Darmflora beeinflusst sogar unsere Verhaltensweisen, z. B. wie wir Stress verarbeiten. Darmreinigungen, ballaststoffreiche Kost sowie Prä- und Probiotika fördern die Darmgesundheit.

5. Verhalten – auf geht's, Schweinehund!

Wussten Sie, dass es nur ca. 3 Wochen dauert, alte Verhaltensmuster abzulegen und sich an neue Routinen im Tagesablauf zu gewöhnen? Es lohnt sich, 21 Tage mit dem inneren Schweinehund zu kämpfen – Ihre Gesundheit profitiert enorm! Probieren Sie es aus: Nach dem Aufstehen 2 Gläser stilles Wasser trinken, den Körper dehnen, eine kurze Gymnastikeinheit, danach eine Dusche mit Kneipp-Güssen (heiß-kalt-heiß-kalt), und jede Zelle ist hellwach. Abends empfiehlt sich, ca. 2 Stunden vor dem Schlafengehen auf die Nutzung digitaler Medien zu verzichten. Das blaue Licht der Bildschirme suggeriert der Zirbeldrüse Tageslicht, sodass nicht mehr genug Melatonin gebildet wird. Ihr Körper braucht Melatonin zum Einschlafen und für einen erholsamen, regenerierenden Schlaf.

6. Meditation – entspannen Sie sich!

Wir leben in einer Leistungsgesellschaft und gönnen uns leider viel zu selten bewusste Ruhepausen. Dabei helfen regelmäßige Entspannungstechniken, neue Kraft zu schöpfen. Meditation, mit der verbundenen Bauchatmung, reguliert das vegetative Nervensystem auf sanfte und sehr effektive Weise. Das Schöne: Dieses Werkzeug steht uns täglich 24/7 zur Selbstregulation zur Verfügung.

7. Akupunktur – auf den Punkt genau

Akupunktur wird als entspannend, schmerzlindernd und schlaffördernd empfunden. Während und nach der Anwendung werden körpereigene Stoffe wie Serotonin, Cortisol, Testosteron und Östrogene im Stoffwechsel angeregt. Diese durch zahlreiche wissenschaftliche Studien untermauerte Behandlungsmethode bewirkt eine sanfte Selbstregulation des Körpers und aktiviert die Selbstheilungskräfte.

8. Better Aging – sich lange jung fühlen

Hyaluronsäure ist eine natürliche Substanz unseres Körpers, die Wasser bindet und das Gewebe jung und elastisch hält. Mit zunehmendem Alter produziert der Körper leider immer weniger davon – mit 40 Jahren ca. 40 %, mit 60 Jahren nur noch ca. 10 %. Fazit: Die Haut trocknet aus und verliert an Elastizität. Hochwertige Hyaluronsäuren kann man einnehmen, was die Bildung von Kollagen und Elastin fördert. Die Haut speichert mehr Feuchtigkeit und sieht wieder frischer, glatter und jünger aus. Auch die Knorpelregeneration und Gelenkflüssigkeitsbildung werden angeregt. Antioxidantien wie z. B. OPC schützen Kollagen und Elastin und halten Haut und Bindegewebe straff.

9. Epigenetik – du bist, was du isst, denkst und fühlst

Neueste Forschungen zeigen, dass unsere Lebensweise, Nährstoffe, unsere Gedanken und Gefühle die Funktion unserer Gene steuern und dass es nie zu spät ist, unsere Lebensweise zu verändern und somit unsere Gesundheit zu verbessern.

10. Umwelt – unser tägliches Gift

Unsere Umwelt ist zunehmend mit Toxinen, Pestiziden, Hormonen sowie Medikamentenrückständen belastet, die unsere Nahrungskette »vergiften«. Auch das Wasser ist betroffen – es sollte idealerweise durch geeignete Filter gereinigt werden, bevor wir es zu uns nehmen. Durch Wasser in Plastikflaschen können z. B. Mikroplastikpartikel mit der Flüssigkeit in den Körper gelangen. Zur nächtlichen Zellregeneration und einer gesunden Nachtruhe gehört ein Schlafzimmer ohne Elektrosmog.

11. Finanzen – Geldsorgen machen krank

Ein gesellschaftliches Tabuthema sind die Finanzen – über Geld spricht man nicht. Warum eigentlich? Finanzielle Bildung wird in der Schule nicht gelehrt, obwohl es von enormer Bedeutung für ein erfülltes Leben ist. Man kann unbesorgter leben, wenn die Finanzen geregelt sind. Eigenverantwortung für die finanzielle Lebensplanung zu übernehmen, ist wichtig: Die Gesundheit hängt davon ab.

12. Beziehungen – zu positiven, liebevollen Menschen

Die Definition von Gesundheit der WHO lautet: »Gesundheit ist der Zustand vollkommenen körperlichen, geistigen und sozialen Wohlbefindens.« Studien zeigen, dass Einsamkeit mindestens so schädlich ist wie Rauchen oder Fettleibigkeit. Soziale Kontakte und ein harmonisches, liebevolles Umfeld sind immens wichtig. Lösen Sie sich von »toxischen« Beziehungen – diese können auf Dauer krank machen.

Und jetzt?

Es ist nie zu spät, etwas zu verändern. Machen Sie den ersten Schritt.

Dr. med. Tanja und Dr. med. Hans-Jochen Hesseln

Dr. med. Tanja und Dr. med. Hans-Jochen Hesseln sind beide Fachärzte für Allgemeinmedizin und führen gemeinsam ihre Praxis in Lindau am Bodensee. Herr Dr. Hesseln verfügt über Zusatzqualifikationen in Akupunktur, TCM und Naturheilverfahren mit mehreren Studienaufenthal-

ten in China und Japan. Frau Dr. Hesseln hat Zusatzqualifikationen in Akupunktur, Neuraltherapie, Eigenbluttherapie (PRP,
Plättchenreiches Plasma), Notfallmedizin. Beide sind Mitglieder
der DÄGfA (Deutsche Ärztegesellschaft für Akupunktur).

Aufmerksamkeit + Anerkennung = Verkaufserfolg

Aufmerksamkeit und Anerkennung sind nicht nur für eine funktionierende zwischenmenschliche Kommunikation, sondern auch für den Verkaufserfolg enorm wichtig. Anerkennung, Vertrauen und Sympathie – all das und noch viel mehr hängt davon ab, ob man dem Anderen mit echter Aufmerksamkeit begegnet!

Mangelnde oder gar fehlende Aufmerksamkeit bleibt einem nicht lange verborgen, man fühlt sich zu Recht nicht wertgeschätzt, und jegliche Kommunikation ist von vornherein zum Scheitern verurteilt. Jeder hat es sicher schon selbst erlebt und weiß, wie man sich dabei fühlt, ganz gleich ob im Privat- oder Berufsleben. So machte etwa die Studie »Jobzufriedenheit 2017« im Auftrag der Manpower Group Deutschland deutlich, dass Wertschätzung und Empathie seitens der Vorgesetzten für eine Mitarbeiterbindung und damit letztlich für den Unternehmenserfolg entscheidend sind. Fehlende Aufmerksamkeit bedeutet auch fehlende Anerkennung, und das bleibt selten ohne Auswirkungen.

Die folgende Begebenheit soll dies verdeutlichen.

Es ist ein Donnerstag im November 2019, ich fahre nach Frankfurt, weil ich dort am nächsten Tag einen Vortrag halte. Nach langer Fahrt bin ich schließlich im Hotel angelangt. Am Empfangstresen begrüßt mich eine freundliche Dame, sie fragt mich, ob ich eine gute Anreise gehabt habe, und bittet mich um meinen Personalausweis. Ich gebe ihn ihr und antworte, dass meine Reise gut verlaufen sei. Sie nickt, nimmt den Ausweis entgegen und stellt mir dann die Frage ein zweites Mal. Es ist nicht zu übersehen, dass sie gar nicht bei der Sache ist, sie starrt noch immer auf den Bildschirm vor sich und spult automatisch ihr Begrüßungsprogramm ab – deshalb das fehlende Zuhören, deshalb die Frage, die sie mir trotz meiner Antwort noch einmal stellt.

Sie hat mir gar nicht zugehört, sondern ist mit ihren Gedanken völlig woanders, nur eben nicht bei mir.

Diesmal aber sage ich ihr, dass die Autofahrt bestens verlaufen sei, ich sei wie ein Verrückter über die Autobahn geprescht und dabei dreimal geblitzt worden; unterwegs hätte ich außerdem beinahe zwei Hunde überfahren. »Prima«, entgegnet sie lächelnd und blickt noch immer auf den Monitor vor sich, »das freut mich für Sie!« – Braucht es noch eines Beweises, dass da jemand Wichtigeres zu tun hat, als mir, dem Gast des Vier-Sterne-Hotels, für das sie arbeitet, seine Aufmerksamkeit zu schenken?

Die Folge: Ich fühle mich nicht wertgeschätzt, und so richtig angekommen bin ich hier auch nicht. Dass ich ein zweites Mal ein Zimmer in diesem Hotel buchen werde, glaube ich kaum.

Die Wahrheit ist: Wer nicht richtig zuhört und dem Anderen damit die Aufmerksamkeit verweigert, zeigt ihm: »Was du sagst, interessiert mich nicht wirklich, du bist mir nicht wichtig.« Nun gehört es allerdings zu den Grundbedürfnissen des Menschen, wahrgenommen und anerkannt zu werden – und damit auch zu den Grundbedürfnissen des Kunden. Wenn man dessen Vertrauen gewinnen will, dann ist es wichtig, dass man ihm auch genau zuhört. Man muss ihm zeigen, dass man sich wirklich für ihn interessiert! Wichtig ist es hierbei, Blickkontakt zu halten, offene Fragen zu stellen, auf seine Antworten einzugehen. Man will ja mit dem Kunden kommunizieren! Also muss man es anders machen als die Dame am Empfang: Es gilt, echtes Interesse an dem Anderen zu zeigen und ihm dadurch das Gefühl der Zugehörigkeit zu geben. Erst dann wird er sich anerkannt fühlen, erst dann baut er Vertrauen auf. Auch wenn man die besten Methoden kennt – fehlt das Vertrauen zwischen dem Verkäufer und seinem Kunden, kommen am Ende die Vorwände. Und wenn man sich nicht wirklich um seinen Kunden kümmert, kümmert sich bald ein anderer um ihn.

Wie du mir, so ich dir …

Das sogenannte Prinzip der Reziprozität spielt in der Formel »Aufmerksamkeit + Anerkennung = Verkaufserfolg« eine wichtige Rolle. Häufig wird es auch als »Gegenseitigkeitsprinzip« bezeichnet und ist ein Grundsatz des Gebens und Nehmens, des wechselseitigen Austausches von Leistung und Gegenleistung. Dieses Prinzip findet sich in sämtlichen sozialen Beziehungen und natürlich auch im geschäftlichen Bereich wieder: Reziprozität kann als die vielleicht wichtigste Grundregel zur Stiftung von Beziehungen angesehen werden und ist eine der grundlegendsten und meistverbreiteten Normen in der Gesellschaft – und zwar weltweit, in praktisch jeder Gesellschaft. Sie ist die Basis für ein harmonisches Miteinander. Tatsächlich lernt jeder schon früh, sich an die Regel des Gebens und Nehmens zu halten, also sich für das zu revanchieren, was er von jemandem erhalten hat. Es gibt zahlreiche Sprichwörter, die genau darauf abzielen: »Eine Hand wäscht die andere«, oder auch: »Wie du mir, so ich dir.«

Als Verkäufer, Unternehmer, Selbstständiger etc. ist es unverzichtbar, Vertrauen zum Kunden aufzubauen. Ohne Vertrauen taugt aber die beste Technik nichts. Vertrauen kann auch mithilfe des Prinzips der Reziprozität aufgebaut werden. Jeder kennt den Spruch: »Kleine Geschenke erhalten die Freundschaft.« Und wenn man auf eine Leistung eine Gegenleistung erhält – umso schöner! Erfolgreiche Verkäufer wenden das Prinzip der Reziprozität auch an, um Kunden zum Kauf ihres Produkts anzuregen. Schon die kleinste Aufmerksamkeit kann dabei viel bewegen und beispielsweise einen Kunden, der eigentlich noch am Vertragsabschluss gezweifelt hat, zum Kauf bewegen. Der sogenannte »Schmetterlingseffekt« besagt, dass der Flügelschlag eines Schmetterlings einen Tornado auslösen kann. Übertragen auf das Verhältnis »Kunde – Verkäufer« und das Prinzip der Reziprozität bedeutet dies: Schon eine einfache, aber individuelle, persönliche Weihnachtskarte, die man dem Kunden schickt, ist ein Zeichen der Aufmerksamkeit und Anerkennung und hat mitunter eine enorme Wirkung. Kleinigkeiten sind nicht viel. Kleinigkeiten sind *alles!*

»Wie du mir, so ich dir«: Wer sich von dem Anderen nicht

wirklich wertgeschätzt fühlt, erkennt seinerseits den Anderen ebenso wenig an. Also Achtung: Man muss stets authentisch und fair bleiben! Merkt der Gegenüber, dass die ihm entgegengebrachte Aufmerksamkeit nicht mehr ist bloße Höflichkeit und aus leeren Formeln besteht, kann kein Vertrauen entstehen, denn warum sollte man jemandem vertrauen und mögen, der einem keine echte Wertschätzung entgegenbringt?! Muss ich betonen, dass dies eine denkbar schlechte Grundlage für die Kommunikation zwischen Verkäufer und Kunde ist?

Fazit

Aufmerksamkeit ist der Anfang einer langen Wirkungskette, an deren Ende der Verkaufserfolg stehen kann. Anerkennung, Wertschätzung, Empathie, Sympathie, Vertrauen – dies sind nur einige der Glieder dieser Kette. Fehlt jedoch das erste Glied, die Aufmerksamkeit für den Anderen, reißt die Kette schon gleich zu Beginn. Ein erfolgreiches Kundengespräch lebt von der gegenseitigen Wertschätzung.

Man verdient nur dann, wenn der Kunde einen mag. Also hat der Kunde auch die volle Aufmerksamkeit verdient!

Toni Hisenaj
Experte für Vertrieb – Motivation

Toni Hisenaj

Über 700 Vorträge, vor rund 180.000 Menschen in über 450 Unternehmen, zwölf erfolgreiche Firmengründungen. Toni Hisenaj tritt als Referent, Keynote Speaker auf – und begeistert, überzeugend, ehrlich und auf den Punkt. Toni Hisenaj unterstützt Unternehmen weltweit beim Auf- und Umbau ihrer Vertriebsorganisation, dabei werden erprobte Methoden aus der

Praxis genutzt, wo der Faktor Mensch im Mittelpunkt steht. Er macht Verkäufer zu Spitzenverkäufern, damit sie auch im 21. Jahrhundert erfolgreich verkaufen. Toni Hisenaj gehört zu den besten Trainern in Deutschland, Schweiz, Österreich und Italien, ausgezeichnet von Speakers Excellence.

toni-hisenaj.de

Die Zukunfts-Gestalter

2020 wird als das Jahr in die Geschichte eingehen, in dem Automatismen weltweit radikal unterbrochen wurden und sich dadurch neue Zukunfts-Wege öffnen konnten.

Menschen hassen Veränderungen, Veränderungsprozesse gestalten sich oft schwerfällig wie das Manövrieren großer Tankschiffe, und die Geschichte lehrt uns, dass rasche Veränderungen meist nur durch tiefgehende Einschnitte passierten.

Also dann haben wir JETZT eine große Chance.

In Vorträgen und Workshops habe ich Menschen immer wieder auf imaginäre Reisen 100 Jahre in die Vergangenheit und 100 Jahre in die Zukunft mitgenommen, um so ihr Projekt-Denken zur Zukunfts-Gestaltung zu schulen.

Ich habe ihnen von Jennifer erzählt, meinem Alter Ego, die 100 Jahre in der Zukunft leben wird und im Jahr 2122 den 2. Wiener Zukunfts-Kongress abhalten wird und dabei kritisch 100 Jahre auf uns zurückblicken und analysieren wird, wozu und wie wir unsere Zukunfts-Sekunden verwendet haben.

Jetzt wurde also unser aller Leben gerade auf den Kopf gestellt.

Jetzt entsteht gerade für einen Bruchteil einer Sekunde ein Chancenfenster, um die Zukunfts- Wege zu überdenken und neu zu gestalten.

Jetzt kommt es darauf an, wie viel Prozent der Menschen in Angst, Starre, Automatismen und Jammern hängen bleiben werden und wie viel Prozent der Menschen die neu entstandenen Chancen-Fenster mit großartigen Visionen füllen, um der Zukunfts-Gestaltung eine neue, bessere Richtung zu geben, damit auch Jennifer im Jahr 2122 noch eine Zukunfts-Chance hat.

www.angelikaehohenberger.com

Was signalisiert Jennifer uns?

Brauchen wir eine neue Projekt-Generation, die Zukunfts-Strukturen jenseits von Automatismen neu erdenken und erschaffen kann?

Nennen wir diese Projekt-Generation, die neuen Zukunfts-Gestalter einfach Visio-Preneure®

Impulse aus der Welt der Visio-Preneure®

1. Surfen auf drei Zeit-Ebenen

- Zukunfts-Gestalter surfen in ihren Denk-Räumen immer gleichzeitig auf drei Zeitebenen.
- Vergangenheit: Sie haben ein Verständnis für die Entwicklung der Menschheitsgeschichte.
- Sie verstehen die Auswirkungen von 250 Jahren Industriezeitalter auf das Heute.
- Gegenwart: Sie initiieren mutig neue Projekte und setzen diese auch kraftvoll im Jetzt-Punkt um.
- Sie tragen ein neues Wertesystem in sich, das jegliche Destruktivität vermeidet.
- Zukunft: Sie visualisieren 2122 als eine großartige Zeitepoche der Menschheit.
- Sie machen vom Zukunfts-Punkt aus diese Vision durch ihre Projekte lebendig.

Die Vergangenheit ist nicht veränderbar, sie soll uns aber etwas lehren, die Zukunft ist noch offen und wird in den Zukunfts-Räumen durch unsere Visionen, Zukunfts-Sekunden und Projekte im Jetzt-Punkt der Gegenwart erschaffen.

2. Innenwelt und Außenwelt verstehen

Wenn die Strukturen der Innenwelt die Realität der Außenwelt erschaffen, warum interessieren sich Menschen nicht für die Mechanismen der Innenwelt?

Auf diesem Planeten erschaffen acht Milliarden Innenwelten von Menschen eine reale Außenwelt.

Diese Spiegelung der chaotischen Innenwelten erleben wir gerade jeden Tag auf diesem Planeten, und das brüllt jetzt doch wirklich nach tiefgehenden Veränderungen.

Die Innenwelt nicht verstehen wollen heißt, ohne Kompass auf Stöckelschuhen durch einen dichten Dschungel zu gehen und dabei zu hoffen, dass man doch noch gesund das Ziel erreicht.

3. Projekte auf allen drei Projekt-Ebenen initiieren

Die persönliche Projekt-Ebene

Diese Projekt-Ebene sagt aus, wie sehr du deine Persönlichkeit mit all den Mustern, Programmen, Sichtweisen, Bewusstseinsebenen, Wertesystemen und Handlungsweisen aktiv und bewusst verstehen und steuern kannst und mit diesem Mindset bewusst eine schöne Zukunft erschaffst. Deine eigene, die anderer Menschen und die des Planeten.

Achtung: Neid, Missgunst, Angst, Wut, mangelndes Selbstwertgefühl, mangelnde Selbstliebe und mangelndes Geldbewusstsein sind Limitierungen auf dem Weg der Zukunfts-Gestaltung.

Die berufliche Projekt-Ebene

Jeder Mensch hat individuelle Potenziale, Talente und Fähigkeiten und ist aufgefordert, damit innerhalb der 100.000 Stunden, die wir im Business-Life verbringen, berufliche Projekte zur aktiven Zukunfts-Gestaltung zu erschaffen und damit für sich selbst ein großartiges Leben in Wohlstand und Zufriedenheit zu kreieren und gleichzeitig für andere eine Bereicherung zu sein.

Achtung: Alles, was du im Leben TUST oder NICHT TUST, hat Auswirkungen auf dich, auf andere Menschen, auf den Planeten, auf die Gegenwart, auf die Zukunft und auf Jennifer im Jahr 2122.

Die planetare Projekt-Ebene

Die Zeit der Egoisten und Egozentriker neigt sich jetzt dem Ende zu.

Langsam entsteht ein Verständnis dafür, dass wir Milliarden an Menschen sind, die sich gemeinsam einen Planeten teilen, von dem es zu Lebzeiten kein Entrinnen gibt, mit dem wir mit 107.000 Stundenkilometern durchs Weltall rasen und für den wir alle gemeinsam die Verantwortung tragen.

Wir haben in den letzten 250 Jahren einen enormen technischen Fortschritt erschaffen, aber Kriege und Grausamkeiten auf humanitärer Ebene zeichnen uns sicher nicht als Homo sapiens aus, ebenso nicht der Umgang mit dem Planeten, auf dem wir nur Gast sind.

Deshalb brauchen wir neue und mehr Projekt-Initiativen, die die Irrwege der Vergangenheit, wie wir mit Menschen, Kulturen, Flora, Fauna, Wasser, Bäumen und der Tierwelt umgegangen sind, durch neues Denken und neue Projekte so lange korrigieren, bis die Richtung wieder stimmt.

Achtung: Wir haben zur Lebensgestaltung nur diesen einen Planeten zur Verfügung.

Das neue Wertesystem

Ich weiß, dass ich mich wiederhole, aber jedes Projekt ist immer nur dann gut und verdient das Prädikat erfolgreich, wenn es eine Bereicherung für dich ist, für alle anderen Menschen und für den Planeten und auch für Jennifer im Jahr 2122.

Wenn Visio-Preneure® dieses Wertesystem in ihren Projekten leben, sollten wir die neue Zeit-Epoche der Visio-Preneure® gründen.

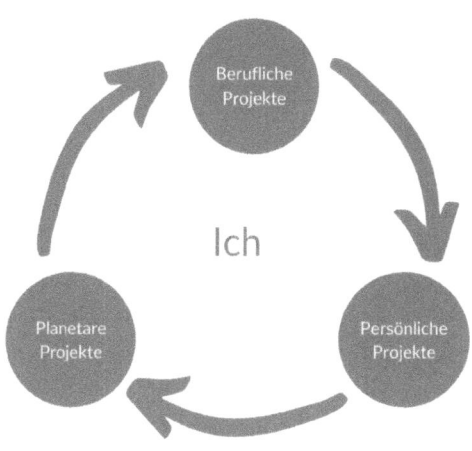

Die 3 Projekt-Ebenen der Zukunfts-Gestalter

Zukunfts-Wege mit dem Y-Faktor kreieren

Damit die eigene Zukunfts-Gestaltung und die Zukunfts-Gestaltung des Planeten gelingen können, braucht es das Einbeziehen des Y-Faktors.

Wir befinden uns jeden Tag ungefähr 20.000 Mal im Entscheidungs-Punkt des Y-Faktors und bestimmen hier bewusst und/oder unbewusst unsere Zukunft, die Zukunft anderer Menschen und die Zukunft des Planeten.

Bei manchen Menschen fällt die Verteilung im Entscheidungspunkt noch immer auf 10 Prozent bewusst und 90 Prozent unbewusst aus. Diese Verteilung hat fatale Konsequenzen.

Der Y-Faktor und das Segelschiff-Beispiel

Stell dir vor, du bist der Kapitän auf einem Segelschiff. Links vor dir ist ein lang gezogenes Felsriff, und rechts ist das offene Meer.

Für welchen Kurs würdest du dich entscheiden?

Bewusst ganz sicher für den rechten Kurs.

Aber was passiert, wenn du mehr auf der unbewussten/unterbewussten Ebene zu Hause bist, wenn du abgelenkt bist, träumst, schläfst oder Destruktivität in dir trägst?

Dann krachst du in das Felsriff.

Und genau das passiert mit vielen Entscheidungen auf allen drei Projekt-Ebenen.

Nur wenn du im Entscheidungspunkt hellwach, optimal ausgerichtet, bewusst und klar bist, entscheidest du dich bewusst für den rechten Kurs und segelst elegant zu großartigen Abenteuern auf das offene Meer hinaus.

Die gute Nachricht ist, dass die Entscheidungs-Kompetenz sehr gut trainiert werden kann.

Links de-fokussieren.

Rechts fokussieren.

Zusammenfassung von Fakten und Zahlen für bewusste Zukunfts-Gestalter
- 100 Jahre dauert ca. eine Lebensspanne.
- 60 Jahre stehen dir für Projekt-Gestaltungen zur Verfügung.
- 100.000 Stunden für eine bewusste Zukunfts-Gestaltung.
- 107.000 Stundenkilometer ist die Geschwindigkeit, mit der unser Planet durchs Weltall rast.
- 3 Milliarden Zukunfts-Sekunden sind es bis zu Jennifer im Jahr 2122.
- 50.000 Gedanken bewusst/unbewusst bestimmen Projekte und die Zukunfts-Gestaltung.
- 20.000 Entscheidungen bewusst/unbewusst haben Einfluss auf den Erfolg von Projekten.
- 5 Bewusstseinsebenen bestimmen Denken und Handlungen der Zukunfts-Gestaltung.
- 4 Frequenz-Bereiche unterstützen dich beim Kreieren von Visionen.
- 3 Zeitebenen stehen dir als Projekt-Surfer zur Verfügung.
- 2 Welten bestimmen die Zukunft, wobei die Innenwelt an erster Stelle steht.
- 1 Buchstabe entscheidet über Erfolg oder Misserfolg.

- 1 Mentor/Mentorin sorgt für klare Erkenntnisse, kluge Entscheidungen und rasche Erfolge.

Es ist die Community der Zukunfts-Gestalter, die neue, visionäre, strahlende Zukunfts-Wege erdenkt und diese durch Projekte aktiv umsetzt und erfolgreich gestaltet.

Sei dabei! Nütze die Chancenfenster! Die Welt braucht dich und deine Talente!

Herzlichst
Angelika Eléna Hohenberger
Die Projekt-Mentorin

Angelika Eléna Hohenberger

Dreißig Jahre Projekt-Mentorin, Erfolgs-Strategin und Expertin für erfolgreiche Zukunftsgestaltung, 3000 internationale Projektbegleitungen auf allen fünf Kontinenten mit Millionen-Budgets. Autorin: Visio-Preneure® – Die neue Erfolgs-Generation im Business-Life. Angelika Eléna Hohenberger lehrt Menschen erfolgreiche Zukunfts-Gestaltung auf drei Projekt-Ebenen. Mein Geschenk an dich: zwanzig Minuten Gratis-Analyse deiner Zukunfts-Projekte. https://angelikaehohenberger.com/beratung/

angelikaehohenberger.com

Die schockierende Wahrheit: So verlieren Coaches, Berater und Experten ihre Kunden an die Konkurrenz

Wenn du als Berater, Coach oder Dienstleister als führender Experte auf deinem Feld wahrgenommen werden möchtest, dann benötigst du dein eigenes Buch.

Ist dir bewusst, dass deine größten Mitbewerber bereits ein eigenes Buch haben und dir auf diesem Wege täglich Marktanteile abnehmen?

Deine Mitbewerber bekommen durch den Vertrieb ihres Buches täglich kaufbereite Klienten, an denen sie durch den Buchverkauf sogar bereits Umsatz gemacht haben, während du überteuerte Werbung schaltest und darauf hoffst, dass unter diesen kalten Leads vielleicht zufällig ein kaufbereiter Kunde ist.

Während du also Geld verbrennst, machen deine Mitbewerber den Umsatz ihres Lebens, helfen mit ihrer Expertise viel mehr Menschen als du und haben ein entspanntes Leben mit allem, was sie sich wünschen.

Während es bei deinem erfolgsverwöhnten Mitbewerber immer besser läuft, da er durch sein Buch wesentlich sichtbarer und vertrauenswürdiger ist als du, musst du beobachten, wie selbst deine Bestandskunden zu ihm überwandern.

Dieses selbstverursachte Schicksal zieht gerade vielen Experten den Boden unter den Füßen weg. Willst du diese Entwicklung in deinem Business ebenfalls erleben, oder bist du bereit, rechtzeitig zu reagieren und in deine Marke und Positionierung zu investieren, indem du dein eigenes Buch veröffentlichst?

Willst du lieber von deinen Mitbewerbern übernommen

werden oder dich mit deinem eigenen Experten-Buch endlich optimal positionieren und selber die qualifizierten Leads einsammeln, die sonst zu deiner Konkurrenz wandern?

Schreib ein Buch, ohne ein Buch zu schreiben: dein professionelles Buch in insgesamt nur zehn Stunden

Dein Buch hilft dir, von deinen Kunden, den Medien und deinen Mitbewerbern als Nr. 1 in deinem Markt identifiziert zu werden. Das Wichtigste ist jedoch: Du hast mit einem Buch *das mächtigste Marketinginstrument, was einem Experten zur Verfügung steht.*

Mit einem Buch kannst du deine Botschaft skalieren, deine Leser von deinen Methoden begeistern und deine Dienstleistungen verkaufen, ohne unnötig Zeit oder Geld in Marketing und Kundengewinnung zu stecken. Denn mit deinem eigenen Buch zahlen deine zukünftigen Klienten für deine Werbung.

Ich habe ein System entwickelt, mit dem ich dir helfe, dein Buch zu schreiben, ohne dass du selbst die Feder in die Hand nehmen musst. Wir setzen uns für maximal zehn Stunden per Videocall zusammen, und ich interviewe dich.

Anhand deiner Antworten und deiner Ausdrucksweise entsteht dann dein Buch in deinem Wortlaut. *Mit insgesamt maximal zehn Stunden eigenem Zeitaufwand hast du innerhalb von nur drei Monaten ein Buch in der Hand, was sich anfühlt, als hättest du es selbst verfasst. Nur besser.* Denn es ist anhand einer bewährten Struktur geschrieben, die alle erfolgreichen Sachbücher und Ratgeber gemeinsam haben. Deine Leser werden dein Buch lieben und mit Leichtigkeit lesen!

Zusätzlich ist die Art der Erzählung so aufgebaut, *dass deine Leser am Ende des Buches mit Begeisterung deine Dienstleitung kaufen wollen.* Du sparst also nicht nur Marketingaufwand, sondern auch die Aufwärmphase bei deinen Verkaufsgesprächen. Deine Leser kennen bereits deinen Service, deine Persönlichkeit und deine Inhalte – sobald du mit ihnen im Gespräch bist, sind sie bereits heiß darauf, bei dir zu kaufen. Alles, was ich von dir benötige, um dein Buch zu schreiben, sind nur zehn Stunden deiner Zeit.

Realisiere jetzt deinen Traum von deinem eigenen Buch!

So entsteht dein Buch in nur zehn Schritten

1. *Deine Vision:* Gemeinsam erstellen wir die Positionierung für dein Buch und eine sinnvolle Struktur. (Aufwand: 2 Stunden)

2. *Deine Inhalte:* Anhand der Struktur führe ich dich durch einen einfachen Prozess, um die nötigen Inhalte für dein Buch zu definieren. (Aufwand: 2 Stunden)

3. *Dein Material:* Falls vorhanden, sendest du mir deine Inhalte wie Online-Kurse, Skripte, Blog-Artikel, YouTube-Videos oder sonstiges Material zu, das inhaltlich für dein Buch relevant ist. (Dein Aufwand: wenige Minuten)

4. *Gespräche:* Wir führen 3 entspannte Gespräche à 2 Stunden, in denen ich dir einfach nur Fragen zu den vorher definierten Inhalten stelle. Ich zeichne unsere Gespräche auf. Das ermöglicht es mir, das Buch genau in deinem Wortlaut zu schreiben. (Dein Aufwand: insgesamt ca. 6 Stunden)

5. Ich schreibe dein Buch anhand unserer Gespräche entsprechend der Vision, Struktur und Inhalte, die wir gemeinsam erstellt haben. Du lehnst dich zurück und hörst von mir, sobald dieser Prozess abgeschlossen ist.

6. *Dein Feedback:* Nun gehen wir das Skript gemeinsam durch und ergänzen nach deinen Vorstellungen. Wahrscheinlich werden dir noch ein paar Ergänzungen einfallen – wir bearbeiten das Skript nun, bis du zu 100 % zufrieden bist und das Gefühl hast, dass es wirklich deins ist.

7. *Lektorat:* Hier wird das Buch noch mal professionell geprüft und korrigiert. (Kein Aufwand für dich)

8. *Korrektorat:* Um das perfekte Buch ohne jegliche Mängel, Tipp- oder Schreibfehler zu veröffentlichen, findet eine zweite unabhängige Qualitätsprüfung statt. (Kein Aufwand für dich)

9. *Design:* Entsprechend deiner Vorlieben werden nun das Layout und Buchcover erstellt. (Kein Aufwand für dich)

10. *Publishing & Hörbuch:* Das Buch wird auf Wunsch auch für dich professionell vertont und veröffentlicht. (Kein Aufwand für dich)

11. *Launch:* Ebenfalls auf Wunsch entwickeln wir gemeinsam eine gewinnbringende Launch- und Vermarktungsstrategie, die dir dabei hilft, deine Ziele zu erreichen.

Warum jeder Top-Experte ein eigenes Buch hat

Ein Top-Experte ...

- hat mindestens ein Standardwerk, mit dem er von potenziellen Klienten, den Medien und seinen Mitbewerbern als seriöser Anbieter wahrgenommen wird.

- hat damit *ein Tool, mit dem seine Kunden Geld für seine Werbung zahlen.* Er erschließt sich so einen doppelten Wettbewerbsvorteil gegenüber seinen Mitbewerbern.

- ist auf Amazon & Audible positioniert. Denn dort stöbern die Kunden als Erstes, wenn sie nach fachlicher Expertise suchen. Mit einem Hörbuch kann ein Experte auf über 50 verschiedenen Audiobook-Plattformen vertreten sein: z. B. Audible, Amazon, iTunes, Spotify, Deezer, Google Play, YouTube Music etc. Das erhöht seine Reichweite, seinen Einfluss und seine Sichtbarkeit enorm.

- bekommt durch sein Buch jederzeit potenzielle *neue Kunden, ohne aktiv etwas dafür tun zu müssen.* Mit dem Lesen bzw. Hören seines Buches haben diese Neukunden sogar bereits Zeit und Geld in seine Ideen investiert, bevor sie in seinen Sales-Funnel kommen.

- schreibt sein Buch so, dass die Leser hinterher direkt Interesse haben, mit ihm zu arbeiten.

- leitet seine Leser direkt aus seinem Buch auf sein Angebot. *So kann sich der Experte statt auf Marketing und Kundenakquise auf den wirklich wichtigen Teil seiner Arbeit konzentrieren: seine Klienten.*

- erschließt sich mit seinem Buch oft automatisch die Möglichkeit, von Fernsehsendern, Printmedien & ernst zu nehmenden Online-Medien als führender Experte auf seinem

Gebiet identifiziert zu werden. Somit bekommt er weitere kostenlose PR durch Interviews, Gastartikel und Porträts.

- wird anhand seines Buches sehr häufig weiterempfohlen. Denn seine Kunden und »Fans« sprechen ihm *mehr Glaubwürdigkeit* zu und würden nicht riskieren, jemanden weiterzuempfehlen, den ihre Freunde, Kollegen oder Familie nicht authentisch finden.

- nutzt durch sein Buch die Chance, seine Follower auf allen Kanälen in Interessenten und somit in zahlende Kunden zu verwandeln.

- kann mit seinem Buch die »Free Book Plus Shipping«-Strategie anwenden – die effektivste Marketing-Strategie, die Beratern, Coaches und Experten derzeit zur Verfügung steht.

- erhält für sein Buch häufig 5-Sterne-Bewertungen. Das *erhöht seinen Experten-Status* in der öffentlichen Wahrnehmung wiederum zusätzlich. Frage dich selbst, wie oft du bereits auf Bewertungen vertraut hast.

Bist du bereit, mit deinem eigenen Buch sichtbar zu werden, oder willst du deinen Markt deinen Mitbewerbern überlassen?

Wenn du ernsthaftes Interesse an einem eigenen Buch hast, dann schenke ich dir eine kostenlose Beratung, die sonst nur meinen Freunden und Bekannten vorbehalten ist.

In diesem Gespräch entwickeln wir gemeinsam einen Schritt-für-Schritt Plan, wie du innerhalb kürzester Zeit das perfekte Buch für deinen Markt und deine Positionierung in den Händen hältst. Trag dich jetzt ein, bevor dir jemand anderes diese einzigartige Chance nimmt, denn es gibt nur eine extrem limitierte Anzahl dieser wertvollen Beratungssessions. Jetzt sofort sichern:

EntfalteDeinPotenzial.com

Florian Höper

50+ Buchveröffentlichungen, 100+ Hörbuchveröffentlichungen und 10+ noch unveröffentlichte Bücher. Florian Höper ist leidenschaftlich Autor. Neben seinen eigenen Veröffentlichungen hilft er Coaches, Beratern und Experten, ihr eigenes professionelles Buch zu schreiben, sodass sie mit ihrem Business endlich ihr volles Potenzial entfalten können. Vielleicht bist du Florian Höper bereits in den Medien begegnet. Berichte und Artikel über ihn und seine Arbeit gab es in den vergangenen Jahren u. a. bereits bei: ARD, ZDF, RTL, Die Welt, WDR, Men's Health, NDR, Joiz TV, Stern TV und Women's Health.

EntfalteDeinPotenzial.com

Die sechs Reifegrade der Hirnentwicklung

Menschen haben nachweislich verschiedene Eigenschaften, die zum Teil von Geburt an vorhanden sind. Auf den Neurowissenschaftler Gerhard Roth geht die Annahme zurück, dass sich die Persönlichkeit eines Menschen in vier funktionale Ebenen unterteilen lässt (s. Grafik). Geformt werden diese in unterschiedlichen Lebensabschnitten[4].

Bereits im Mutterleib beginnt die neuronale Entwicklung im Stadium des »instinktiven, unbewussten Wir«. Das Ziel dieser Entwicklung liegt in der Ausbildung verschiedener instinktiver, psychischer, seelischer und geistiger Fähigkeiten. Gelingt sie ohne Unterbrechungen und Störungen, mündet dieser Prozess in der Entfaltung des »empathischen, bewussten Ichs«.

Es lässt sich allerdings beobachten, dass sich diese Entwicklung nicht immer bis zu ihrem Ende vollzieht, denn in manchen Fällen kommt dieser Reifungsprozess in bestimmten Entwicklungsetappen zum Stehen. An welchen Punkten dies geschieht, ist wissenschaftlich bisher weder begründ- noch vorhersagbar. Es ist jedoch zu vermuten, dass der jeweilige Endpunkt dieses Prozesses in der Gesamtpersönlichkeit eines jeden Menschen individuell festgeschrieben ist. Die Reifegradabfolge darf somit nicht als Weg verstanden werden, den jeder Mensch im Laufe seines Lebens vollständig beschreitet. Sie spiegelt vielmehr den potenziellen Entfaltungsraum der menschlichen Hirnentwicklung wider.

Die konkreten Bezugsgrößen zur Messung des individuellen Reifegrads sind hier besonders die Merkmale Ich-Stärke, Einsicht, Vernunft, Empathie und rationeller Verstand.

Als Ergänzung zum Erklärungsmodell von Roth soll hier die These aufgestellt werden, dass jedem Menschen einer von sechs

---

[4] Gerhard Roth, Fühlen, Denken, Handeln – Wie das Gehirn unser Verhalten steuert, 1. Auflage 2001, Suhrkamp Verlag, S. 318 ff.

funktionalen Reifegraden der Hirnentwicklung (kurz: Hirntypen) zugeordnet werden kann[5].

	Unbewusste Grundlage der Persönlichkeit		Bewusste Grundlage der Persönlichkeit	
	Ebene 1: untere limbische Ebene	Ebene 2: mittlere limbische Ebene	Ebene 3: obere limbische Ebene	Ebene 4: Großhirnrinde
	Ich-Codierung	konditioniertes Wir	individuell-soziales Ich	kognitive Fähigkeiten
Reifegrad 1 instinktiv	1	2	3	4
Reifegrad 2 anpassbar	5	6	7	8
Reifegrad 3 jugendlich	9	10	11	12
Reifegrad 4 moralisch	13	14	15	16
Reifegrad 5 sinnsuchend	17	18	19	20
Reifegrad 6 integer	21	22	23	24

Abbildung: Die Fläche der Ebenen stellt die relative Gewichtung innerhalb der Gesamtpersönlichkeit je Hirntyp dar; Ebene 1: (Reiz-)Wahrnehmung, Temperament als bipolarer Entfaltungsraum; Ebene 2: Familiäre und institutionelle Konditionierung; Ebene 3: individuelles Ich (eigene Bedürfnisse, eigener Wille, Ich-Stärke), soziale Fähigkeiten (Einsicht, Vernunft, Ethik, Empathie), Intuition, divergentes Denken; Ebene 4: Sprache, geistige Intelligenz, rationaler Verstand

Reifegrad 1: Wenn die Hirnentwicklung im »funktionalen Säuglings-Stadium« stoppt, entsteht der **instinktive Hirntyp**. Menschen dieses Typs bleiben darauf beschränkt, banalste Sinneseindrücke der Außenwelt (1, 4) wahrzunehmen, die in einem sehr kleinen Radius um sie herum auftreten. Das »Wir-Gefühl« (2) wird von ihnen als eine transaktionale, nahezu animalisch wirkende Zugehörigkeit zur Gruppe erlebt. Die Gedankengänge dieses Typs bleiben auf eine relative Schlichtheit begrenzt (4).

Reifegrad 2: Der **anpassbare Hirntyp** ist mit einer neuronalen Bereitschaft ausgestattet, sich auch als Erwachsener über Gruppendruck (Belohnung/Bestrafung) (6) formen zu lassen.

---

[5] Unabhängig von zusätzlichen äußeren Einflüssen und erblichen Prädispositionen

149

Weil das individuell-soziale Ich (7) auf dieser Stufe nur rudimentär entwickelt ist, glauben Menschen dieses Typs, dass sie »das Richtige« tun, wenn es sich für sie »gut anfühlt«. Ob das familiäre oder gesellschaftliche System funktional (gesund) oder dysfunktional (gestört) ist, spielt für ihre Anpassungsbereitschaft keine Rolle[6]. Komplexe Zusammenhänge der Außenwelt können von diesem Typ nur unzureichend verstanden werden (8).

Reifegrad 3: Wenn die Hirnentwicklung im »funktionalen Pubertäts-Stadium« endet, entsteht der **jugendliche Hirntyp.** Daher wirken Personen dieses Typs bis ins hohe Alter wie willensstarke, ich-zentrierte, risikofreudige (11) und cliquenbildende Jugendliche, die das tun möchten, was Erwachsene machen, dafür aber noch nicht die nötige Reife entwickelt haben. Optimistisch und vor Lebenskraft strotzend sind sie gewillt, die Grenzen des Machbaren auszutesten. Die familiäre und kulturelle Konditionierung (10) bildet dabei ein unerschütterliches Fundament an Glaubensstrukturen, in welches das individuell-soziale Ich (11) vollumfänglich eingebettet ist.

Reifegrad 4: Der **moralische Hirntyp** wirkt bereits erwachsener und vernünftiger. Diese Menschen zeigen eine hohe Bereitschaft, die Führung in einer Gruppe zu übernehmen. Diese soll auf Basis ihrer Werte, Regeln und Normen einen Zusammenhalt bilden. Die Empathie, die in solchen Systemen vorhanden scheint, ist neuronal betrachtet lediglich eine Belohnung für Anpassungsbereitschaft (15). Diese Menschen können nur das am Gegenüber schätzen und lieben, was sich mit ihren eigenen unbewussten Motiven (13, 14) und Interessen (15) deckt. Die Wahrnehmung bleibt darauf ausgerichtet, die äußere, materielle Welt kognitiv (16) zu erforschen. Diese Menschen möchten wissen, »wie« etwas funktioniert – nicht warum. Die durch sie selbst gleichgeschalteten Systeme können von den nachfolgend beschriebenen Hirntypen als Eingriff in deren Persönlichkeitsrechte empfunden werden.

Reifegrad 5: Der **sinnsuchende Hirntyp** beschäftigt sich schon frühzeitig mit Fragen wie: »Wer bin ich?« und »Warum sind Menschen so unterschiedlich?« – folglich mit dem »Warum«.

---

[6] Siehe dazu: Das Milgram-Experiment

Kulturelle Vielfalt und das Andersartige, das »bunte Leben«, empfinden diese Menschen als Bereicherung. Sie ihr Ich (19) frei in einer Gruppe entfalten können. Diese Menschen können bewusst Inkongruenzen (18, 19) in sich wahrnehmen und Schattenseiten von moralischen Anforderungen erkennen. Weil sich Einsicht, Vernunft und Empathie (19) nur langsam entwickeln, gelingt es diesen Menschen häufig nicht, ihre eigenen Bedürfnisse mit der Außenwelt diplomatisch in Einklang zu bringen.

Reifegrad 6: Aufgrund seiner funktionalen Besonderheiten kann der **integre Hirntyp** eine besondere Klarheit im Geiste erreichen. Weil die in der Kindheit geprägten Lebens- und Rollenmuster (22) im Erwachsenenalter eher wie Gefühle wirken, die mit eigenen Bedürfnissen (23) abgeglichen werden, leben diese Menschen im Vergleich zu anderen Hirntypen bewusster. Integre streben danach, die Würde anderer Menschen (unabhängig von Kultur, Religion, Herkunft) zu achten und somit das »Ich« und das »Du« in Einklang zu bringen. Kognitive Fähigkeiten (24) weichen dem Bedürfnis, Erkenntnisse durch intuitives Wissen (23), Introspektion und das damit einhergehende Erleben und Erfühlen zu generieren. Wenn Menschen dieses Typs von den Territorial- und Machtkämpfen unreiferer Hirntypen überfordert sind, ziehen sie sich häufig aus der Gesellschaft zurück.

Welche Lehren können nun aus dieser Erkenntnis gezogen werden?

Das Konzept der verschiedenen Hirntypen soll dazu dienen, ein Verständnis füreinander zu schaffen, die Ursachen dysfunktionaler Systeme zu verdeutlichen und Impulse für nötige Kurskorrekturen zu geben.

Monika M. Hoyer

Monika M. Hoyer hat viele Jahre als Projekt-Managerin und strategische Beraterin an Change-Prozessen großer Weltkonzerne mitgewirkt. Als Topic Expertin für Value Based Management hat sie Steuerungskonzepte zur Wertsteigerung des Eigenkapitals entwickelt und implementiert. Sie forschte fünfzehn Jahre an neuropsychologischen Fragestellungen, um menschliche Entscheidungsmechanismen und Verhaltensmuster verstehbar, messbar und steuerbar zu machen. Die daraus resultierende Persönlichkeitsdiagnostik, die noch als Geheimtipp gilt, hat Hermann Scherer als »pervers gut durchdacht« mit fünf von vier möglichen Sternen ausgezeichnet.

Netzwerken – was bringt das?

So, da saß ich nun, in meinem neuen Büro mit einem neuen Job. Ich werde diesen Tag nie in meinem Leben vergessen. Es war ein nasskalter Herbst-/Wintertag, der 1. Dezember 2011. Kalt und windig war die Anfahrt. Die regenschweren, dunklen Wolken hingen tief, und es wurde gar nicht so richtig hell. Genau das richtige Zeichen für einen Neubeginn. Aber nach all dem, was ich in den letzten zwölf Monaten erlebt habe, sollte dieser Tag der Aufbruch in eine neue Zukunft sein. Denn viel schlimmer konnte es ja nicht mehr werden. Denn es lag ein Jahr »Mobbing Hardcore« hinter mir. Sieben Jahre Herzblut, Engagement und Einsatz – Geschichte.

Wie froh und dankbar war ich, als ich dann vom Vorstand des BFW-Landesverbandes gefragt wurde, ob ich die Stelle des Landesgeschäftsführers übernehmen wolle. Ehrlich gesagt, ich hatte keine Ahnung von dem, was mich erwartete. Ja, ich kannte den Verband, wir haben schon zusammengearbeitet, und ich war im Bundesverband gut vernetzt. Aber letztlich wusste ich nicht so genau, was da geschah und was der Zweck des Verbandes war. Und dennoch – ich habe zugesagt, und so saß ich nun da, an einem nasskalten Wintertag im neuen Büro.

Der Schatzmeister hat mich empfangen, mir das Büro und meinen Schreibtisch gezeigt und mir viel Erfolg gewünscht. Dann ging er zurück zu seiner Arbeit. Und ich sah den riesigen Stapel Post, der sich seit dem Weggang meiner Vorgängerin angesammelt hat. Ich versuchte den Laptop zu starten – das Passwort war nirgends zu finden. Detektivarbeit. Meine Vorgängerin war nicht bereit, mir zu helfen. Irgendwann klappte es dann doch, und ich war online.

Nun begann die Zeit, sich einen Überblick zu verschaffen, mich einzuarbeiten. Bald wurde mir klar, dass ich ein Himmelfahrtskommando übernommen habe. Der Landesverband war in einem katastrophalen Zustand. In sich zerstritten, geschrumpft und ziemlich arm. Das nächste Hannover-Forum sollte Anfang März stattfinden, und bis auf die Zusage, dass der zuständige Staatssekretär die Grußworte sprechen sollte, war nichts vorhanden.

Mein erster Gedanke war Flucht! Ich wollte sofort hinwerfen. Aber mein Netzwerk, all die lieben Menschen aus Industrie, den Verbänden und auch private Kontakte, mit denen ich auf XING verbunden war, und deren Reaktionen auf meine berufliche Veränderung machten mir Mut. Und so fing ich an – allen Hindernissen zum Trotz. Ich machte mir einen Plan, erstellte ein Konzept und ging Schritt für Schritt voran. Und ich lernte Menschen kennen, die meine ehrliche, offene und direkte Art schätzten. Als Erstes baute ich die Website um. Dann plante ich das Hannover-Forum – und es wurde ein Erfolg.

Schritt für Schritt ging es weiter. Ich plante Unternehmerfrühstücke, trat den Gang nach Canossa oder besser gesagt nach Bremen an. Und man gab mir die Chance, mich zu beweisen. Mitte des Jahres war klar, dass ich noch irgendeine Idee brauchte, um noch Geld zu verdienen. Irgendetwas, was es in der Immobilienbranche noch nicht gab, irgendein Veranstaltungsformat, das noch keiner hatte und keiner kannte. Und eines Nachts, ich saß mit Freunden am Lagerfeuer auf einer Alm in Österreich, da hatte ich die Idee – es soll eine Immobiliennacht werden.

Schnell war das Grundkonzept klar, aber – es basierte auf einem Key-Note-Speaker, den wir zu diesem Zeitpunkt weder hatten noch bezahlen konnten. Und wieder war es mein Netzwerk, das mir geholfen hat. Joey Kelly wurde mir empfohlen. Nun gut, Unmögliches wird sofort erledigt, so rief ich Joey Kelly der – er sagte zu! Er ist ein großartiger Mensch. Er hilft immer wieder, wenn es ihm sinnvoll erscheint. Und er war das Zugpferd, mit dem ich dann auch Sponsoren aus der Industrie gewinnen konnte, die Veranstaltung zu unterstützen.

Und so kam er dann im November 2012 zur ersten nordwestdeutschen Immobiliennacht nach Verden an der Aller. Wir waren ein unbekannter Verband und veranstalteten im Niemandsland zwischen Hannover und Bremen ein Event, das 150 Teilnehmer besuchten sollten. Eingeladen waren Vertreter aus

Politik und Verwaltung aus Niedersachsen und Bremen sowie Unternehmer der Branche. Ja, und dann kamen knapp 170 Menschen aus allen Himmelsrichtungen. Der damalige Bremer Bausenator war dabei, Vertreter des Sozialministeriums aus Hannover, viele Bürgermeister und vor allem fast alle Mitglieder. Und Joey Kelly mit seinem Vortrag »No Limits«. Er war es, der die Veranstaltung letztlich zum Erfolg machte.

Heute, aus der Distanz betrachtet, war sicherlich Joey Kelly eine der Persönlichkeiten, die wesentlich dazu beigetragen haben, dass das Format der »nordwestdeutschen Immobiliennacht« ein Erfolgsformat wurde. Ich bin dem damaligen Bremer Bausenator, Dr. Joachim Lohse, unendlich dankbar dafür, dass er die ersten beiden Veranstaltungen in Verden unterstützte. Er hat es möglich gemacht, dass wir die dritte Veranstaltung im oberen Rathaussaal mit seinem über 400 Jahre alten Parkettboden, den tollen Vertäfelungen, dem Senatsgestühl und der Güldenkammer mit über 200 Gästen durchführen konnten. Der »Weser-Kurier« berichtete mit einem ganzseitigen Artikel.

An dieser Stelle möchte ich noch einige Menschen nennen, die meinen Weg begleitet haben. Dazu gehören Thomas Plaeschke und Sara Dähn mit ihrer Gruppe »Voice over Piano«, aber auch Speaker wie u. a. Marc Gassert und Stefan Kloppe. Dazu die Musiker wie Benny Grenz und sein Trio, Alexander Hartmann mit »Solid Jazz« und viele weitere, die immer wieder für den guten Ton gesorgt haben.

Parallel dazu habe ich unser »Hannover-Forum« weiterentwickelt. Viele Partner aus der Industrie und Dienstleistung unterstützen diese wichtige Veranstaltung jedes Jahr mit ihren Ausstellungsständen und ihrem Know-how und das seit Anfang an. 2011 waren 87 Teilnehmer dabei, 2020 waren 260 Teilnehmer aus der Wohnungswirtschaft, Politik und Verwaltung vor Ort. Die Veranstaltung ist mittlerweile der Branchentreffpunkt geworden, bei dem sich nicht nur die Mitglieder unseres Verbandes, sondern eben die gesamte Branche trifft, um sich auszutauschen und ihre Netzwerke zu pflegen.

Seit 2012 ist unser Landesverband eine Erfolgsgeschichte. Ich hob in Zusammenarbeit mit so vielen lieben Menschen den »nordwestdeutschen Immobilien Golf Cup« aus der Taufe. Hier wird nicht nur Golf gespielt, sondern auch Gutes getan. Über 15.000 Euro haben wir bereits eingesammelt und karitativen Vereinen zur Verfügung gestellt. Aus den 37 Mitgliedern sind 80 Mitglieder geworden. All das habe ich nur geschafft, weil ich ein gut funktionierendes Netzwerk habe, das bereit ist, zu geben und zu unterstützen, genau wie ich es auch mache.

David Huber

David Jacob Huber, geboren im Jahr 1966, aufgewachsen in einem kleinen Bergdorf in Kärnten/Österreich. Nach der Ausbildung zum Einzelhandelskaufmann und später zum Speditionskaufmann verließ er seine Heimat, um Berufserfahrung im Ausland zu sammeln. Seit nunmehr fast dreißig Jahren lebt und arbeitet er in Bremen und Niedersachsen, wo er seit acht Jahren einen Unternehmerverband der Immobilienwirtschaft erfolgreich leitet und das Netzwerk rund um diesen Verband ständig erweitert und ausbaut. Seit einigen Jahren schreibt er regelmäßig Editorials und Fachartikel für mehrere Immobilienzeitungen und Zeitschriften. Er ist ein Mensch, der globaler denkt und Dinge aus verschiedenen Perspektiven beleuchtet und in Zusammenhang bringt. Seine Leidenschaft gilt dem Netzwerken und Verbinden von Menschen mit unterschiedlichen Aufgaben, um daraus Gutes zu formen. (Haus- und Grundbesitz, Ausgabe Dezember 2019)

Freiheit durch Grenzen – dein JA zum NEIN!

Wann hast du das letzte Mal JA gesagt, obwohl du NEIN meintest? Vielleicht hast du deinem Partner zuliebe einen Film geschaut, den du nicht sehen wolltest? Oder du hast wieder Aufgaben vom Chef angenommen, die dich in zeitliche Schwierigkeiten bringen, deine eigentliche Arbeit zu schaffen?

Und wann hast du das letzte Mal NEIN gesagt, obwohl du gerne JA gesagt hättest? Weil du dich einfach nicht getraut hast? Viel zu häufig tun wir Dinge, die wir im Innersten gar nicht wollen. Und schränken uns selber ein, obwohl wir gerne mutiger, selbstbewusster und freier wären.

Willst auch du mehr Zeit für die Menschen und Dinge im Leben haben, die dir wirklich wichtig sind und dich erfüllen?

Dann stell dir gerne eine der folgenden Fragen:

- Hast du ab und zu das Gefühl, dass andere Menschen auf dich und deine Zeit nach Belieben zugreifen?
- Fühlst du dich erst akzeptiert, wenn du die Erwartungen anderer erfüllst?
- Traust du dir manche Sachen nicht zu, die du eigentlich gerne machen würdest?

Wenn dir das bekannt vorkommt, dann kann ich dir erst mal Entwarnung geben. Es geht vielen Menschen so, und man kann daran arbeiten. Das Stichwort hierbei: Grenzen setzen. Doch was meine ich damit genau?

Vermutlich verbindest du mit dem Wort »Grenzen« ein negatives Bild, richtig? Das ist auch nicht verwunderlich: Physische Grenzen separieren Menschen. Sie wirken einengend und werden als Hindernis empfunden.

Was ist aber, wenn ich dir sage, dass uns richtig gesetzte Grenzen freier machen? Dass sie die Voraussetzung für Selbstbewusstsein und Selbstbestimmung sind? Und die richtigen Grenzen emotionale Gesundheit erschaffen?

Was sind gute, gesunde Grenzen?

Sich gesunde, persönliche Grenzen zu setzen, heißt, Verantwortung zu übernehmen. Zu erkennen, wo deine Verantwortung anfängt und endet – und wo die anderer Menschen anfängt und endet.

Grenzen definieren die einzelnen Verantwortungsbereiche. Übernimm »selbstbewusst« deine »selbstbestimmten« Verantwortungsbereiche, und hilf anderen dabei, es auch für sich zu tun. Sag öfter bewusst NEIN, wenn andere dich immer wieder darum bitten, ihre Aufgaben für sie zu übernehmen. Ob deine Kollegen, Freunde, Eltern, Partner oder deine Kinder.

So übernimmst du die volle Pflicht für dein Handeln, deine Liebesfähigkeit, deine Emotionen, deine Einstellung und die Entscheidungen für oder gegen deine Begrenzungen.

Denn: »Die Verantwortung *von* jemandem zu übernehmen ist das Gegenteil davon, die Verantwortung *für* jemanden zu übernehmen.« Beim Ersten übernimmst du einfach seine Aufgabe. Beim Zweiten unterstützt du ihn hingegen dabei, seine Aufgabe selbst zu schaffen. Damit kannst du deine Freiräume so verschieben, dass sie dich schützen und dir völlig neue Möglichkeiten eröffnen!

Es gibt zwei Arten von gesunden Grenzen: *schützende und herausfordernde Grenzen.*

Schützende Grenzen behüten unsere innersten Werte, unsere Persönlichkeit. Sie sorgen dafür, dass niemand willkürlich auf uns, unsere Zeit oder Gefühle zugreifen darf.

Hat jemand immer wieder deine Grenzen überschritten und dich damit emotional verletzt? Welche Grenze wurde missachtet? Weiß die Person, dass ihr Verhalten dich verletzt hat? Wenn nicht: Sag es ihr und errichte deine schützende Grenze – tu es für dich!

Herausfordernde Grenzen hingegen erweitern unseren Verantwortungsbereich. Sie lassen uns unsere Komfortzone überwinden und helfen uns, genau in den Bereichen zu wachsen, in denen wir auch wirklich wachsen wollen.

Gibt es zum Beispiel etwas, was du schon lange machen möchtest und dich bisher noch nicht getraut hast? Welche Grenze hindert dich daran? Eine schützende – oder eine herausfordernde? Ist deine Angst begründet oder »nur« vorgeschoben? Wenn es etwas ist, das du überwinden kannst und das dich danach viel glücklicher macht, dann formuliere es auch so – als herausfordernde Grenze.

Du siehst: Es ist wichtig, den klaren Verantwortungsbereich bei sich selbst zu definieren. Das zeigt dir und deinen Mitmenschen, was dir wichtig ist. In welcher Art und Weise Personen mit dir umgehen dürfen und sollen – und in welcher eben nicht.

Was sind schlechte Grenzen?

Es gibt destruktive Grenzen, die sich durch unsere Verletzungen geprägt haben. Durch fehlende schützende Grenzen bauen wir hohe destruktive Mauern auf, die uns emotional distanzieren. Wir machen sozusagen die Schotten dicht. Limitieren uns, lassen gute Einflüsse nicht an uns heran und behalten schlechte Einflüsse in uns drin.

Auf der anderen Seite gibt es die schützenden Grenzen, die uns sehr guttun – wir verletzen sie jedoch immer wieder, um es anderen Menschen recht zu machen. Das kannst du dir wie eine hüfthohe Mauer vorstellen, über die jeder hinüberkommt.

Oft ist es der Wunsch nach Anerkennung und Zuneigung oder die Angst vor Ablehnung, die uns dazu verleitet, die eigenen Grenzen zu vernachlässigen. Dadurch lernen wir, diese immer weiter und öfter zu missachten. In extremer Ausprägung führt dies dann zu Überlastungssyndromen, mit all ihren zerstörerischen Konsequenzen – bis hin zu Depression oder Burnout.

Woher kommt unser Grenz-Setting überhaupt?

Wir alle haben unsere Grenzen in unserer Kindheit entwickelt und gefestigt. Durch die Erfahrungen mit unseren Eltern, Lehrern und unserem direkten Umfeld. Dadurch bildeten sich unsere

Grenzen – und so unsere Persönlichkeit. Wir alle folgen diesen Mustern unbewusst. Deshalb ist es so wichtig, uns unsere Grenzen wieder ins Bewusstsein zu rufen.

Jeder Mensch ist da anders, klar. Um effektiv an deinen Grenzen zu arbeiten, musst du zunächst erst mal wissen, welcher Grenztyp du überhaupt bist. Dir also Klarheit über deine JA/NEIN-sagen-Gewohnheiten verschaffen. Im Allgemeinen unterscheiden wir in vier Haupttypen, von denen mindestens zwei in jedem Menschen angelegt sind:

1. *Der Nachgiebige.* Kann nicht NEIN sagen, lässt sich von anderen kontrollieren und hat Angst, nicht geliebt zu werden. Deshalb sagt er zu Schlechtem häufig JA.

2. *Der Kontrollierende.* Hört und akzeptiert ungern ein NEIN – kontrolliert andere gerne und hört erst auf, wenn er bekommen hat, was er will. Delegiert seine Verantwortung.

3. *Der Unzugängliche.* Vermeidet es, geliebt zu werden. Sagt schwer JA, setzt sich selbst die Grenze, gegen die Verantwortung zu lieben, und kommt eher gefühllos und empathielos daher.

4. *Der Vermeider.* Grenzt gute Dinge aus, weist Hilfe von anderen ab – ist aber harmoniebedürftig und stets für andere da. Denkt, er ist es nicht wert, dass sich jemand mit ihm beschäftigt.

Wie gesagt, jeder Mensch ist anders. Und das ist gut so! Es gibt hier kein Richtig oder Falsch – jeder kann seinen Grenz-Charakter zum Guten oder zum Schlechten nutzen. Prüfe ganz ehrlich für dich selber, welchem Typen du am ehesten entsprichst. Dann erkennst du, was du an deinem Grenz-Setting ändern musst. Und du wirst einen viel besseren Umgang mit deinen Mitmenschen und dir selbst haben.

Du willst genau wissen, welcher Typ du bist? Dann mach einfach den kostenlosen Selbsttest auf niklas-jost.de.

Wie korrigierst du jetzt deine erlernten Grenzen?

Das Wichtigste ist: Du musst es unbedingt wollen! Der Weg ist herausfordernd – und wird dich begeistern. Frage dich: »Was erfüllt mich im Leben? Und was hindert mich noch daran, das zu tun?«

Wenn du herausgefunden hast, was deine Bedürfnisse sind und welcher Mensch du bist – dann kannst du deine Grenzen neu ausrichten. Und den Mut zum Neinsagen entwickeln.

Frag dich zunächst, was Dinge sind, die dich im Alltag stören. Die du eigentlich nicht machen möchtest – aber für andere immer wieder tust. Und wo du dich gedanklich selbst begrenzt, obwohl es eigentlich nicht nötig wäre. So erreichst du schnell Etappenziele, die dein Leben sofort erleichtern und dir mehr Erfüllung und Freude schenken.

Das Wichtigste: kommunizieren! Sag deinen Mitmenschen ganz offen und direkt, welche Grenzen es für dich gibt. Erkläre ihnen, weshalb es für dich wichtig ist und wie euer Kontakt nur noch besser werden kann.

Wie gesagt, Grenzen zu setzen heißt, Verantwortung für sich selbst zu übernehmen. Das ist nicht immer leicht. Wenn du aber in dich selbst hineinhorchst, weißt du, was dich glücklich macht – und was eben nicht. Halte niemals an etwas fest, das dir schadet.

An deinen Grenzen zu arbeiten ist eine spannende und erfüllende Reise. Und glaub mir: Es lohnt sich!

Denn die richtigen Grenzen bedeuten Freiheit. Zeit für die Dinge im Leben, die dir wirklich wichtig sind. Zufriedenheit durch Selbstbestimmung und Selbstbewusstsein. Ein völlig neues Lebensgefühl. Weniger Angst und mehr Nähe zu dir selbst. Und dann kannst du endlich das Leben führen, das dich erfüllt.

Ich wünsche mir von Herzen für dich die Grenzen, die dich schützen und dir Freiheit schenken. *Auch die Freiheit, deine herausfordernden Grenzen erfolgreich zu überwinden.*

Dein Niklas Jost

Niklas Jost

Niklas Jost ist erfahrener Unternehmer und Experte für das Thema »Grenzen«. Aufgewachsen in Westberlin (BRD), kennt er sich nur allzu gut damit aus, was es heißt, Grenzen täglich präsent zu haben. Neben vielen erfolgreichen Stationen als Führungskraft, Geschäftsführer und Inhaber ist ihm bewusst geworden, dass Grenzen nichts Schlechtes sind – sondern unser Leben freier und erfüllter gestalten. Durch eine kinesiologische Ausbildung zum Gehirnintegrationstrainer und Coach wurde ihm noch klarer, dass wir Grenzen zu unseren Gunsten verschieben können. Er ist als Speaker, Mediator und Coach in Deutschland unterwegs, mit einem Ziel für alle seine Kunden: Freiheit durch schützende Grenzen erlangen!

Inspiration aus deiner Zukunft

Fünf Gründe, weshalb Visionäre die echten Realisten sind

An diesem verregneten schulfreien Mittwochnachmittag stehe ich am Fenster meines kleinen Zimmers, das ich mit meinem jüngeren Bruder teile. Aus dem mobilen Radio beim Zimmereingang ertönt die Ouvertüre aus der Opera buffa »Le Nozze di Figaro«. Der kleine Maßstab in meiner rechten Hand bewegt sich zu dieser dynamischen Melodie im taktgenauen Rhythmus, während ich von meiner Zukunft als Dirigent träume ... bis meine Mutter ihn per Knopfdruck am Radio ausknipst und mich abermals ermahnt, die Aufgaben für die Mathestunde von morgen endlich zu machen.

Ein paar Jahre später scheinen die Chancen für den Traum-Dirigenten in mir gestiegen zu sein. Obschon ich schon zwei andere Instrumente verbraucht hatte, erkämpfte ich mir bei meinem Vater – dank der Unterstützung des musikkundigen Schulrektors – ein wunderbares Klavier. Später wurden meine Talente für Musik und Gesang getestet, bis eines Tages die Empfehlung für das Konservatorium vorlag. Ein unbeschreiblicher Glückstag für mich, selbstverständlich mit einer Symphonie und dem taktgebenden Maßstab in der Hand!

Das Ende der Schulzeit kam näher. Meine erwartungsvollen Gedanken waren komplett von der musikalischen Zukunft absorbiert – ja, sie lebte in mir. Mindestens bis zum Zeitpunkt, als mein Vater entschieden hatte, ich solle zuerst einen vernünftigen Beruf lernen. Da brach für mich vorerst eine ganze Welt zusammen.

Unterwegs in der kaufmännischen Lehrzeit wurde mir zunehmend klar, dass mein Taktstock ohne Konservatorium keine große Karriere haben wird. Viele Jahre und viele Konzertbesuche später – inzwischen in einer vielversprechenden Managerkarriere unterwegs – konnte ich die damalige Entscheidung meines Vaters im Kontext meiner beruflichen Aussichten relativieren. Und ich hatte ja mein geliebtes Klavier immer dabei. Der Traum des Dirigenten in mir war angesichts der inzwischen zur Unmöglichkeit gewachsenen Realität allerdings sehr aktiv. Er inspirierte mich mit seiner sprühenden Energie der Gewissheit und hielt mich auf dem Weg des Visionärs offen für das Unglaubliche. Und immerhin gab es in meiner Karriere unzählige Gelegenheiten, die Talente in einem Team zu orchestrieren, um Kunden zu begeistern.

Viele Jahre später, an diesem sehr schönen Septemberabend, stehe ich einmal mehr in einem Konzertsaal; diesmal besonders festlich gekleidet. Vor mir ein einzigartiges Symphonie-Orchester. Unter mir das Podest des Dirigenten. In meiner rechten Hand mein edler Taktstock, dem seine unzähligen Übungsstunden anzusehen waren. Hinter mir das eingeladene Publikum, für dessen Berührung der Herzen wir hier gemeinsam spielen. Ich atme nochmals tief ein, verbinde mich in diesem Augenblick mit den fantastischen Instrumentalisten vor mir und gebe mit dem Taktstock das Zeichen für die Ouvertüre aus der Opera buffa »Le Nozze di Figaro«.

Danach kommt alles zusammen. Die unbeschreibliche Kraft der Musik, welche uns berührt. Das achtsame Führen des Taktstocks. Das komplette Einssein im Rhythmus der Emotionen dieses Stücks und das Getragen-Sein im Team der Profis. Dann der Applaus, die innere Glückseligkeit in Verbindung mit diesen großartigen Musikern, die Wertschätzung für den Komponisten, die große Dankbarkeit für die weisen Mentoren, die mutigen Coaches und die leidenschaftlichen Menschen, welche dieses wirklich einmalige Lebensereignis für eine kleine Gruppe von freundschaftlich verbundenen Business Leadern und mich überhaupt erst möglich gemacht haben. Das Drehbuch dazu ist im Verlaufe der vielen Jahre als Mentor für visionäre Führung – im Rahmen des entwickelten siebenstufigen LEX Leadership Excellence Programms – gewissermaßen als finale Masterarbeit für Leader auf der obersten Ebene entstanden.

Hast du die Traumkiller in dieser wahren Geschichte wahrgenommen? Das ist per se eine spannende Frage, weil wir diese Verhinderer öfters gar nicht bewusst bekommen und so auch nicht wirksam transformieren können. Dabei verbergen sie gleichermaßen Chancen, um dank oder mit ihnen den Weg in die

Zukunft erfolgreich zu gestalten. Sei es im zentralen Lebensfeld von Beruf und Karriere oder in den anderen persönlichen Lebensfeldern. Dabei ist die innere Stimme des Herzens oder ganz einfach das intuitive Bauchgefühl des Leaders in uns gefragt. Und dann selbstverständlich konkrete und alltagstaugliche Prinzipien und Werkzeuge.

Im weltweit exklusiven LEX Leadership Excellence™ Programm befassen wir uns intensiv mit den Erfolgs- und Misserfolgsmustern, ihrer Bedeutung und ihrem Nutzen für unser Lernen und Wachsen.

1. *Wo kein Sinn, da keine Kraft.* Visionäre sind Menschen, die wissen, wer sie sind und wozu sie existieren. Wir sind sinngetriebene Wesen. Kinder fragen tausendmal »Warum, Wozu, Wofür«. Sie wollen damit auch den Sinn erfassen. Und im Business-Kontext sind wir erst wirklich produktiv und wirkungsvoll gemeinsam unterwegs, wenn der Sinn eines Themas oder Projektes den Beteiligten klar ist.

2. *Wo keine Vision, da keine Passion.* Eine Vision von einer veränderten Zukunft produziert mehr Inspiration und Zielerreichung im Beruf und Privatleben. Die Träume, Wünsche und Vorstellungen zu visualisieren und zu emotionalisieren, ist entscheidend, um aus dem Traumkiller Hamsterrad des Alltags zu entkommen und gedanklich und emotional in diese versprochene Zukunft zu gehen.

3. *Wo kein Fokus, da keine Freiheit.* Die Erfolgreichen unter uns haben – auch mal unbewusst – ein sogenanntes »Fokus ONE«-Thema, welches sie komplett verinnerlicht haben. Sie erfahren damit tägliche Sendezeit mit dem magnetischen Ziel, dem Morgen. Die damit einhergehende laufende Inspiration macht dann ein »Nein« von außen zu dem, was es real ist: ein vorübergehender Zustand.

4. *Wo kein Engagement, da keine Errungenschaft.* Das neudeutsche Wort »Commitment« bringt es auf den Punkt. Wenn Menschen wirklich an ihre Ziele glauben, schaffen sie Unglaubliches. Die Unmöglichkeiten von gestern werden damit durch sie zu Errungenschaften von morgen.

5. *Wo kein Team, da kein Erfolg.* Wenn wir Träume, große Ziele und Visionen verwirklichen, sind immer zum Teil viele

andere Menschen involviert. Sie sind die Stars, welche den glücklichen Erfolg erst möglich machen. Das Gleiche gilt für unser inneres Team der Supertypen auf unserer Arche.

Wo hast du bei diesen fünf von insgesamt sieben Gründen für dich bereits Potenziale entdeckt, die du als Führungskraft gerne für dich und deine Wirkung nutzen möchtest?

Dann gibt es jetzt für dich viele spannende Möglichkeiten: hilfreiche Downloads, einen kostenlosen 5-Tages-Onliner für visionäre Leader, Publikationen und Bücher für visionäres Leadership und mehr – gerne hier: www.kaegi-leadershift.com. (plus QR-Code, s. beigefügtes Pic)

Wiedererkenne den Leader in dir. Bring ihn nach draußen zu den Menschen, die dir wichtig sind. Die Welt sucht Leader – Persönlichkeiten, die wissen, wer sie sind und wofür sie auf- und einstehen.

Herzlich
Heinz Kaegi

Heinz Kaegi

In dreißig Jahren auf drei Kontinenten in drei Sprachen über 1000 Entwicklungsprozesse für bekannte Unternehmen und Top-Executives designt und geführt. Mit seinem exklusiven LEX Leadership Excellence Programm und seinem Bestseller »Gesucht: Leader« weltweit über 10.000 Führungskräfte inspiriert. Visionäre inkl. Mandate, bewegende Keynotes, tiefgehende Fragen und Impulse als Mentor für Leader – das ist Heinz Kaegi. Seine Leidenschaft für »moving leaders from hard work to heart work®« macht ihn und seine Wirkung kraftvoll inspirierend. Heinz Kaegi ist Initiant der International Economy of Heart Foundation.

Generation X

Generation X? Was ist das? Wer ist das? Was interessiert es mich? Nicht alle Menschen, die innerhalb eines Jahrzehnts geboren wurden, sind doch gleich? Was bringt es mir, wenn ich weiß, wofür eine Generation steht? Ich bekomme viele skeptische Fragen, wenn ich auf der Bühne bzw. in den Medien über die Generation X spreche. Meine Meinung dazu ist, es bedarf einer Orientierung und einem Grundverständnis über Generationen per se, um sich selbst zu verstehen, um andere Generationen zu verstehen.

Aber fangen wir von vorne an. Welche Generationen gibt es zurzeit?

Fast jede Literaturquelle stützt sich auf andere Abgrenzungen der Jahreszahlen, und es gibt kein einheitliches und schon gar kein gültiges Muster. Dabei darf nicht außer Acht gelassen werden, dass das Grundkonzept der Einteilung nach Bevölkerungskohorten auch noch länderübergreifend ist. Insbesondere vor der Digitalisierung gehen regionale Besonderheiten viel stärker in die Ausprägungen der jeweiligen Generationen ein. Trends, politische Ereignisse, technische Gegebenheiten und Voraussetzungen, Krisen u. v. m. sind viel entscheidender für die Bestimmung einer Generation als eine bestimmte Jahreszahl. Von daher ist die hier verwendete Einteilung auch nur als richtungsweisend zu verstehen:

- Stille Generation (1922 – 1945) – auch Traditionalisten genannt
- Baby Boomer (1946 – 1964)
- Generation X (1965 – 1980)
- Generation Y (1981 – 1996) – auch unter dem Begriff Millenials bekannt
- Generation Z (1997 – 2020)
- Generation Alpha (2020 –)

Die Stille Generation hat zum Teil den Zweiten Weltkrieg nicht nur erlebt, sondern war auch involviert. Der Wiederaufbau Deutschlands, Entbehrungen und harte körperliche Arbeit waren an der Tagesordnung. So ist es nicht verwunderlich, dass die Familie und das eigene Zuhause einen hohen Stellenwert belegen. Zusammenleben findet persönlich statt, und wer sich über die Ferne etwas zu sagen hat, schreibt einen Brief. Die Arbeit dient der Finanzierung des Lebensunterhalts, und ein Auto gilt als Luxus, ein Statussymbol.

Kalter Krieg, Wirtschaftswunder, Frauenbewegung und die 68er-Revolution prägen die Generation der Baby Boomer. Man lebt, um zu arbeiten, und das Thema Jobsicherheit hat einen sehr hohen Stellenwert. Das Fernsehen macht sich breit, gilt aber lange Zeit immer noch als ein Statussymbol. Miteinander sprechen und agieren findet immer noch auf persönlichem Wege statt, aber in mehr und mehr Haushalten hält das Telefon Einzug.

Arbeiten, um zu leben, und Karriere machen, doch die Work-Life-Balance muss stimmen, so sieht die Generation X ihren Arbeitsplatz. Die ersten Heimcomputer finden ihren Weg in die Haushalte, von da an ist der Trend ungebremst. Die Generation X liebt als Kommunikationsmittel sowohl SMS als auch E-Mail neben der persönlichen Interaktion, nimmt online stetig an Bedeutung zu. Was die Generation prägt, sind das Ende des Kalten Kriegs und der Fall der Berliner Mauer.

Virtuell – aber Face to Face kommuniziert die Generation Y. Sie werden auch Millenials oder Digital Natives genannt. Neben der SMS etabliert sich verstärkt die WhatsApp-Nachricht als bevorzugtes Kommunikationsmittel. Die neuesten Smartphones oder Tablets gehören als Statussymbole typischerweise dazu. Genauso wie der Spaß an der Arbeit, dafür wird auch gerne mal die Karriere hintenangestellt. Das Streben nach Flexibilität und Freiheit trennt Privat- und Arbeitsleben weniger stark als in den vorangegangenen Generationen.

Die Generation Z trennt bereits Beruf und privates Leben wieder stark. Co-Working-Modelle erfreuen sich großer Beliebtheit bei der jüngsten Generation am Arbeitsmarkt. Sie wünscht sich klare Strukturen in der Arbeitswelt und strebt nach Stabilität und Sicherheit. Smarte Technologien gehören zum Alltag dazu, man interagiert virtuell – aber bitte ›distanziert‹. Auf den Social-Media-Kanälen prägt diese Generation die Veränderung des Klimas, globale Migration, Globalisierung und andere weltweite Konflikte.

Der Beginn der Generation Alpha startet gerade in diesem Jahr. Ich empfinde es wichtiger denn je, dass die vorherigen Generationen in dieser schnelllebigen Welt die Pflicht und Verantwortung haben, Ethik, Moral und Werte der jeweils eigenen Generation auf den Prüfstand zu stellen, um in einem Konsensrahmen diese Werte an die jüngste Generationen weiterzugeben.

Warum mir sehr viel an einem Konsensrahmen liegt, zeigt die derzeitige Situation am Arbeits-markt. Fünf Generationen können hier theoretisch aufeinandertreffen. Alleine der Gedanke treibt dem einen oder anderen Schweißperlen auf die Stirn. Vielleicht werden dabei Erinnerungen wach, wie es war, den gemeinsamen Urlaub mit den Großeltern und Eltern zu verbringen. Die Diskussion, ob Freibad, Berge oder doch lieber das Kulturprogramm den Urlaubstag füllen. Jeder Tag ist geprägt von Kompromissen oder im Extremfall Missverständnissen, Ärger, Verstimmungen und schlechter Laune.

Zwei Generationen fallen im privaten wie beruflichen Kontext immer besonders auf: die Baby Boomer und Millenials – selbstbewusst und vor allem eines, von der Öffentlichkeit und der Presse umgarnt, gehypt und geliebt. Doch unterschiedlicher können beide Generationen kaum sein. Daher stellt sich für mich die Frage: Gibt es eine Generation, die in der Lage ist, Brücken zu bauen und für gegenseitiges Verständnis zu werben?

Meine These ist: Ja, es gibt diese Generation. Das Lustige daran: Es ist DIE Generation, um die sich am wenigsten gekümmert wird. Sie wird quasi auch als vergessene Generation in die Geschichte eingehen, wenn wir Vertreter der Generation X nicht endlich die Zügel in die Hand nehmen, für die wir bestimmt sind.

Ich möchte es an einem Beispiel erläutern, was uns Gen X'er dafür prädestiniert, gerade die Rolle des teamführenden Vermittlers zu übernehmen. Der Büromittellieferant Viking hat mit dem Marktforschungsinstitut OnePoll 1000 deutsche Arbeitnehmer befragt und eine Studie zum »Generationenkonflikt« am Arbeitsplatz erstellt. In dieser Studie wurden acht Qualitäten definiert, die eine Generation haben kann und welche Generation diese

Qualität am ehesten verkörpert. Diese Qualitäten sind: Arbeitsmoral, Fachwissen, Führungsqualitäten, Problemlösung, Einfühlungsvermögen, Freundlichkeit, Innovation und Kreativität.

Wenn eine Generation vier von acht Qualitäten auf sich vereinen kann, sollte dies schon mal als eine wichtige Grundvoraussetzung für eine Führungsposition Anerkennung finden. Sind diese vier Qualitäten dann noch: Führungsqualitäten, Problemlösung, Einfühlungsvermögen und Freundlichkeit, wird meines Erachtens klar, wohin die Reise geht – Keep calm: GENERATION X IS IN CHARGE.

Natürlich sind auch die andere Qualitäten nicht zu vernachlässigen: Arbeitsmoral wird der stillen Generation zugeschrieben. Fachwissen wird den Baby Boomern unterstellt. Innovation und Kreativität sind Merkmale der Millenials.

Doch es ist die Generation X, die in der Lage ist, mit ihren Qualitäten die Teams zu bilden und zu führen, damit jeder mit seinen Stärken am besten zur Geltung kommt. Wie die Studie belegt, haben Angehörige der Generation X somit nicht nur das Potenzial zum/r LieblingskollegIn, sondern und insbesondere auch zum/r LieblingschefIn.

Die Praxis sieht allerdings oft anders aus. Beispielhaft möchte ich es an dem Thema Teammeetings manifestieren. Denn in einer Sache sind sich Boomer und Millenials einig: Der Boomer braucht das Meeting als Plattform der Selbstdarstellung, der Millenial als Werkzeug der Orientierung und Wertschätzung. Für Gen X'er ist das Teammeeting meistens nur eine Zeitverschwendung, denn wir sind Macher. Nichts bringt uns schneller an das Ziel, als Dinge in die Hand zu nehmen, anstatt stundenlang darüber zu reden. »Während die Weisen noch beratschlagen, stürmen die Dummen schon die Burg« – könnte unser Leitspruch sein. Nur ist die Generation X alles andere als dumm – Bildung und Weiterentwicklung haben für uns eine sehr hohe Priorität. Eine Institution wie ein Teammeeting allerdings aus dem Programm zu streichen, kann Boomer und Millenials schon mal dazu verleiten, ihren Chefs der Generation X ein schlechtes Zeugnis auszustellen.

Inszenierung gehört für Boomer und Millenials zum Tagesgeschäft. Jede Gelegenheit wird genutzt, bewusst oder unbewusst. Den meisten ist dies gar nicht präsent. So starte ich meine Vorträge gerne mit drei sehr einfachen Fragen, die meine Aussage belegen:

1. Wer war der Gründer von Apple? Steve Jobs, kommt es wie aus der Pistole geschossen aus fast allen Mündern. Jobs gehört ganz definitiv zu einem meiner Vorbilder und Mentoren. Ein Ausnahmeunternehmer – und insbesondere ein Großmeister in der Kunst der Selbstinszenierung! Nichts hat Jobs bei seinen Auftritten dem Zufall überlassen. Selbst vermeintliche Patzer oder Fehler waren inszeniert – ein großartiger Redner und vor allem ein *Baby Boomer.*

2. Wer ist der Gründer von Facebook? Ohne lange nachzudenken, wird mir der Name Mark Zuckerberg zugerufen – er ist durch und durch innovativ und kreativ, zudem einer der reichsten *Millenials* dieses Planeten. Auch wenn Facebook mehr und mehr an Wichtigkeit einbüßt, hat es als Social-Media-Plattform die Welt miteinander verbunden.

Die meisten Zuschauer im Publikum fragen sich nun, was sind das für einfache Fragen – und worauf will er eigentlich hinaus, bis die dritte Frage kommt:

3. Wer ist der Gründer von Google? Vereinzelt, wenn überhaupt, werden mir die Namen Larry Page und Sergey Brin zugerufen. Beide sind im Ranking der reichsten Menschen der Welt ganz weit vorne. Google ist weltweit die Webseite mit den meisten Klicks. Im Internet wird nicht gesucht, sondern »gegoogelt«. Trotzdem kennt kaum einer die Namen der Gründer! Warum ist das so? Beide sind aus der *Generation X* – eben nicht diejenigen, die sich permanent in den Vordergrund stellen wollen.

Diese Erkenntnis ist aber besonders wichtig, wenn es darum geht, die Schlüsselpositionen in Unternehmen zu besetzen.

Laut einer Studie von DDI Researchers aus dem Jahr 2018 mit dem Titel »The Hidden Potenzial of Generation X Leaders« steigen Führungskräfte der Gen X immer seltener auf. Die Studie belegt, Gen-X-Führungskräfte wurden in den vorangegangenen fünf Jahren nur 1,2-mal befördert, Baby Boomers 1,4-mal und

Millenials sogar 1,6-mal. Trotz der langsameren Beförderungsrate sind Gen X'er aber die treuesten Mitarbeiter. Das Thema Jobsicherheit hat einen hohen Wert, zum Teil darin begründet, dass ein instabiles Elternhaus in der Kindheit die Suche nach Stabilität und Sicherheit begünstigt. Im Wertegerüst des Gen X'ers hat Loyalität eine ganz besondere Position. Es ist die Loyalität zum Arbeitgeber, zu Marken, zu Menschen u. v. m. Erst dann, wenn wir Gen X'er nicht mehr gefordert und gefördert werden, die Aussicht auf neues Wissen versiegt, dann hat auch irgendwann unsere Loyalität ein Ende. Nur siebenunddreißig Prozent der Arbeitnehmer aus der Generation X ziehen in Betracht, den Arbeitgeber zu wechseln, um der Karriere einen Schubs zu geben. Das sind fünf Prozent weniger als bei den Millenials.

Was muss sich ändern, damit die Generation X das Ansehen und die Aufmerksamkeit bekommt, die ihnen zustehen sollten? Vor allem eines, wir sollten uns nicht darauf verlassen, dass uns die anderen Generationen diesen Stellenwert geben, obwohl wir uns diesen bereits mehr als erarbeitet haben. Auf diese Aufmerksamkeit können wir lange warten. Baby Boomer und Millenials sind viel zu überzeugt von sich selbst, außerdem damit beschäftigt, dem jeweils anderen das Leben unnötig zu erschweren. »OK Boomer« und das »Peter-Pan-Syndrom« seien hier beispielhaft erwähnt. Und die Generation Z ist viel zu sehr mit sich selbst als Individuum beschäftigt. Permanente Handy-Bereitschaft und Fokus auf Social Media lassen wenig Zeit für andere Dinge übrig. Interessant ist festzustellen, dass sich auch Menschen der Generation Z diesen Vorwurf innerhalb der Generation selbst machen.

Es liegt in unseren Händen, dafür zu sorgen, uns auf die Position hinzubewegen, die uns zusteht. Als Macher und wahre Hybrids, die in der analogen Welt geboren und aufgewachsen sind. Vor allem aber diejenigen, die die digitale Transformation nicht von außen beobachten, sondern maßgeblich für den digitalen Wandel verantwortlich sind. Daher kann es nicht nur eine Forderung sein, sondern es muss vielmehr als Selbstverständlichkeit angesehen werden, dass wir uns als digital versierte Generation X auf die leitenden Positionen fokussieren und Millenials in die Positionen bringen, dass sie in Entscheidungen mit einbezogen werden. So wird Transformation in Unternehmen nicht nur erfolgreich gefördert, sondern zielt auf die Stärken jeder Generation bestmöglich ab.

Alle Generationen haben nur eine Zukunft, umso wichtiger ist es, diese Zukunft gemeinsam zu gestalten. Die Erfahrungen, das Verständnis und Wissen, gepaart mit Empathie und emotionaler Intelligenz, fordern uns Angehörige der Generation X, die Verantwortung zu übernehmen und mit einem Höchstmaß an Selbstvertrauen den anderen Generationen die Orientierung zu geben, die notwendig ist, um ziel- und lösungsorientiert zu arbeiten, damit bleibende Werte geschaffen werden.

Michael Kiel

Als leitender Angestellter war Michael Kiel über fünfundzwanzig Jahre in Finance & Trading für internationale Finanzinstitutionen in London, Düsseldorf und Frankfurt tätig. Seine Leidenschaft für Währungsmärkte sowie die Entwicklung und Unterstützung von Menschen beim Aufbau erfolgreicher Teams hat ihn zu einem gefragten Experten in der Finanzindustrie gemacht. Bei Vorgesetzten, Mitarbeitern und Kunden hat er sich vor allem als Macher einen Namen gemacht. Das Thema, mit dem er sich seit einigen Jahren intensiv beschäftigt, ist die Generation X, zu der Michael Kiel – Jahrgang 1966 – ebenfalls gehört. Die sprichwörtlich ›vergessene Generation‹ unvergesslich zu machen, ist seine Mission – Generation eXceptional.

Führung ist eine bewusste Entscheidung

Ich weiß nicht, ob Sie Führungskraft sind, es werden wollen und/
oder bereuen, diese Position jemals angetreten zu haben.

Was ich aber weiß, ist, dass Führung aus meiner Sicht eine
der schönsten Positionen ist, die man innehaben kann.

Wenn man sie richtig versteht und sie mit allen Herausforderungen annimmt. Der Weg zu meiner ersten Führungsposition
war vorprogrammiert, wenn auch viele Jahre unbewusst.

Ich hatte schon als Jugendliche eine natürliche Empathie im
Umgang mit meinen Mitmenschen. Mir sind die Menschen einfach gefolgt. In dem Urvertrauen, dass, wenn sie sich mir an-
schließen oder um meine Meinung fragen, es unbedingt richtig
sein wird. Wann immer einer meiner Freunde erfolgreich war
(in was auch immer), habe ich mich aus dem Herzen heraus
neidlos gefreut. Und Stolz verspürt. Des Weiteren war Diversity
schon damals, wenn auch nicht wissentlich, eine für mich gelebte
Selbstverständlichkeit. Ich hatte nie nur diesen einen bestimmten
Freundeskreis. Vielmehr fanden sich sowohl Punks als auch die
Kids aus gutem Hause in meinem sozialen Umfeld wieder. Für
mich war es einfach spannend zu wissen, was die Menschen um-
treibt, warum sie anders sein wollen. Eben ein echtes Interesse an
ihnen, unabhängig von ihrer Herkunft, ihrem Umfeld oder ihrem
materiellen Status. Diese Offenheit und die damit verbundenen
Erfahrungen haben mich schon in jungen Jahren sehr geprägt.

Nach meinem Abitur wusste ich nur zwei Dinge ganz sicher. Zum einen, dass ich auf keinen Fall studieren wollte, und
zum anderen, dass ich – früher oder später – Führungskraft sein
werde. Was anderes kam für mich nicht infrage. Wie Sie sich
vielleicht denken können, war es Ende der 90er nicht grade einfach, Karriere zu machen, wenn man nicht den üblichen Stan-
dards entsprach. Kein Studium, im Ausland rumgetingelt bin ich
auch noch, und es gab den einen oder anderen Arbeitgeberwech-

sel in meinem Lebenslauf. Für Personaler unverständlich, für mich aber die logische Konsequenz, um mein Ziel zu erreichen. Jeder Arbeitgeberwechsel war von mir bewusst gewählt. Immer nur dieses eine Ziel vor Augen: Ich wollte meine Chance bekommen, in die Führung zu gehen. Idealerweise im Bereich Personal.

Wie Sie sich denken können, hat mein Weg funktioniert. Sonst wäre ich heute nicht erfolgreiche Unternehmerin, die nicht müde wird, die Führungswelt auf den Kopf stellen zu wollen. Dennoch war mein Weg alles andere als einfach. Ich bekam die Chance, meine erste Führungsposition anzutreten. Das tat ich – mit stolzgeschwellter Brust und all den wunderbaren Fähigkeiten, die ich bereits auf natürliche Weise in mir trug. Doch mein echtes Interesse an den Menschen, meine Empathie, mein Ansatz, die mir anvertrauten Menschen in ihrer Gesamtheit zu betrachten, war schlicht und ergreifend nicht gewünscht. Nicht erwünscht und vielleicht zu befremdlich, zu abstrakt. Und ich erlebte eine neue Welt. Neu, weil ich sie das erste Mal nicht aus der Perspektive des »normalen« Angestellten sah, sondern aus der Perspektive einer Führungskraft. Ich erhielt mehr neue Einblicke in die Unternehmerwelt, als mir lieb waren. Führung war mehr an Status, Macht und Managen gebunden als an Kooperation, Wertschätzung, Fördern und Entwicklung. Ich erlebte überforderte Führungskräfte, die diese Position wahrscheinlich nie haben wollten, solche, die man wohl Narzissten nennen darf, und solche, die die besten Eigenschaften in sich trugen, eine herausragende Führungskraft zu werden. Es aber nicht schaffen konnten, weil das Umfeld/das Unternehmen permanent gegen sie und ihre Werte arbeitete. Ich habe Teams und Mitarbeiter erlebt, in denen ein großes Potenzial schlummerte, welches aber nicht abgerufen wurde. Menschen, die mit ihrer Meinung hinter dem Berg hielten, weil es Führungskräfte nicht ertragen konnten, wenn ihre Mitarbeiter innovativ und auch kritisch waren. Das Ergebnis war Frust auf beiden Seiten. Eine mühsame Erreichung der Unternehmensziele, schwindende Wettbewerbsfähigkeit, erschöpfte und resignierte Führungskräfte sowie Mitarbeiter, für die Arbeit eben nur das ist, was man zum Leben braucht.

Lange bin ich in diesem Hamsterrad mitgelaufen. Zumindest bedingt. Denn verbiegen lassen habe ich mich nie. Das kostete mich Zeit, Nerven und oft auch meine Gesundheit. Aber ich habe mir schon in jungen Jahren geschworen, mich niemals verändern lassen zu wollen.

Und heute? Neunzehn Jahre später? Habe ich die Unternehmerwelt als angestellte Führungskraft schon lange verlassen. Ich möchte mein Wissen und meine Erfahrungen nicht nur einem Unternehmen zukommen lassen, sondern die Führungswelt zu einer besseren machen. Ja, ich möchte eine Revolution anzetteln. Die Führungswelt von heute braucht nicht die neusten Methoden aus den Bereichen der Agilität, New Work und der ganzen hippen Methoden, die durch die Unternehmerwelt geistern. Agilität fängt im Kopf an – nicht mehr und nicht weniger. Mir ist es wichtig, dass Führungskräfte verstehen, dass sie ihre Mitarbeiter und Kollegen ganzheitlich, holistisch betrachten sollten. Es geht im ersten Schritt immer darum, den Kern eines Menschen zu erreichen und ihn so zu befähigen, dass Beste aus sich herauszuholen. Es braucht grade jetzt, in diesen verrücken Zeiten mehr Herz und Empathie in der Führung als jemals zuvor. Schauen Sie, Führung ist für mich wie Tango tanzen: Leidenschaft, Führen, Folgen, Nähe und Distanz. Folgen Sie Ihrem eigenen Rhythmus, auch wenn Ihre Kollegen einen anderen haben sollten. Machen Sie kleine Schritte auf Ihrem Weg zu mutiger Führung. Nehmen Sie Ihre Mitarbeiter mit auf Ihre Reise, zu Ihrer Vision. Schaffen Sie mit Transparenz, Kommunikation und Achtsamkeit nach und nach ein Umfeld, welches von Vertrauen und gegenseitigem Respekt geprägt ist. Nehmen Sie Veränderungen und Herausforderungen an, machen Sie Ihrem Team klar, dass Veränderungen heute und in Zukunft dazugehören werden. Lassen Sie Menschlichkeit und Fehler zu, vor allem auch Ihre eigenen. Für mich gab und gibt es nichts Schöneres, als Menschen auf ihrem Weg zu begleiten und zu entwickeln. Sie ganzheitlich zu betrachten und mit ihnen bis an den wahren Kern der Sache zu gehen. Und genauso arbeite ich auch mit meinen Unternehmen. Ich wünsche Ihnen von ganzem Herzen viel Erfolg in dieser wundervollen Position. Dass Sie darin aufgehen, Sie mit nicht enden wollender Leidenschaft dabei sind. Es Sie mit Freude und Stolz erfüllt, wenn Sie gemeinsam mit Ihrem Team Erfolge feiern können. Denn klar ist: In der Führung geht es niemals um Sie alleine. Es geht um unternehmerische Weitsicht und darum, den Weg gemeinsam mit Ihrem Team zu gehen. Die Zeit der Einzelkämpfer ist längst Geschichte. Es gilt heute mehr denn je, das »Wir« in den Vordergrund zu stellen und somit in der (Arbeits-)Welt dauerhaft bestehen zu können. Wenn Sie bis hierher gelesen haben und für sich entscheiden, dass Ihnen das alles zu viel ist, dann gebe ich Ihnen einen wohlwollenden und aufrichtigen Rat: Haben Sie auch den Mut, Ihre Führungsposition für jemand anderen freizugeben, dessen größter Wunsch es ist, sie mit Leidenschaft und Liebe zu den Menschen auszufüllen. Denn: Führung ist eine bewusste Entscheidung!

Ihre Verena Kiy

Verena Kiy

Inhaberin Verena Kiy-Speaking & Consulting, Expertin für Führung und Persönlichkeitsentwicklung, Autorin, Speakerin und Coach. Sie begleitet Unternehmen in Change-Prozessen, bringt Führungsteams erfolgreich zusammen und steht für eine moderne Führungs- und Unternehmenskultur. Ihre klare Vision ist es, Menschen zu befähigen, das Beste aus sich herauszuholen und Führungskräfte in ihre ganze Kraft und Stärke zu bringen. In ihren Workshops überzeugt sie mit ihrer Klarheit und holistischen Ansätzen. Auf den Bühnen ist sie eine gefragte Speakerin, die mit Charisma, klaren Worten und Humor begeistert.

verena-kiy.de

Werden Sie zu einem TALENTE-MAGNET

Personalbeschaffung = Strategie

Personalbeschaffung ist heute, neben allen anderen Aufgaben in einem Unternehmen, eine strategische Aufgabe. Da die Strategie eines Unternehmens eine entscheidende Frage ist, ist sie durch die Geschäftsführung oder das Management zu entscheiden und zu lenken. Auf dieser Basis führe ich meine Kundengespräche überwiegend mit der Unternehmensleitung. Im Rahmen dieser Gespräche habe ich die Möglichkeit, das Unternehmen und dessen Kultur kennenzulernen. In einem meiner damaligen ersten Gespräche ist mir aufgrund einer zufälligen Frage etwas aufgefallen, welches aus meiner Sicht der Hauptgrund dafür ist, dass sich nicht die passenden Kandidaten auf die offenen Stellen bewerben. Unabhängig des Totschlag-Argumentes »Fachkräftemangel«. Diese damals zufällige Frage gehört mittlerweile zu meinen Standardfragen. Denn die Antworten aus den bisherigen Gesprächen mit fast allen Unternehmensleitungen ergaben ähnliche Ergebnisse. Jede Unternehmensleitung sollte sich diese Frage stellen und für sich beantworten.

Ich mache das wegen des »Geldes«

In dem damaligen Gespräch mit dem Geschäftsführer eines gewerblich-technischen Unternehmens haben wir im Laufe des Gespräches über die persönlichen Eigenschaften zukünftiger MitarbeiterInnen gesprochen. Natürlich wusste der Geschäftsführer genau, was er wollte, und hat Eigenschaften wie Zuverlässigkeit,

Begeisterung, Wille zur Weiterbildung und Loyalität genannt. Daraufhin habe ich ihn gefragt: »Was begeistert Sie eigentlich an dieser Tätigkeit, bzw. warum machen Sie das hier?« Er schaute mich mit großen Augen an und antwortete: »Wenn ich jetzt ganz ehrlich bin, ist der Hauptgrund Geld.« Ich bedankte mich für seine Ehrlichkeit und sagte: »Sie haben doch das Unternehmen vor fast fünfundzwanzig Jahren gegründet und haben damals mit einem Mitarbeiter begonnen. Was hat Ihnen damals Spaß gemacht, ganz am Anfang?« Nach kurzer Überlegung sprudelte es Geschichten wie Probleme der Kunden lösen oder das Entwickeln von technischen Lösungen, an die noch keiner gedacht hat. Als der Geschäftsführer mit seiner Aufzählung fertig war, fragte ich ihn: »Ist davon heute auch noch etwas da?« Er schaute mich wieder mit großen Augen an und sagte: »Das ist eine sehr gute Frage, Herr Klimesch.« Dann sprach ich über meine Erfahrung mit Kandidaten und merkte Folgendes an: In den unzähligen Vorstellungsgesprächen, die ich im Laufe der Jahre geführt habe, waren noch nie Kandidaten dabei, die nur aufgrund von »Geld« arbeiten würden, sondern Punkte wie Wertschätzung, Ehrlichkeit, Freude am gemeinsamen Tun und Sicherheit lagen im Vordergrund. Wenn Sie jetzt als Geschäftsführer als Hauptgrund »Geld« nennen, wie wollen Sie denn damit einen anderen Menschen für das Unternehmen begeistern? Er schaute mich ungläubig an und antwortete: »Sie haben ja recht.« Ich schlug ihm vor, dass wir das Gespräch hier beenden und uns in zwei Tagen wieder sprechen. In diesen zwei Tagen solle er sich Gedanken darüber machen, was ihm heute noch an seinem Business Spaß macht. Diese Gedanken sollte er aufschreiben. Aus diesem Ergebnis erarbeiten wir dann gemeinsam ein »Warum«. Dieses »Warum« ist ausschlaggebend für den Erfolg der Rekrutierung. Menschen wollen wissen, warum es das Unternehmen gibt und welcher wichtige gesellschaftliche Beitrag geleistet wird. Das ist heute für Menschen, die sich beruflich orientieren und verändern wollen, besonders wichtig. Und dieses »Warum« ist nicht nur für die Personalbeschaffung wichtig, sondern auch für die Kundengewinnung. Wenn potenzielle Kunden spüren, dass die Geschäftsführung eine ganz klare Aufgabe formuliert und dahintersteht, muss weniger verkauft werden. Dann wird freiwillig von potenziellen Kunden gekauft. Das war eine meiner Aussagen. Die andere war: »Wenn Sie nach zwei Tagen auf kein anderes Ergebnis kommen außer Geld, dann müssen wir eine andere Rekrutierungsstrategie entwickeln. Diese Strategie wird dann schwieriger und herausfordernder.« Zudem sagte ich noch: »Wenn Sie auf kein anderes Ergebnis kommen, dann sollten Sie aus meiner Sicht das Unternehmen verkaufen. Denn ohne Begeisterung macht diese Aufgabe für Sie persönlich keinen Spaß und wird eher zur Belastung.« Nach zwei Tagen telefonierten wir wieder, und siehe da, der Geschäftsführer hatte etwas gefunden, was ihn heute noch an seinem Unternehmen begeistert. Das war dann die Basis für die zukünftige passende und erfolgreiche Rekrutierungsstrategie.

Es sind manchmal die kleinen Dinge, die eine große Auswirkung in sich tragen!

Kandidat = Kunde

Behandle deine Kandidaten genauso gut wie deine Kunden. Dann hast du die Chance, ein TALENTE-MAGENT zu werden. Das ist mein Slogan, der mich leitet und meine tägliche Arbeit positiv lenkt. Das ist auch die Aussage, die ich Unternehmensleitungen näherbringe. Selbstverständlich werde ich gefragt, was ich damit meine. Mit folgendem Beispiel erläutere ich das: Angenommen, ein potenzieller Kunde sendet Ihrem Unternehmen eine E-Mail und wünscht ein Angebot. Der Kunde weiß genau, was er will. Frage: Wie lange benötigen Sie, um dieses Angebot zu erstellen und an den Kunden zu senden? Die Antworten ähneln sich immer. Je nach Umfang am gleichen Tag oder ein paar wenige Tage später. Angenommen, Sie haben eine Stellenausschreibung veröffentlicht und es bewirbt sich ein Kandidat. Frage: Wie lange benötigen Sie, um diesem Kandidaten oder dieser Kandidatin ein verbindliches Feedback zu geben? Ein verbindliches Feedback heißt, zum Vorstellungsgespräch einzuladen oder eine Absage zu senden. Die Antworten ähneln sich auch hier immer wieder. Mit leicht gesenkten Häuptern erhalte ich Antworten wie vierzehn Tage, vier Wochen oder noch länger. Schlimmstenfalls erhalten diese Kandidaten überhaupt keine Antwort. Jetzt denken wir an folgende Situation: Zehn Kandidaten bewerben sich, drei sind interessant und werden zum Vorstellungsgespräch eingeladen. Nach den Gesprächen wird ein Kandidat eingestellt. Frage: Was passiert mit den sieben Kandidaten, die von Anfang an nicht gepasst haben? Wenn diese kein schnelles Feedback erhalten bzw. vergessen wurden, sind das genau jene, die über das Unternehmen schlecht sprechen. Nicht nur Face to Face, sondern auch in Facebook und Co. Viele Unternehmen wundern sich dann, warum sich keiner bewirbt oder es negative Einträge in Kununu, dem Bewertungsportal für Unternehmen, hagelt. In diesem Problem liegt auch schon die Lösung. Kandidat = Kunde bedeutet, der Personalbeschaffung genauso viel Aufmerksamkeit zu widmen wie der Kundengewinnung. Sprich, die innere Haltung zu überdenken und daraus entsprechendes Verhalten anzupassen. Hierbei entsteht dann in der Praxis ein kandidatenorientierter Rekrutierungsprozess, der folgende wichtige Punkte beinhaltet: Employer Branding, Candidate Experience und Candidate Journey. Das bedeutet, das Unternehmen nach außen und innen als hervorragenden Arbeitgeber wahrheitsgemäß darzustellen und die Erfahrungen der Kandidaten auf der Reise innerhalb des Rekrutierungsprozesses positiv zu gestalten. Eine Abschlussfrage an Sie, liebe Leserin und lieber Leser: Welche Erfahrungen sollen Kandidaten mit Ihrem Unternehmen während der Bewerbungsphase machen? Eine gute oder eine schlechte?

Wenn Sie hierzu mehr wissen wollen, biete ich Ihnen ein kostenfreies Strategiegespräch an. Besuchen Sie folgende Seite, beantworten Sie ein paar wenige Fragen, hinterlassen Sie Ihre Kontaktdaten, und ich rufe Sie zurück.

www.markusklimesch.de/talentemagnet

Ihr Markus Klimesch

Markus Klimesch

Keine Frage, der Bewerbermarkt ist zum Umworbenenmarkt geworden. Heute müssen sich Firmen attraktiv präsentieren, um die besten Mitarbeiter zu gewinnen. Unternehmensdarstellungen wie vor zwanzig Jahren locken niemanden mehr. Und: Der Arbeitsmarkt bietet ein höheres Fachkräftepotenzial, als viele denken. Man muss es nur gezielt ausschöpfen. Über zwanzig Jahre Recruiting-Erfahrung, über 1000 Stellenbesetzungen, tausende Vorstellungsgespräche, Entwicklung von regionalen und nationalen Recruiting-Strategien. Die Theorie der Personalbeschaffung finden Sie in unzähligen Fachbüchern. Wenn Sie lieber schnelle und gleichzeitig nachhaltige Erfolge durch Praxiswissen wünschen, fragen Sie Markus Klimesch.

markusklimesch.de

Erfolg ist einfach

Du möchtest Erfolg haben? Du möchtest einfach Erfolg haben? Wenn es nur so einfach wäre, drängt sich jetzt sicher auf. Ich habe auch schon häufig folgende Variante gehört: »Wenn es so einfach wäre, dann würde es ja jeder machen.« Und ihr kennt das: Wer Gründe sucht, warum etwas nicht funktioniert, findet sie. Und wer Gründe sucht, warum etwas funktioniert, findet sie auch.

Mai 2011. Ich sitze in meinem Büro. Altbau in einer schwäbischen Kleinstadt. Das Fenster geöffnet. Ein kurzer Anruf bestätigt, was ich befürchtet habe. Das Auswahlverfahren als Führungskraft bei einem großen Finanzdienstleister lief nicht so, wie ich es mir vorgestellt hatte. Nun die Absage am Telefon. Ein wenig verärgert, dass man nicht wenigstens versucht hat, mich als Finanzierungsexperten zu gewinnen, denn das war ich zu diesem Zeitpunkt nachweislich. Doch wenn ich ehrlich zu mir selbst bin: Ich hatte einfach nicht gut abgeliefert beim Auswahlverfahren. Durch das Fenster hörte ich im Hintergrund (von der Gyrosbude hinter meinem Büro) von Journey: »Don't stop believing«. Ich weiß, ich werde es schaffen und meine Chance bekommen. Weil wir immer Chancen bekommen. So einfach. Fertig.

Zu Beginn meiner selbstständigen Tätigkeit habe ich einmal den Satz gelesen: »Es ist genauso einfach, etwas zu tun, wie, es nicht zu tun.« Das fällt einem schwer anzunehmen. Denn wir erzählen gerne, warum etwas nicht möglich ist. Wir kommen auch nicht zu spät zu einem Meeting, weil wir einfach eine schlechte Zeitplanung hatten, sondern weil das Kind verschlafen hat, das Referat seines Lebens halten musste, ohne das es beruflich, finanziell, gesundheitlich und überhaupt im Leben keine Perspektive mehr haben würde und ein Leben in Armut und Obdachlosigkeit leben müsste – und wer möchte das schon? Ironie Ende.

Nein, man hätte einfach pünktlich losfahren, die Verkehrssituation berücksichtigen (die in den seltensten Fällen anders ist als sonst) und einen gewissen Zeitpuffer einplanen müssen. Wie alle Anderen, die pünktlich sind, eben auch. So einfach. Fertig.

Aber wir sind Könige der Ausreden, Geschichtenerzähler und Meister der guten Erklärungen. Das Gefährliche dabei: Für die Anderen ist es meist weniger schlimm als für uns. Die wissen, dass wir zu spät losgefahren sind. Ist ja auch kein Beinbruch. Höchstens mangelnde Wertschätzung. Schlimm wird es nur, wenn wir beginnen, es selbst zu glauben.

April 2013. Entwicklungsgespräch mit meinem zuständigen Regionaldirektor (RD). Es geht um eine Direktorenposition in meinem aktuellen Unternehmen. Ich positioniere mich klar, einer der acht Direktoren in seinem Zuständigkeitsbereich zu werden. RD: »Ja, wir schauen mal. Ich kann mir das grundsätzlich vorstellen. Vielleicht aber auch nicht in meinem Zuständigkeitsbereich.« Ich: »Herr Frey, ich bin sicher, ich werde Bezirksdirektor in Ihrer Regionaldirektion.« So einfach. Fertig.

Seit 2015 bin ich Führungskraft. In seinem Gebiet. Nach vielen Bewerbungen und hartem Arbeiten an den Voraussetzungen. Fest entschlossen und zu allem bereit. Übrigens auch der Schlusssatz in meiner finalen Bewerbung: »Wenn es so einfach wäre, würde es ja jeder machen.«

Als Führungskraft gehören Coaching und Feedback geben zu meinen wichtigen Aufgaben. Eine besondere Herausforderung im Handelsvertretervertrieb.

In meinen Gesprächen spiele ich gerne Ausreden-Bingo. Das ist so ähnlich wie Bullshit-Bingo. Bei Bullshit-Bingo (v. a. gerne in Besprechungen, Seminaren und Konferenzen gespielt) geht es darum, vorher auf ein Bingoblatt geschriebene Begriffe abzuhaken, sobald sie genannt wurden, z. B. Begriffe wie Visionen, agil, Benchmark, Best Practice, bullish. Der Erste, der alles abgehakt hat, steht auf und sagt »Bingo«.

Bei Ausreden-Bingo notiert man sich gängige Formulierungen, z. B.: Kenn ich schon. Schwer gerade. Habe ich schon probiert. Bei meinen Kunden ist das anders. Schlechtes Gebiet/Kunden/Backoffice. Konkurrenz ist besser. Beim Kollegen XY ist das einfacher. Habe alles versucht. Werbeaktivitäten bringen nichts. Telefonist(in) ist krank. Corona.

Aber jetzt einmal ehrlich. Ausreden sind Ausreden. Und noch einmal: Erklärungen und Gründe, warum etwas nicht funktioniert, finden wir, wenn wir suchen.

In meinen Coachings und Entwicklungsgesprächen thematisiere ich genau das. Wenn wir einmal alle Umstände, Erklärungen und Ausreden beiseite nehmen, wie sieht dann der Weg zum Erfolg aus? Es gibt in jedem Business einen roten Faden, der zum Erfolg führt. Basics, die als Leitplanken dienen. Dazu helfen drei Schritte. Ich starte immer mit einer Geschichte. Ich liebe Geschichten.

Treffen sich zwei Männer. Einer hat seinen Hund dabei. Sie unterhalten sich eine Weile, doch der Hund jault die ganze Zeit. Eine Zeit lang ist das okay, aber irgendwann meint der eine zum anderen: »Du, dein Hund jault ja die ganze Zeit. Das ist ziemlich unangenehm. Was ist denn mit ihm los?« Daraufhin antwortet der andere: »Er sitzt auf einem rostigen Reißnagel.« »Ja um Himmels willen, warum steht er denn nicht auf?« Da überlegt der andere kurz und antwortet: »Ich glaube, es tut ihm nicht weh genug.«

Schritt 1: Analyse der Ausgangslage

1. Abgleich der Unternehmens- und eigenen Ziele.
2. Wo sehe ich mich in einem, in drei, in zehn Jahren?

Schritt 2: Analyse der Ausreden

1. Welche Gründe hindern in der Umsetzung?
2. Eliminieren der Ausreden.
3. Umformulierung der negativen Glaubenssätze zu …

Schritt 3: Erfolg ist einfach

1. Wie sehen mein »roter Faden« und meine Leitplanken aus? Was sind die Erfolgsfaktoren in meinem Bereich …?
2. Erfolgsplan und Erfolgsfaktoren festlegen
3. Umsetzen und dranbleiben mit »30-Tage-Challenges«

Du ertappst dich selbst bei folgenden Formulierungen:

- Das habe ich schon gehört ... (Hast du es auch verstanden?)
- Das kenne ich schon ... (Kannst du es und tust du es?)
- Meine Kunden sind anders ... (Aha, klar. Deine Kunden sind anders.)
- Ich kann gerade nicht, weil ... (Füge jeden beliebigen Grund ein, und ich nenne dir Praxisbeispiele, warum es jemand anderes genau aus oder trotz dieses Grundes macht.)
- Wenn es so einfach wäre, würde es ja jeder machen.

Nein, eben nicht. Oft stellen wir uns nur vor, dass es schwierig wäre. Oder erzählen, wie schwierig es ist. Sonst müssten wir anderen und uns selbst ja erklären, warum wir es nicht einfach tun.

Ein Phänomen bei meinen neuen Beratern ist häufig, dass sie zu Beginn die einfachen Dinge richtig und erfolgreich tun. Vermutlich nur, weil ihnen noch niemand gesagt hat, was alles nicht funktioniert.

Erfolg Ist einfach. Exklusiv für die Leser von »Von den besten Experten profitieren« biete ich zum ersten Mal außerhalb meines Unternehmens die Möglichkeit zu einem persönlichen Coaching-Gespräch und einer ersten Analyse zu deinem »rostigen Reißnagel« an. Bewirb dich hierzu unter folgendem Link: www.erfolgisteinfach.de/rustynail. So einfach. Fertig.

Marc Kristen

Seit fünfundzwanzig Jahren in der Finanzdienstleistung. Seit zehn Jahren Führungskraft. Erfolgreich im Aufbau neuer Direktionen und im Vertriebsnetzausbau. 1.000.000.000 Euro umgesetztes Finanzierungsvolumen. Experte im Erkennen von Chancen. Familienvater und Vorstand im Ehrenamt. Coach und Mentor. Mit immer neuen Ansätzen und lösungsorientiert – das ist

Marc Kristen. Er hilft Menschen, ihre Chancen und Potenziale zu erkennen. Denn Erfolg ist einfach. Marc Kristen ist spezialisiert darauf, Lösungen und auch die zweite und dritte Chance zu finden, denn Chancen sind nicht begrenzt. Und jeder hat ein Recht darauf, erfolgreich zu sein. Mit seiner außergewöhnlichen Art und Weise, Probleme als Chancen zu betrachten, gibt er immer neue Impulse und Inspiration.

Trauer & Verlust
liebevoll überwinden

Als Ansprechpartner für Menschen, die einen Verlust erleiden, führe ich sie durch die Erfahrung von Trauer mit all ihren Facetten. Einsamkeit, Trauma, Missbrauch oder Gewalt, das Hamsterrad der Verzweiflung hat viele Gesichter.

In meiner über dreißigjährigen Berufserfahrung mit Sterbenden und ihren Angehörigen habe ich erkannt, wie wichtig und heilsam es ist, den Fokus auf Dinge zu legen, die am Ende wirklich zählen.

Tief sitzende, nicht verarbeitete Trauer hält Menschen davon ab, endlich glücklich zu sein. Dabei handelt es sich keineswegs ausschließlich um den letzten Abschied eines Menschen.

Durch unverarbeitete Verluste steht meistens Unausgesprochenes im Raum. Sie fühlen sich allein gelassen, ausgebrannt. Vieles geht ihnen durch den Kopf und lässt sie nicht schlafen. Sie stehen im wahrsten Sinne des Wortes in einer Nebelbank und erkennen den wahren Grund dafür nicht.

Dieses Gefühl, nicht mehr aus der Anspannung herauszukommen, ist oft belastend für Körper und Geist. Sie sind blockiert, gestresst und verunsichert.

Ängste werden verdrängt und bleiben bestehen. Sie sehen keinen Ausweg und ziehen sich immer weiter zurück. Sie fühlen sich unverstanden, und Beziehungsprobleme schleichen sich ein. Ihre eigenen Wünsche und Träume verschwinden.

In meinem Leben gab es immer wieder einschneidende Situationen. Erst das Durchleben der Trauer und Selbstvergebung machten eine »Heilung« möglich.

Durch den Umgang mit sterbenden Patienten und ihren Angehörigen entdeckte ich die Zusammenhänge zwischen unverarbeiteten Verlusten und ihren fatalen Folgen für die Betroffenen. Ich habe erfahren, was die tragenden Elemente sind, die nicht nur am Ende zählen.

Durch die Kombination von Gehörtem, Mitgefühltem und selbst Erlebtem fand ich den Schlüssel, um endlich ein Dasein in Wertschätzung und Verbundenheit mit sich und der Familie zu leben.

Wie in diesem Beispiel mit einer Klientin:

Die Ehefrau eines Verstorbenen kam nach langer Zeit zu mir und erzählte, dass sie noch etwas auf dem Herzen hätte. Sie könne es nicht mehr persönlich klären, da ihre Mutter schon lange verstorben ist.

Gedanken daran, wenn »der Tag« kommen würde und sie im Sterben läge, bedrückten sie sehr. Denn sie ging davon aus, dass es ein Problem gäbe.

Sie berichtete mir, dass sie ihre Mutter NIEMALS wiedersehen wolle. Es heißt ja, wenn man gestorben sei, begegnet man seinen engsten Angehörigen.

Ich spürte die Wut, Verletzlichkeit und Traurigkeit. Sie bat mich, ihr zu helfen.

Mit meiner Erfahrung und dem Werkzeug der Palmtherapy konnte die Dame nach einigen Wochen ihrer Mutter aus tiefstem Herzen vergeben.

Sie sagte zum Abschluss der Therapie, dass sie heute weiß, wenn der Tag komme, wird sie ihre Mutter in den Arm nehmen.

Ich bin sehr dankbar, Menschen zu begleiten, dass sie ihren inneren Frieden auch finden.

Erkennen – Verstehen – Vergeben – Loslassen

Ich zeige Ihnen, wie Sie den Fokus wieder auf sich und die bedeutsamen Dinge legen, damit Sie ein glückliches und erfolgreiches Familienleben führen.

Dazu gehört es, den Sinn hinter dem Verlust zu entdecken und eigene Bedürfnisse und Wünsche zu erkennen. Es ist wichtig, sich als gute Mutter/Frau/Partnerin zu fühlen, um die Wertschätzung für Ihr Tun wieder wahrnehmen zu können.

Im Prozess des Loslassens nehme ich Sie an die Hand und unterstütze Sie dabei, mit Klarheit und Herz Ihr Leben in Harmonie mit sich und der Familie zu führen.

Ihre täglichen Entscheidungen formen Ihr Leben, und Sie können wieder sagen: »Es ist mein Leben, und ich habe das erreicht, was mir wirklich wichtig ist.«

Sie schauen wieder auf sich, finden Ihre Balance als attraktive glückliche Frau und emphatische Mutter.

Sie können mit ihrer Familie gemeinsam lachen und bewusst genießen.

Meine Klientinnen sind Ehefrauen und Partnerinnen von Managern und Führungskräften, die genug davon haben, jeden Tag erschöpft einzuschlafen und dabei den Fokus auf die Freude im Leben zu verlieren. Ich zeige Ihnen, wie Sie wieder gemeinsam Begeisterung in Ihrem Alltag erleben und mit Ihren Kindern und Ihrem Partner glücklich sind. Sie fühlen sich wertgeschätzt und anerkannt, haben Geduld und können eigene Vorwürfe loslassen.

Als Mutter, Großmutter, Frau eines Managers habe ich erlebt, wie ein innerer Verlust das ganze Leben prägt. Ich bin bereit, über die Themen Verzweiflung, Ohnmacht und Gewalt zu sprechen, um Müttern, Vätern und Kindern Mut zu machen, wieder Wertschätzung zu erfahren und Verbundenheit zu spüren.

Ich bin dankbar für mein Leben, für all den Schmerz, denn dadurch fand ich den Schlüssel meiner wahren Berufung, wofür ich hier auf Erden bin.

Geboren und aufgewachsen in Berlin, führte mich mein ereignisreicher Weg in die Schweiz.

Hier folge ich meiner Mission – Menschen aktiv durch Veränderungsprozesse zu begleiten.

Als psychologische Beraterin PALMTHERAPY® liegt mein Schwerpunkt in der Unterstützung von Menschen, die einen Verlust bewältigen müssen.

Ich führe sie durch den Prozess des Loslassens hin zur Klarheit und den Start in ein Leben, voller Gelassenheit und Schaffenskraft.

Fühlen Sie sich wieder wertgeschätzt und verbunden mit sich und Ihrer Familie!
Monika Leu

Monika Leu

Meine Berufung liegt in der Unterstützung von Menschen, die einen Verlust bewältigen müssen. Ich unterstütze Sie mit Klarheit und Herz, um wieder in Harmonie zu leben. Trauer mit all ihren Facetten: Einsamkeit, Trauma, Missbrauch, Gewalt … Das Hamsterrad der Verzweiflung hat viele Gesichter. In meiner dreißigjährigen Berufserfahrung mit Sterbenden und Angehörigen erkannte ich, wie heilsam es ist, den Fokus auf Dinge zu legen, die am Ende wirklich zählen. Als Coach & psychologische Beraterin Palmtherapy zeige ich Ihnen, wie Sie sich wieder wertgeschätzt und verbunden mit sich und Ihrer Familie fühlen.

monika-leu.ch

Herzkraftmenschen der neuen Zeit

Endlich!!! Die Reise hat begonnen, der Aufbruch in eine Neue Welt. Es gibt wieder ein »Amerika« zu entdecken ... diesmal nicht horizontal, sondern vertikal. Diesmal eine Welt, die nicht immer größer, sondern immer tiefer und feiner wird, die nicht an Strecke, sondern an Bewusstsein zunimmt.

Dies war mein tragendes Gefühl beim Erscheinen von Corona mit all den lebenseinschränkenden Maßnahmen im Schlepptau. Ein globales Ereignis ist schon ein markanter Punkt, da wird richtig Energie frei und verändert die Welt. Es ist wie bei unserer Geburt. Wir wachsen heran im Mutterleib, und irgendwann ballt sich eine mächtige Energie zusammen, der wir nicht widerstehen könnten, auch wenn wir wollten. Die Wehen setzen ein, und wir werden in die Welt gepresst. Wir *gleiten* nicht, wir werden gepresst! Die Schwelle ist zu massiv zum Gleiten, das Ereignis zu powervoll. Die globalen Wehen, die wir gerade erleben, sind da nicht anders. Eine mächtige Energie des Wandels hat sich in den letzten Jahren und Jahrzehnten zusammengeballt, und jetzt geht es los. Wir können eine Welt voller Freiheit und Harmonie bauen, voll neuer Leichtigkeit – aber erst mal müssen wir *bauen!*

Was wir jetzt brauchen, sind möglichst viele *Herzkraftmenschen!* Es geht um innere Befreiung und Selbstermächtigung, um jede und jeden Einzelnen. Wir haben uns gut eingenistet in einem Weltbild der Bequemlichkeit. Gerade in Deutschland herrscht ein höchst bedenklicher Glaubenssatz, der uns suggeriert, dass wir sogar *ein Recht auf Bequemlichkeit* haben. Und dies ist nur einer von vielen alten, völlig unhaltbaren Glaubenssätzen, die unsere Hirnkapazitäten begrenzen.

Schon länger war ich im Innern in einer Wartehaltung, und da Warten nicht meine Stärke ist, habe ich versucht, mich vorzubereiten. »ICH BIN DA« war meine tägliche Affirmation, mehrfach am Tag in den Spiegel oder einfach in den Raum hineinposaunt, damit das Universum mich finden kann. Dies war mein Heilmittel in den Momenten der Beklemmung und des Unwohlseins, die häufig auftraten, weil ich den Wandel bereits fühlen konnte, aber im Außen alles den Anschein von »Normalität« bewahrte. »Ich bin da!«, habe ich danebengesetzt, und auch wenn es das drückende Gefühl im Herzraum nicht immer ganz auflösen konnte, so war ich doch zu finden für die stärkenden Kräfte aus der Mitte meines Herzens.

Was sind die Herausforderungen, vor denen wir jetzt im globalen Umbruch stehen?

Ich möchte dir hier *eine* nennen: Wir können nur als Sieger durch die Krise gehen, wenn wir uns als ganzheitliche Menschen wahrnehmen und entsprechend handeln. Die Neue Welt lässt den Alleingang des Kopfes hinter sich. Sie wird mit Herz-Bewusstsein gebaut von Menschen, die gleichzeitig fühlen und denken können, die geistige Inspiration und energetische Resonanz zugleich erleben und umsetzen. So geht die Versöhnung und Verbindung der männlichen und weiblichen Kräfte in uns.

In der Neuen Welt sind wir Herzkraftmenschen und gewinnen so die unverzichtbare Mitte zurück, die unser Denken, Fühlen und Handeln harmonisiert. Unser Herz bringt genau die Dinge in unsere menschliche Gesellschaft, die gerade fehlen: ein selbstverständliches Gemeinschaftsgefühl, das gesund und spontan ist und nicht mehr aus verbogenen Regeln besteht, die uns alle gleichmachen wollen. Nein, im Gegenteil: sprühende Kreativität, kraftvolle Umsetzung des eigenen einzigartigen Potenzials wird wieder gern gesehen, und der Schwerpunkt unserer Aufmerksamkeit liegt nicht mehr im Anhäufen von Materie, sondern im eleganten, wohltuenden oder auch mal mitreißenden Flow! So beenden wir nun endlich das Zeitalter des materialistischen Weltbilds, das immer noch herrscht, obwohl es schon seit hundert Jahren Quantenphysik und seit einem guten Vierteljahrhundert das Internet gibt.

Unsere Zukunft liegt nicht mehr im Stoff, das ist ganz einfach der wunderbare Spielplatz, in dem wir uns als inkarnierte Wesen erleben und erproben dürfen. Wir erfahren uns mehr und mehr zugleich körperlich und energetisch. All die Menschen, die hier der großen Masse voraus waren und als Hochsensible oder anderweitig Lebensuntaugliche für krank gehalten wurden, können aufatmen. Hellfühligkeit ist die neue Normalität!

Wie das geht mit dem Herzen, können wir in unübertroffener Weise von den Pferden lernen. Pferde sind Herzwesen und leben ganz im Wir-Gefühl. Sie verkörpern das Weibliche, leben mehr im Sein als im Tun, mehr im Raum als in der Zeit, mehr im Fühlen als im Denken. Die Leitpferde einer Herde sind exzellente Führer, sie wissen, wie starke persönliche Kraft mit Hingabe für die Gemeinschaft einhergehen kann.

Im schwingenden Herzresonanzfeld einer Pferdeherde heilt das Weibliche im Menschen – vorausgesetzt, die Pferde wurden vom funktionalen Nutztierdasein erlöst und fühlen sich selbst innerlich frei. Immer wieder erlebe ich bei Coachings und Seminaren, dass wahre Wunder passieren, wenn die gesamte zwei- und vierbeinige Herde auf Harmonie und Verbundenheit ausgerichtet ist. Tiefer Friede zieht ein ins Menschenherz. Der Quell des Herzens ist machtvoll. Selbstliebe erwacht und Selbstvertrauen. Der tiefere Lebenssinn wird wieder sichtbar und rückt die innereigene Berufung ins Bewusstsein.

Dann ist der Moment gekommen, den Strom von Herzenergie zu bündeln in Zielenergie. Sobald das Herz geöffnet ist und unsere Intuition spricht, brauchen wir die männlichen Energien in uns: Fokus, ein klares Wollen und Durchsetzungskraft. Ein Herzkraftmensch ist empathisch *und* fokussiert, verbunden *und* selbstbewusst.

Ich bin oft erstaunt, wenn ich jemanden frage: »Was ist dein großer Traum, deine Berufung? Was sind deine Ziele?«, und dann kommt erst mal gar nichts. Das ist völlig inakzeptabel, denn bevor wir hier im Körper ankommen in einer neuen Inkarnation, haben wir schon einen Plan, eine Seelenaufgabe für unsere Reise mitbekommen. Als Kinder wussten wir noch, dass wir zwar ein kuscheliges Nest brauchen, um uns auszuruhen, aber es genauso wichtig ist, zu lernen und unsere Fähigkeiten weiter zu entwickeln.

Mal eine Frage: Wenn du in deinem jetzigen Zustand zum ersten Mal laufen lernen müsstest, wie gut wärst du dafür gerüstet in deiner Psyche, in deinem Mindset? Wärst du bereit, dir so oft die Knie aufzuschlagen, dich so oft wieder hochzurappeln nach einem Absturz, bis du es kannst? Kennst du noch dieses innerliche Drängen, dass dich immer weitergehen lässt, weil du verbunden bist mit deinem inneren Kraftquell?

Es ist jetzt Zeit, sich aus der allgemeinen Lähmung einer Welt des Konsums und Abwartens zu verabschieden, das eigene Potenzial zum sprudelnden Quell des Lebens zu machen und zusammen mit anderen die Neue Welt zu bauen!

Wenn du die enormen Chancen dieser Zeit und deine Berufung, deine Einzigartigkeit wieder erkennst, schenkt dir dein Herz eine unerschöpfliche Fülle an Freude und Kraft! Dann hält dich nichts mehr! Dann legst du los!

Was jetzt passiert, nimmt alle mit, und noch haben wir die Wahl, ob wir Schöpfer oder Opfer sein wollen. Jeder Herzkraftmensch ist eine Gestalterin, ein Gestalter aus der eigenen pulsierenden Mitte heraus, jede und jeder gibt, was sie und ihn ausmacht.

Endlich!!! Die Reise hat begonnen.

Bettina Löber

Seit 25 Jahren ist sie genau da unterwegs, wo sich das Unsichtbare und die Außenwelt berühren. Als Coach und Bewusstseins-Mentorin begleitet Bettina Löber Frauen in ihre innere Befreiung und Potenzial-Verwirklichung. Sie verbindet Online-Coaching und pferdegestützte Persönlichkeitsentwicklung und arbeitet mit einer selbst entwickelten Methode auf der Basis jahrzehntelanger spiritueller Forschung und ihrer Erfahrung in den Bereichen Hochsensibilität und Lebenskrise. Dabei verwendet sie u.a. drei ganzheitliche Tools: Heldenreise, Archetypen und siebenfache Seelenmatrix.

bettinaloeber.com

Zahnmedizin im Wandel
Einfach natürlich – feste
ästhetisch weiße Zähne

Zuerst steht die Idee – die Vision einer gesünderen Welt.

Anfang der 90er stand ich vor der Frage: Was wird in der Zahnmedizin das nächste große Ding?

Kein Mensch hat sich »freiwillig« silberfarbene, quecksilberhaltige Füllungen einsetzen lassen. Kein Mensch hat sich gern mit dem Gedanken an eine Prothese zum Ersatz von verlorengegangenen Zähnen abgefunden. Es war mehr eine Frage: Ich muss nehmen, was ich bekomme oder was technisch machbar ist. Dennoch war der Wunsch nach zahnfarbenen, körperverträglichen unsichtbaren Füllungen und festsitzendem Zahnersatz allgegenwärtig.

An der Uni Zürich wurde zu der Zeit gerade eine neue Technologie entwickelt, mit der aus einem Keramikblock Füllungen herausgefräst wurden. Und in Schweden wurden künstliche Zahnwurzeln aus Titan entwickelt, die im Knochen verankert als Halt für festen Zahnersatz dienen sollten. Das hat mich dermaßen fasziniert, dass ich von dem Gedanken nicht mehr ablassen konnte, die Vision einer komplett der Natur folgenden Rekonstruktion auf der Basis von Keramiken für Füllungen und feste Zähnen für eine Verbesserung der Gesundheit entstehen zu lassen. Und voller Begeisterung habe ich mich in dieses Projekt engagiert. Denn Keramik erschien mir das geeignete Material, da unser Knochen von der Struktur auch als natürliche Biokeramik verstanden werden kann und Keramik als extrem körperverträglich gilt, da es keine elektromagnetischen Wirkungen hat, keine galvanischen Reaktionen mit anderen im Mund vorhandenen Metallen eingeht und gleichzeitig auch noch zahnfarben aussieht.

Was so einfach klingt, stellte sich als deutlich schwieriger als gedacht heraus. Ich hatte nicht daran gedacht, dass Keramik zwar extrem druckstabil ist, jedoch nur eine geringe Flexibilität und keinerlei plastische Verformbarkeit hat. Und so folgte der großen Begeisterung für das Material die Ernüchterung, dass nur kleinere Füllungen machbar waren.

Die Entwicklung ging weiter, und es wurde bald möglich, einzelne Kronen und kleinere Brücken anzufertigen. Für größere Brücken war es notwendig, als Unterstützungspfeiler die in Schweden entwickelten Titanpfeiler im Knochen zu verankern. Die Begeisterung war wieder groß. Wir hatten das Gefühl, jetzt sind wir ganz nah dran am Ziel. Und gleichzeitig war es uns möglich, mit diesen künstlichen Wurzeln Prothesen so zu verankern, sodass es wieder möglich war, festes Schwarzbrot und knusprig Gebratenes ohne Probleme zu essen.

Bei all der Euphorie mussten wir feststellen, dass die von der Industrie bejubelten Keramiken nicht hielten, was sie versprachen. Es kam zu Frakturen, und natürlich hat die Industrie uns vermitteln wollen, dass wir die einzigen seien, die dieses Problem hätten. Und wäre das nicht schon schwerwiegend genug, wurde wissenschaftlich festgestellt, dass Titan zwar biokompatibel ist und Allergien gegenüber Titan selten sind, jedoch das Immunsystem auf Titanpartikel reagiert. Neue Untersuchungsmethoden machten es nun möglich, diese Immunsystemreaktionen zu testen. Da Titan ein Metall ist, konnten auch durch galvanische Wechselwirkungen mit anderen Metallen im Mund Reaktionen ausgelöst werden.

Als ein Patient so lapidar meinte, dann stellt die Dinger doch aus Keramik her – »Kann doch so schwer nicht sein« –, war mein Pionierdrang wieder geweckt. Wir schreiben das Jahr 1997. Suchmaschinen wie Google und Co. gab es nicht. Es war die Zeit mühsamen Einwählens über Modemverbindungen. AOL versuchte mit Boris Becker zu vermitteln, dass dies doch ganz einfach sei. Und so wurde ich bei der Suche nach künstlichen Zahnwurzeln (Implantaten) aus Keramik bei bekannten Firmen wie Canon und Kyocera in Japan fündig. Mir waren diese Firmen als alles andere, nur nicht als Medizinproduktehersteller bekannt. Nur nach Europa wollten sie nicht liefern.

Die Suche ging weiter, und eher zufällig lernte ich Prof. Samy

Sandhaus in Lausanne kennen. Seine Forschungen in Sachen künstlicher Zahnwurzeln aus Keramik gehen in die 50er-Jahre zurück, und er gilt als der Urvater der Keramikimplantate. Bereits in den 60er-Jahren wurden von ihm umfangreiche Untersuchungen zur Metallunverträglichkeit im Mundraum durchgeführt. Dies führte dann zur Entwicklung eines eigenen aus Keramik konstruierten Implantatsystems. Die Kollegen waren begeistert von der Ästhetik des weißen Materials und dem exzellenten Verhalten der Schleimhaut – die wie an einem eigenen natürlichen Zahn straff um das Implantat gewachsen ist.

Die Freude währte nicht lange – das Material war nicht stabil genug, um den hohen Kräften im Mundraum standzuhalten, und eine Vielzahl dieser Implantate musste wieder entfernt werden. Das Vertrauen in Keramikimplantate war gebrochen. Doch Prof. Sandhaus war eine Kämpfernatur. Mit einer gänzlich neuen keramischen Materialmixtur schaffte er den Durchbruch. Keramikimplantate auf der Basis von Zirkondioxid waren geboren.

Dieses Material war auch für große Zahnbrückenkonstruktionen geeignet. Wow – nach zehn Jahren war das Material gefunden. Endlich waren wir in der Lage, unseren Patienten eine nachhaltige, allumfassend gesunde, neutrale und biologische Lösung für ihre Zahnprobleme anbieten zu können.

Der einzige Haken an diesem Material ist die schwierige Bearbeitung. Die Bearbeitung geht nur mit computerunterstützter High-Tech-Technologie.

So haben wir uns die letzten zehn Jahre damit beschäftigt, den gesamten Praxis- und zahntechnischen Laborbereich vom analogen Arbeiten auf komplett digitale Technologien umzustellen.

Röntgenbilder werden in 3D mit reduzierter Strahlenbelastung und ohne umweltschädigende Chemikalien hergestellt. Abformungen werden nicht mehr mit Gummimasse und Gipsmodellen, sondern mittels einer Kamera gemacht. Wir schonen die Umwelt und erhöhen die Präzision, Qualität und Ästhetik unserer Arbeiten.

Zwanzig Jahre später sind wir an unserem Ziel angekommen. Mit internationalen Patienten und einem engagierten Team ist dies jeden Tag Ansporn, diesen Weg konsequent weiter zu gehen. Einfach natürliche Zähne – aus ästhetischen Materialien, denen 24/7 vertraut werden kann. Damit liegt die moderne, innovative Zahnmedizin im Trend mit Elektrofahrzeugen, Bio-Produkten und nachhaltiger Lebensweise. Was früher als esoterisch abgetan wurde, hat sich heute als wichtige Basis für eine gesunde, neue Lebensqualität und die Überlegung, was ist für meinen Körper gesund und was lasse ich mir einbauen, entwickelt.

Fester beißen – gesünder leben – schöner lächeln

Mein Fazit nach all diesen Jahren: Gib nicht zu früh auf – beharre auf deinem Ziel, such die richtigen Partner und störe dich nicht daran, auch mal als Spinner bezeichnet zu werden. Geh die Extrameile – Erfolg ist immer mit Misserfolg und Fehlern, aus denen du lernen kannst, verbunden. Und lerne, Nein zu sagen – auch wenn es manchmal leichter ist, im Mainstream zu bleiben.

Ich wünsche dir viel Erfolg bei der Umsetzung deiner Projekte für eine bessere, gesündere Welt. Unser nächstes Projekt hat etwas mit künstlicher Intelligenz zu tun.

Dr. Ralf Lüttmann

Über 200 Vorträge in zwanzig Ländern. Innovation, Kreativität und gesundes Leben beschäftigen Dr. Ralf Lüttmann als Zahnarzt, Speaker, Berater und Familienmensch seit Jahren. Einer der ersten Zahnärzte in Deutschland mit eigenen Fräsmaschinen zur Herstellung von hochstabilen Keramiken für umfangreiche festsitzende Vollkeramikbrücken. Mit weit über zwanzigjähriger Erfahrung einer der führenden Zahnärzte und Pioniere weltweit zum Thema Vollkeramikimplantate und biologisch-ästhetischer Zahnmedizin. Sein neuestes Thema: digitale Transformation und künstliche Intelligenz in der Zahnarztpraxis zur Steigerung der Patientenzufrie-

denheit und verbesserter Arbeitsabläufe zum Wohl von Patienten und dem Team. Seine Vorträge bringen immer neue Impulse und Inspiration für Zahnärzte. Wie aus Ideen Innovationen werden. Er bringt Menschen dazu, die Extrameile zu gehen.

luettmann.com

Das Geschenk
der Absage

Oh nein, das darf doch nicht wahr sein. Meine kleine Tochter, vierzehn Monate alt, wollte unbedingt von der Suppe kosten. Und jetzt das. Wir waren im Gasthaus anlässlich der goldenen Hochzeit meiner Schwiegereltern. Es war auch noch das Wochenende der Zeitumstellung, und mein Kind hatte schrecklichen Hunger. Nach dem langen Gottesdienst waren wir nun endlich im Gasthof, und jetzt kam schließlich die Suppe. Ich hatte sie schon weit weg von Eva hingestellt und fing an, den ersten Löffel zu blasen, damit er schnell abkühlte. Doch das dauerte meiner Tochter zu lange. Schon stand sie im Kinderhochstuhl auf und warf sich mit dem Oberkörper über den Tisch und erreichte mit ihrer kleinen Hand gerade noch die Untertasse des Suppentellers. Jetzt ging alles ganz schnell. Sie katapultiere sich die extrem heiße Suppe komplett auf ihr rechtes Bein. Ich war wie ferngesteuert. Schnell die Strumpfhose ausziehen, damit sich die Kunststofffasern nicht in der Wunde verkleben. Dann sah ich die Bescherung. Der gesamte Oberschenkel und die Hälfte des Unterschenkels waren verbrannt. Alle versammelten Gäste schauten erschrocken, was passiert war. Unter den Gästen war auch eine Ärztin. Sie rief: »Wir müssen sofort den Notarzt rufen! Die Fläche der verbrannten Haut ist im Verhältnis zur Größe des Kindes viel zu groß. Das ist lebensgefährlich.« Während irgendjemand den Notarzt rief, bin ich mit meinem vor Schmerzen brüllenden Kind auf dem Arm in die Damentoilette gerannt, um das Bein zu kühlen. Mehrere Leute sind mir zur Hilfe geeilt. Ich rief, dass jemand bitte die Schüßler Salze aus der Wickeltasche holen sollte. Ich war gerade seit vier Wochen zur Ausbildung als Mineralstoffberaterin für Schüßler Salze. Das hatten wir doch erst letzte Woche besprochen. Was sollte man da geben? Welche Nummern waren das noch mal? Ich kann mir doch Zahlen so schlecht merken, aber in diesem Fall wusste ich sofort, dass wir die Nummer 3 Ferrum phosphoricum für die Schmerzen und die Nummer 8 Kalium chloratum für den Wasserhaushalt brauchten. Meine Ausbilderin erklärte erst letzte Woche: »Bei einer Verbrennung fehlt der Zelle das Wasser, mit dem Mineralstoff Kalium chloratum wird der Wasserhaushalt der Zelle wieder ins Gleichgewicht gebracht.« Welch eine Fügung des Schicksals, dass wir das genau vorher gelernt hatten. Während mein Mann Eva, die immer noch vor Schmerzen brüllte, auf dem Arm hielt, fing ich an, aus den Salzen einen Brei als Auflage für das Bein zu machen. Vor Aufregung war das viel zu flüssig. Egal. Ich habe nur Salze aufgelöst und diese kalte wässrige Mischung auf die Beine vorsichtig gegeben. Meine Freundin, die neben mir stand, hat meiner Tochter die Salze ungezählt einfach in den Mund gegeben. Während wir versuchten, mit viel Liebe und Trost und den Schüßler Salzen das schreiende Kind zu beruhigen, kam die Ärztin zu uns und wollte uns mitteilen, dass der Notarzt verständigt sei. Dann sah sie, dass wir dem Kind irgendwas gaben und auch damit das Bein einrieben. »Um Gottes willen«, rief sie aufgeregt. »Bei einer Verbrennung darf man nur mit Wasser kühlen, mehr auf keinen Fall. Hört sofort auf damit, das hilft doch eh nichts und macht alles nur schlimmer.« Ich erwiderte völlig überzeugt, dass ich gerade eine Ausbildung zur Mineralstoffberaterin mache und schon wüsste, was ich täte. Aber die Ärztin ließ nicht locker. Meine Freundin, der der Gasthof gehörte, führte uns in einem unbeobachteten Augenblick in eines ihrer Fremdenzimmer mit Bad, wo wir zu dritt oder zu viert fleißig weiterkühlen und Schüßler Salze verabreichten. Eva schrie immer noch sehr und wir warteten und warteten auf den Notarzt. Nach einer Ewigkeit kam er endlich. Wir wohnen auf dem Land, und die haben sich erst mal verfahren. Die Sanitäter und die Notärztin waren meiner Methode gegenüber auf jeden Fall aufgeschlossen. Die Notärztin half mir während der Fahrt in die Kinderklinik weiterhin das Bein einzureiben und riet mir, meiner Tochter etwas zu trinken zu geben. In einem Notarztwagen gibt es allerdings kein fließendes Wasser. Was nun? Wir füllten vorher noch eine Flasche am Gasthof ab, und so konnten wir während der Fahrt weiterhin das Bein kühlen und Eva etwas zu trinken geben. Ich saß angeschnallt auf dem Sitz, während sie in meinem Arm langsam immer ruhiger wurde und schließlich einschlief. Die Fahrt bis zur Klinik war gefühlt unendlich lange, es waren ca. 45 Minuten. Dann endlich, wir wurden ja schon per Funk angekündigt, waren wir in der Kinderklinik im Behandlungszimmer. Es kam auch schon die erste Schwester. Sie war ganz irritiert, dass das Kind schlief. Und auf die Frage, welche Medikamente bereits gegeben wurden, sagte die Notärztin, nur Schüßler Salze. »Das kann doch gar nicht sein, dass ein Kind nach so einer Verbrennung nun schläft«, meinte sie. Jetzt kam der diensthabende Oberarzt und ließ sich erklären, was passiert sei. Und dann wuschen wir das Bein, das durch die aufgelösten Schüßler Salze ganz weiß war, vorsichtig ab, und der Arzt schaute sich das Bein ganz genau an. Er konnte nur noch eine ca. einen Quadratzentimeter große rote Fläche erkennen. Diese wurde dann auch im Arztbrief als Verbrennung ersten Grades dokumentiert. Dann wurde die Wunde noch versorgt und verbunden.

Sie können sich gar nicht denken, wie glücklich ich war. Die Wunde heilte ganz schnell in wenigen Tagen ab, es gab weder eine Brandblase noch eine Narbe. Auch der Kinderarzt, der zwei Tage später den Verband wechselte, war absolut beeindruckt, als er sah, wie das Bein aussah, und er von uns hörte, was denn passiert war. Wenn es nicht so viele Leute vorher gesehen hätten, hätte ich es wahrscheinlich selbst nicht glauben können.

Erst zu Hause wurde mir bewusst, wie schwer meine Tochter Eva verletzt war und dass sie laut der anwesenden Ärztin in Lebensgefahr geschwebt hatte. Jetzt wurde mir auch klar, dass es eine glückliche Fügung war, dass ich mich einige Wochen vorher für die Ausbildung zur Mineralstoffberaterin angemeldet hatte. Eigentlich wollte ich damals nach der einjährigen Elternzeit wieder in meiner alten Firma arbeiten. Hier hatte ich eine feste Zusage, die allerdings sehr kurzfristig aus betrieblichen Gründen wieder abgesagt wurde. So entschied ich mich für diese Ausbildung. Das hat Eva das Leben gerettet. Für mich ist meine neue Tätigkeit zur Berufung geworden.

Brigitte Meinl

Unter dem Motto »burn on statt burn-out« begleitet Brigitte Meinl Frauen mit Doppelbelastung in ein Leben voller Glück. Lebensfreude und Wohlbefinden vertreiben Leere und Ausgebranntsein. Ihre Klienten profitieren von ihrem vielfältigen und breiten Fachwissen durch viele Ausbildungen in verschiedensten Bereichen. In Brigitte Meinl finden Sie eine sehr sympathische Expertin, die mit viel Liebe und Herz ihre Berufung liebt. Sie selbst hat durch einige traurige Erlebnisse in ihrem Leben erfahren dürfen, dass jeder seines Glückes Schmied ist.

glueck-lebensfreude.de

Die Erfolgsformel für Live-Kommunikation oder wie Sie Menschen mit Live-Kommunikation wirklich erreichen

Als Mentorin und Expertin für Event-Marketing werde ich immer wieder gefragt: Was ist Ihr Erfolgsrezept für eine gelungene Veranstaltung. Wie sticht man heraus aus der Masse der Events? Wie kann man Menschen erreichen und wirklich berühren? Ich werde es Ihnen verraten und nehme Sie mit auf eine Reise. Eines möchte ich schon mal vorwegnehmen: Diese Erfolgsformel gilt nicht nur für Live-Events, sondern kann ebenso gut auf Digitale Events, Hybrid-Events oder sogar kleine interne Meetings angewendet werden.

Unsere Reise startet vor vierzig Jahren im Jahre 1980. In meiner Kindheit war es mein größter Traum, einmal die Pyramiden von Gizeh in Ägypten zu sehen. Ich war immer schon begeistert von der alten Hochkultur am Nil, und ich werde nie vergessen, wie ich dann zehn Jahre später im heißen Wüstensand stand und das erste Mal zu ihnen aufblickte. Ich hatte unzählige Bücher, Fotos und Videos gesehen und war trotzdem vollkommen überwältigt von ihrer Größe, Würde und Ausstrahlung. Inzwischen habe ich sie und viele andere Pyramiden auf verschiedenen Kontinenten besucht, aber die Faszination für die ägyptischen Pyramiden hat nie nachgelassen. Jetzt fragen Sie sich, was haben diese 4500 Jahre alten Bauwerke mit modernem Event-Marketing zu tun? Viel! Deshalb lassen Sie uns kurz in die Struktur der Pyramiden von Gizeh eintauchen.

Klare Ausrichtung

Alle Seiten der Pyramiden sind exakt nach den vier Himmels-richtungen ausgerichtet und weichen nur wenige Grade ab. Eine absolute Meisterleistung, wenn man bedenkt, dass die alten Ägypter keine modernen Messinstrumente zur Verfügung hatten. Wahrscheinlich richteten sie sich nach der Sonne und den Sternen. Es bleibt bis heute ein Geheimnis.

Sicher ist, dass die Architekten der Antike eine klare Vision vor Augen hatten. Sie haben die Ausrichtung exakt definiert und trotz aller Herausforderungen mit einer erstaunlichen Genauig-keit umgesetzt.

Simple Struktur

Die Grundfläche der Pyramiden ist ein vollkommenes Quadrat. Alle Seiten stehen im rechten Winkel zueinander (bis auf wenige, minimale Abweichungen). Die Pyramiden bestehen aus stabilen Kalksteinblöcken, die zu einer markanten Form mit hohem Wie-dererkennungswert kombiniert wurden.

Ihre Bauweise ist simpel, aber genial. Sie wirken allein durch Größe und Form und nicht durch aufwendige Schnörkel oder komplizierte Elemente.

Hohe Strahlkraft

Die Pyramiden sind hoch. Die größte Pyramide, die Cheops Pyramide, misst fast 150 Meter und war 3800 Jahre lang das höchste Gebäude der Welt. Bis zum Mittelalter waren die Pyra-miden mit weißem Kalkstein verkleidet. Die Spitze war sogar mit Gold überzogen. Können Sie sich vorstellen, wie beeindruckend diese Bauwerke waren? Ich finde sie im heutigen Zustand schon wirkungsvoll und kann mir gut vorstellen, wie sie viele Tausend Jahre geglänzt haben.

Aus meiner Sicht wurden die Pyramiden von Anfang an so gestaltet, dass sie langfristig eine hohe Strahlkraft haben.

Vielen Dank für Ihre Geduld bei der Reise zurück in die Vergangenheit. Wenn wir uns anschauen, wofür die Pyramiden von Gizeh stehen:

- Klare Ausrichtung
- Simple Struktur
- Hohe Strahlkraft

Damit haben wir bereits die Basis für die Erfolgsformel einer gelungenen Veranstaltung. Meine Empfehlung:

Wenn du Menschen erreichen möchtest, baue eine Pyramide!

Aus meiner langjährigen Erfahrung heraus symbolisieren Pyramiden genau das, was ein gutes Eventkonzept haben sollte. Und das gilt nicht nur für Live-Events, sondern auch für alle digitalen Formate. Ich sage Ihnen nicht nur warum, sondern zeige Ihnen auch, wie Sie Ihre eigene Pyramide bzw. Ihr perfektes Eventkonzept bauen.

1. Klare Ausrichtung

Starten Sie mit der Überlegung, welche Ausrichtung Ihre Veranstaltung haben sollte. Welche Zielgruppe möchten Sie ansprechen? Hier ist es wichtig, möglichst spitz, also möglichst genau zu definieren. Nutzen Sie dabei das Konzept der »Buyer Personas«, und erstellen Sie authentische Charakteristika Ihrer Zielgruppe. Wenn Sie später die Veranstaltung planen, fragen Sie sich immer wieder: Spricht das meine Persona XY an?

Welche Vision, welche Ziele haben Sie vor Augen? Was möchten Sie intern und extern mit der Veranstaltung erreichen? Wenn Sie ein klares Ziel verfolgen, fällt Ihnen die Umsetzung leichter, und Sie können am Ende den Erfolg messen. Typische Ziele könnten sein: Kundenbindung, Mitarbeitermotivation oder auch Neukundengewinnung.

Dieser Schritt ist die Basis für alles. Sie hilft Ihnen, eine Richtung zu definieren und später nicht vom Weg abzukommen.

2. Simple Struktur

Ich habe schon oft erlebt, wie Kunden oder Agenturen Eventkonzepte entwickelt haben mit vielen guten Ideen und kleinsten Details. Den Gästen fällt es meistens nicht einmal auf. Die Gefahr bzw. der große Nachteil ist, die Kernbotschaft geht unter. Deshalb mein Appell: Keep it simple! Erinnern Sie sich an die Pyramiden: klare Form und einfache Elemente. Gestalten Sie Ihre Idee, den Namen der Veranstaltung einfach und verständlich. Idealerweise sollte man am Titel gleich erkennen, worum es geht. Machen Sie den Test: Wenn Sie Ihre Idee mit drei Sätzen beschreiben können und Ihre Kollegen*innen begeistert sind, dann wird es auch funktionieren.

Und lassen Sie sich nicht entmutigen. Gute Konzepte sind die Königsdisziplin, und die Pyramiden wurden auch nicht an einem Tag gebaut!

3. Hohe Strahlkraft

Bei diesem Punkt geht es um die Umsetzung. Sie haben Ihre Hausaufgaben gemacht und exzellente Vorüberlegungen getroffen. Sorgen Sie nun für Strahlkraft, gehen Sie nach außen! Was ist Ihre goldene Spitze? Wodurch hebt sich Ihre Veranstaltung von anderen ab, bleibt in Erinnerung? Was finden Gäste nur bei Ihnen? Welchen Mehrwert bieten Sie an?

Wenn Sie Ihre Außenwirkung definiert haben, dann strahlen und glänzen Sie mit Ihrer Idee. Ein Event beginnt schon weit vor dem eigentlichen Veranstaltungstag und sollte noch Wochen danach wirken. Ich nenne das Pre- und Post-Experience. Machen Sie Ihre Teilnehmer neugierig, sorgen Sie für Vorfreude und im Nachgang für gute Erinnerungen. Nutzen Sie dafür alle passenden Kanäle.

Ich wünsche Ihnen viel Tatkraft und Freude beim Bau Ihrer eigenen Pyramide beziehungsweise bei der Kreation Ihres eigenen Eventformates. Wenn Ihnen die kleine Reise gefallen hat, können Sie sich kostenlos für meinen einwöchigen Mini-Kurs »Die Top 5 für ein erfolgreiches Event« per Mail anmelden: top5@event-mentoring.de.

Als Mentorin helfe ich, gute Entscheidungen zu treffen. Wenn Sie Unterstützung bei der Konzeption oder Umsetzung Ihrer Projekte benötigen, kommen Sie gern in meine Masterclass. (www.event-mentoring.com/mentoring-programme/)

Ihre
Katharina Mihatsch
Mentorin und Expertin für Event-Marketing

Katharina Mihatsch

Mit 1000 durchgeführten Veranstaltungen, 240.000 Gästen und 30 Millionen Euro Budget ist Katharina Mihatsch die Expertin zum Thema Event- und Live-Kommunikation. Von Vorstandssitzungen mit sechs Personen bis zu Events mit 4000 Gästen hat sie in den letzten zwanzig Jahren eine unglaubliche Vielfalt an Corporate Events konzipiert und umgesetzt. An dieser Erfolgsgeschichte können Sie teilhaben, denn Katharina Mihatsch hat das erste deutschsprachige Mentoring-Programm im Bereich Event ins Leben gerufen. Als Mentee erhalten Sie hier Sicherheit bei komplexen Entscheidungen sowie pragmatische Lösungen.

event-mentoring.de
welcome@event-mentoring.de

Mit den Haien schwimmen

Manche von Ihnen wissen, dass sie schon mal einem Hai begegnet sind. Anderen wird es erst allmählich bewusst.

Es spielt in diesem Zusammenhang jedoch gar keine Rolle, ob wir den Hai von Angesicht zu Angesicht gesehen oder durch eine Geschichte in Form von Bildern, Filmen oder Büchern von ihm erfahren haben. Fakt ist, dass jeder von uns einen eigenen Hai besitzt – in manchen Fällen sogar mehrere.

Es ist aber nicht wichtig, wie viele es sind.

Es spielt auch keine Rolle, ob es sich um Schwarzspitzen-, Weißspitzen-, Teppich- oder Zitronenhaie handelt. Was zählt, ist, dass jeder von uns seinen Hai am Leben hält, ernährt oder züchtet. Bewusst oder unbewusst.

Denken Sie mal darüber nach. Stimmt es? Auch wenn Sie es jetzt nicht zugeben möchten, Sie kennen bestimmt jemanden, der Sie umkreist, der Ihnen Angst einjagt, Ihnen den Atem nimmt.

Um Sie herum befinden sich Haie – und Sie füttern sie. Die Frage ist: »Wie sieht Ihr Hai aus und wie gehen Sie mit ihm um?« Auch wenn Sie selbst der Hai sind.

Doch ganz gleich, wie die Antwort lautet, haben Sie keine Sorge: Haie brauchen ein natürliches, sauberes Jagdgebiet. Sie sind schließlich keine Geier.

Mein erster Hai hatte eine »Helga-Frisur«. Einen Haarschnitt, den man der Kategorie »Prinz Eisenherz« zuordnen könnte, den Pony wie mit dem Lineal in das naturbelassene, schokoladenbraune, bald alt werdende Haar geschnitten.

Mein Hai trug kein Make-up und unterrichtete in meiner staatlichen Schule eine Fremdsprache. Eine Sprache, die für diese Hai-Dame angeblich eine Leidenschaftsmuttersprache war. Aber nicht für mich. Dieses Raubtier herrschte über mein Pflichtfach, und ich fragte mich stumm, ob ich ihre Sprache je im Leben brauchen würde. Doch die Frage änderte nichts an der Tatsache, dass ich vor jeder ihrer Stunden zitterte.

Ich war damals sechzehn.

Stellen Sie sich vor, was ich mit sechzehn alles hätte erschaffen können, wäre ich nicht ständig mit der Angst vor dieser Hai-Dame beschäftigt gewesen. Ich hätte Schmetterlinge im Bauch haben oder mir vorstellen können, wie ich mein zukünftiges Unternehmen aufbauen würde, während Depeche Mode mir die Welt erklärte.

Doch stattdessen stand ich ihr Auge in Auge gegenüber in diesem Ozean, vor dem ich mich fürchtete, weil sie mir beibringen wollte, dass die kyrillische Schrift eine Bedeutung für die Menschheit hätte.

Abgesehen von der Angst hatten ihre Vorstellungen von der Welt auf mein damaliges Leben keinerlei Auswirkung, und bis heute hat sie keinen roten Faden hinterlassen. Von der Überzeugung, die jemand meiner jungen Weltwahrnehmung einprägen wollte, kann ich immer noch nicht leben und existieren. Auch wenn Putin sich einbildet, an der Spitze einer Weltmacht zu stehen, ich meine Nachbarn mag und er höchstwahrscheinlich damals, als ich sechzehn war, schon unsere Frau Merkel kannte – die übrigens noch nicht wusste, dass sie Kanzlerin und er ein Präsident sein würde, der klammheimlich anderen Staaten lauscht. Apropos Weltmacht: Russisch wurde dann doch nicht, wie von meiner Lehrerin vorhergesehen, zur Weltsprache.

Aber zurück zu den Haien. An jenem Tag, an dem meine Oma starb, holte mich das Tier mit der Helga-Frisur vor der ganzen Klasse zu sich und platzierte mich vor der grünen Tafel, an der man damals noch mit Kreide schrieb. Sie stellte mir Fragen, die ich nicht verstand, doch meine Trauer wog schwerer als ihre Worte und ihr Urteil.

Ich werde es überleben, dachte ich, als ich ausgenommen wie eine Makrele vor ihr stand, innerlich weinte und mir die Beerdigung nicht vorstellen konnte. Ich würde den Hai mit seinem angeblichen Sieg füttern.

Egal wie sehr es damals wehtat, ich habe überlebt. Und heute bin ich hier. Neben mir, hinter mir und um mich herum wird mein Ozean von einer Horde von Haien bewegt. Manchmal bekomme ich Angst, dass ich zwischen ihnen untergehen könnte, aber heute besteht die Welt immer noch aus den Geschichten, an die wir früher als Kinder glaubten. Diese Geschichten stammen aus einer Märchenwelt, in der das Böse und das Gute aufeinandertreffen. Es ist also kein Geheimnis, dass der Held immer einen Feind hat, denn der Feind macht den Held zum Helden.

Haie brauchen Futter. Sobald Sie es ihnen besorgen, sind Sie ihnen wichtig. Auch wenn Sie selbst das Futter spielen. Aber darum geht es nicht. Es geht ums Gewinnen.

Schauen Sie, ich bin schüchtern, zierlich und ich spreche leise, für manche Menschen undeutlich. Aber ich flüstere die Haie an. Denn in den Ozean zu schreien, bringt nichts. Daran können Sie sich verschlucken. Die Gestik ist entscheidend. Der Rhythmus. Der Tanz und die Bewegung. Niemals darf Hektik aufkommen, Sie müssen die Geräusche reduzieren. Dank dem Film »Der weiße Hai« wusste ich damals schon, dass ich meinen Körper zum Hai drehen und ihn mit den Augen verfolgen muss.

Die Helga-Prinz-Eisenherz-Frisur erwies sich im Lauf der Zeit als kleine Sardine, genau wie ihre Sprache. Denn mein bisher größter Hai sollte erst noch kommen: Das war der Lachs-Magnat.

Bevor ich mich diesem »Imperator« gegenüberstellte, der möglicherweise über meinen damals größten Auftrag entscheiden sollte, sagte mir meine liebste Person, dass ich ihr schon jetzt leidtäte.

Da war ich also. Und er stand schwer atmend vor mir. Dass er der größte Konkurrent meines damaligen Hai-Kunden war, wusste ich nicht. Es war ein Freitag im späten November. Der Himmel zog sich dunkel zu, fast wie der eiserne Ozean. Es regnete.

Seit diesem Treffen bin ich keine Schülerin mehr, die zittert. Ich bin eine Unternehmerin, und in einem meiner Unternehmen schwimme ich buchstäblich mit den Haien. Ich weiß, wie man sie zu füttern hat, und solange sie in meiner Nähe sind, habe ich die Kontrolle, und meine unternehmerische Umgebung ist gesund. Denn die Haie sind normalerweise die Ersten, die verschwinden, wenn sich Menschen zeigen.

Haie halten die Fischpopulation unter Kontrolle und erhalten das Gleichgewicht zwischen Korallen, Pflanzen und Fischen. Die Frage, die es also zu beantworten gilt, bleibt: »Was würden Sie tun, wenn Sie keine Angst hätten?« Wären Sie am liebsten Koralle, Pflanze, Fisch oder doch ein Hai? Die Entscheidung liegt bei Ihnen. Ich meine, in der Natur ist alles vollkommen, und Franz Kafka sagte: »Mit der Angst ist es nie vorbei.« Aber auf der anderen Seite der Angst gibt es immer den Mut. Und eins weiß ich sicher: Erfolg ist kein Zufall.

Was wählen Sie?

Übrigens, ich bin die Fischfrau. Wollen Sie wissen, welchen Namen mein Auto hat?

Magdalena Modlinska-Nawroth

Magdalena Modlinska-Nawroth wuchs in einer Unternehmer-Familie an der Ostseeküste Polens auf. Dort studierte sie Germanistik, lehrte Deutsch und baute die Marketingabteilung im großen Familienunternehmen auf. In Deutschland lebt sie seit achtzehn Jahren. Als Verlegerin arbeitete sie mit den größten deutschen Häusern wie Hanser, S. Fischer, Kiepenheuer & Witsch, Kiwi, Arche oder Urania Verlag. Die Ausbildung zur staatlich geprüften Betriebswirtin brach sie nach zwei Jahren ab, um sich voll und ganz auf ihre bisherige praktische und nicht theoretische unternehmerische Erfahrung zu konzentrieren. Aus Hessen, wo sie ansässig ist, führt sie erfolgreich ihr Unternehmen in der Lebensmittelbranche und widmet sich ihrem größten Traum: dem Schreiben von Büchern.

Der robuste Unternehmer

Warum unsere Unternehmen anfälliger sind, als wir glauben

Unsere Geschäfte sind instabiler und angreifbarer, als wir glauben. Es muss ja nicht gleich eine Finanzkrise, Währungskrise oder Pandemie auftauchen, um uns aus dem Gleichgewicht zu bringen. Oft reicht ein Wettbewerber, mit dem wir nicht gerechnet haben, eine neue Technologie, die sich schneller als vermutet durchsetzt, oder ein unerwartetes Gesetz, das Politiker sich einfallen lassen.

Wenn Sie davon leben, Ihre Zeit gegen Geld zu verkaufen, hängt Ihr geschäftlicher Erfolg in hohem Ausmaß von Ihrer Kompetenz, Ihrem Engagement und Ihrem Fleiß ab. Treffen alle drei Attribute auf Sie zu, sind Sie in einer guten Position. Wahrscheinlich können Sie es sich dann erlauben, pro Arbeitsstunde einen hohen Preis zu verrechnen. Damit ist Ihr Einkommen jedoch limitiert, denn es gibt einen Deckel, den Sie nicht überschreiten können, da Sie einfach nicht mehr Stunden zur Verfügung haben.

Ist Ihr Geschäft jedoch skalierbar, sieht die Welt völlig anders aus! Das ist dann der Fall, wenn Sie Ihr Business rund um Mitarbeiter aufbauen und der Umsatz nicht mehr ausschließlich von Ihnen alleine abhängt. Die Grenzen nach oben bestimmen Sie dann nämlich bis zu einem gewissen Grad selbst! Das klingt natürlich wunderbar, die Kehrseite der Medaille ist jedoch, dass Ihr Geschäft dann viel komplexer wird. Und mit der Komplexität steigen auch die Variablen, die Sie dann nicht mehr beeinflussen können. Vor Überraschungen ist gewiss niemand gefeit – aber je skalierbarer ein Geschäft ist, umso schwerer wiegen ungeplante, überraschende Ereignisse. Und umso heftiger können deren Konsequenzen sein. Um diese auszuhalten, ist ein gewisser Grad an unternehmerischer Robustheit gefragt.

Was es heißt, ein robuster Unternehmer zu sein

Robust sind Sie als Unternehmer dann, wenn Sie solche Überraschungen überleben, ja sogar gut überleben und im Idealfall davon profitieren können.

Die folgenden Prinzipien machen einen robusten Unternehmer aus

Prinzip 1: »Wer sich auf Prognosen verlässt, hat schon verloren«

»Prognosen sind schwierig, vor allem, wenn sie die Zukunft betreffen!« Dieses Zitat wird vielen Menschen zugeschrieben. Wer immer der Urheber dieser Aussage ist, hat auf jeden Fall einen Punkt! Denn selbst Experten fällt es schwer, Prognosen zu erstellen. Stimmt einmal eine Prognose nicht, dann hat es eben ein unvorhergesehenes Ereignis gegeben. Aber gerade diese machen uns das Leben schwer. Nehmen wir also zur Kenntnis, dass weder wir noch die Experten verlässliche Prognosen erstellen können.

Prinzip 2: »Seien Sie kein Truthahn«

Nassim Taleb, ein Finanzmathematiker, philosophischer Essayist und Forscher im Bereich Risiko und Zufall, beschreibt das Problem des Truthahns. Der wird täglich gefüttert und gemästet. Der Truthahn bekommt ob der regelmäßigen und guten Pflege durch den Menschen das Gefühl, dass alles gut sei. Das funktioniert auch hervorragend, bis kurz vor Thanksgiving. Dann dreht ihm die Hand, die ihn bisher gefüttert hat, den Hals um.

Für einen Unternehmer könnte das der Konkurrent sein, der aus dem Nichts auftaucht und urplötzlich zum Problem wird.

Nur weil unser Geschäft heute gut läuft, heißt das noch lange nicht, dass das auch in der Zukunft so sein wird, im Gegenteil, vergangene Erfolge wiegen uns oft in einer falschen Sicherheit.

Prinzip 3: »Kennen Sie Ihre Stärken«

Klingt trivial, ist es aber nicht! Stellen Sie sich vor, Sie stehen vor einer größeren Gruppe von Menschen und erklären diesen, was Ihre drei größten Stärken sind, wie Sie damit Ihr Unternehmen voranbringen und was Ihre Kunden davon haben, und das in drei aufeinanderfolgenden Sätzen, ohne dabei zu stottern! Würden Sie sich das zutrauen? Wenn Sie Nein sagen, dann sind Sie nicht alleine. Die große Mehrheit, selbst gestandener Unternehmer*Innen, würde das nicht schaffen.

Gerade in umkämpften Branchen ist aber die Kenntnis der wahren Stärken entscheidend. Denn nur dann können Sie den Unterschied zu Ihren Wettbewerbern sichtbar herausarbeiten.

Prinzip 4: »Der Mittelweg ist selten golden«

Wir sollen unser Risiko streuen, uns breit aufstellen und auf mehreren Beinen stehen. Wir brauchen vielfältige Kundengruppen und Dienstleistungen, um nicht von einem Cluster abhängig zu sein. Das wird uns gerne von einer Gruppe von Experten empfohlen. Eine andere Gruppe rät das genaue Gegenteil. Spezialisierung ist das Schlagwort! Breit aufstellen funktioniert nicht. Wir sollen die überragenden Experten auf einem Gebiet sein. Wer alles abdecken will, dem wird nicht geglaubt! Wer alles können will, kann nichts richtig.

Wer hat nun recht?

Ich weiß es ehrlich gesagt nicht. Erfolgsbeispiele gibt es für beide Ausrichtungen. Was ich aber genau weiß: »In der Not führt der Mittelweg zum Tod!« In der Mitte herumzulavieren, führt mit hoher Wahrscheinlichkeit zur Schadensmaximierung. Der Mittelweg kann, muss aber nicht golden sein. Ich meine, er ist es nicht. Der robuste Unternehmer tut also gut daran, den Mittelweg zu verlassen. Die Frage ist nur, in welche Richtung? Breitaufstellung oder Spezialisierung?

Vorerst weder noch. Denn es bietet sich ein anderer möglicher Weg an!

Prinzip 5: »Werden Sie der Beste in dem, was Sie machen«

Aber: *Verlassen Sie sich nicht darauf!*

Setzen Sie einen Großteil Ihrer Ressourcen ein, um das, was Sie am besten können, weiter auszubauen und immer besser darin zu werden, Ihren Mitbewerbern einen Schritt voraus zu sein!

Prinzip 6: Probieren Sie Neues auf »Teufel komm raus«

Aber: *Seien Sie schlau!*

Einen kleinen Teil Ihrer Ressourcen, ca. zehn bis zwanzig Prozent, setzen Sie dafür ein, extreme Dinge auszuprobieren. Nicht »ein bisschen neu«, sondern mehrere für Sie radikal neue Dinge!

Wahrscheinlich werden die meisten Versuche scheitern. Aber wenn Sie sauber reflektieren, Ihre Aktivitäten mitprotokollieren und Verschiedenes ausprobieren, werden Sie jede Menge lernen und die Chance erhöhen, einen »zufälligen« Treffer zu landen, der Ihr Unternehmen weiterbringt. Hier ist Mut gefragt. Aber genau so entsteht Innovation! Viele große Innovationen sind nicht geplant oder am Reißbrett, sondern aus Zufällen, Unfällen oder Überraschungen entstanden. Denken Sie an den guten alten Edison oder das Post-it. Auch in Ihrem eigenen Leben waren die entscheidenden Ereignisse vermutlich nicht so geplant, wie sie eintraten.

Die Beachtung und Umsetzung dieser sechs Prinzipien sind ein erster Schritt. Wie robuste Unternehmer ihre Entscheidungen treffen, können Sie hier erfahren:

gerald-moser.at/lesenswert/Entscheidungen

Gerald Moser

Gerald Moser war Geschäftsführer eines Tochterunternehmens eines internationalen Konzerns. 2002 hat er dieses Unternehmen gekauft. Ein klassisches Management-Buy-Out war das damals. Das Unternehmen entwickelte sich prächtig, und Gerald Moser

war Liebling der Investoren, Banken und Förderstellen. Bis er mit einem Großprojekt spektakulär gescheitert ist und Konkurs anmelden musste. Heute begleitet er Unternehmer*Innen dabei, genau dieses Schicksal zu verhindern. Er unterstützt sie dabei, sich selbst und ihre Unternehmen zu robusten Unternehmen zu entwickeln.

gerald-moser.at

Ja, gehe an den Abgrund und springe!

Für Menschen, die trotz Ängsten und Zweifeln gewinnen wollen

Maria, zweiundzwanzig Jahre alt, durchlebt mit ihren vier Geschwistern die 60er-Jahre inmitten der Protestbewegungen in einer prüden und eng empfundenen Moral mit allen Schattenseiten in einem sehr katholischen konservativen Elternhaus.

Sie ist verheiratet mit einem achtundzwanzig Jahre älteren Mann, hat zwei Mädchen im Alter von zwei und einem Jahr und reicht nach zweieinhalb Ehejahren die Scheidung ein.

Das ist für Marias Eltern eine absolut unverzeihliche Todsünde. Haben sie doch der Eheschließung zugestimmt. Nichts deutet für sie darauf hin, dass der freundliche und politisch engagierte, katholische Auslandskorrespondent irgendwelchen Anlass zu irgendwelchem Fehlverhalten geben könnte. Und wenn, dann hat Maria das auch durchzustehen.

Maria nimmt die merkwürdigen Zwangshandlungen erst richtig wahr, als sie mit ihrem Mann in seinem Haus zusammenlebt.

»Unerlaubt« dringt sie in verschlossene Räumlichkeiten ein! Der Anblick! Der Gestank! Der Schrecken! Eine Messieatmosphäre! Unvorstellbare Berge von Restmüll und stapelweise Aktenpapiere aus der Firma. Sie schämt sich zutiefst. Ihr abgrundtiefes Entsetzen behält sie für sich.

Das Mitleiden treibt sie an. Hochschwanger mit dem ersten Kind räumt sie Tag für Tag auf in der Absicht, dass der »arme Mann« sich über eine solche »Maria« als verständnisvolle Helferin freut. Sie stößt nur auf Ablehnung.

Bei allen ihren entgegenkommenden Versuchen werden seine Zwangshandlungen das Reizthema in der Beziehung.

Ein katholischer Psychotherapeut, der von der Firma beauftragt wird, ihren Mann zu untersuchen, sagt zu Maria:

»Sie und Ihre Kinder werden krank, wenn Sie bei diesem Mann bleiben. Das war nie eine Ehe und wird auch keine werden.« »Ich habe aber von ihm Kinder«, entgegnet sie ihm. *»Und wenn Sie zehn von ihm hätten.«*

Selbst der Versuch, die Ehe zu annullieren, wird von ihren Eltern mit dem Gang ins erzbischöfliche Ordinariat unterbunden.

Beim Durchwühlen einer seiner überladenen Schubladen – mittlerweile ist Maria misstrauisch geworden – findet sie ein aktuelles Anschreiben seiner Firma, die ihm wiederholt mit Kündigung droht, wenn er seine Geschäftspapiere nicht zurückbringt.

Aufgeschreckt von dieser Nachricht, zieht Maria Bilanz: Sie kommt ihrem existenziellen und mentalen Abgrund immer näher und näher. Wo soll sie hin? Sie muss sich entscheiden: zur Familie zurück, sich selbst aufgeben und ihre Kinder?

Oder allein auf sich gestellt auf eine Zeit voller Verachtung, Verständnislosigkeit und Unsicherheit zugehen? Wie soll das funktionieren?

Kein eigenes Einkommen! Kein Beruf! Ja, sie steht am Abgrund. Und?

Sie springt einfach in ein tiefes, schwarzes Loch, das sich auszudehnen scheint.

Hat sie doch ihr Studium in Freiburg für das Lehramt an beruflichen Schulen schon im zweiten Semester wegen dieser Heirat abgebrochen.

Der Funke Verantwortung für ihre Kinder und, jawohl, die Selbstliebe durchbrechen ihre Dunkelheit wie ein flackerndes Glühlämpchen.

Ihr Antrag, das Studium fortzusetzen, wird genehmigt.

Dem Entschluss entgegenwirkend, erreichen die Eltern beim Oberschulamt, dass ihre geistige Funktionsfähigkeit überprüft wird. Auch eine Lehrkraft – ihre allerbeste Freundin – wird weit weg versetzt. Sie hat Maria in dieser schwierigen Phase tatkräftig unterstützt.

Selbst Seelsorger verliert Maria: »*Ich kann dir nicht mehr helfen, weil ich mein Priesteramt behalten will.*«

Das letzte Semester muss Maria an ihrem Studienplatz anwesend sein. Beide Kinder, inzwischen drei und anderthalb Jahre alt, werden von einem befreundeten kinderlieben Ehepaar betreut.

Nach fünf Tagen erreicht Maria ein Brief:

»*Liebe Maria, fassen Sie sich ein Herz! Es ist etwas ganz Entsetzliches passiert. Ihr Mann steht mit Ihrer Schwester und deren Mann vor unserer Türe und droht mit der Polizei, wenn wir uns wehren. Aber wir hatten ja kein Recht, wenn der Vater seine Kinder holen will. Wir sind fassungslos. Es ist entsetzlich. Sie haben die Kinder aus dem Schlaf gerissen und alles, alles von ihnen mitgenommen.*«

Wie von Sinnen läuft Maria mehrere Stunden durch die Stadt. Sie kommt in der Nacht zurück.

Am nächsten Tag nimmt sie wie versteinert an der Vorlesung teil. Der zutiefst sitzende Schmerz bohrt sich qualvoll in jede Zelle ihres Körpers und macht sie stumm.

Auf dem Rückweg besorgt sie sich einige Flaschen Alkohol. Mit einer gefühlt eiskalten Leere kehrt sie in ihre Studentenbude zurück. Da öffnet sie eine Flasche! Doch! Stopp! Die Flasche in der einen Hand, den Korkenzieher in der anderen Hand:

»*Wenn ich jetzt anfange zu trinken, habe ich meine Kinder, mich und mein Studium, dann habe ich erst recht alles verloren. Dann bin ich ein Garnichts mehr.*

Und alles, alles wird nur noch schlimmer! Wie werden meine beiden Mädchen mich mal sehen? Ungepflegt? Auf der Straße landend? Völlig in der Hand der Wohlfahrtspflege!«

Maria steht am Spülbecken, wie vom Blitz getroffen sticht sie dieser Seelenschmerz brutal ins Herz.

Sie nimmt die schon geöffnete Flasche und gießt sie aus!

Voller Wut und Zorn kippt sie auch die restlichen Flaschen aus. Spült den stinkenden Alkoholgeruch weg und …

Was für eine pulsierende Kraft durchströmt da ihren Körper? Selbst an sich zweifelnd, weiß sie noch gar nicht, wie energiegeladen sich da eine andere Maria aufbäumt. Ihre Gedanken, ihre Gefühlswelt brechen auf, die Fäuste geballt schreit sie raus:

»Ich bin nicht umsonst gesprungen. Ich lass mich von meiner Familie nicht erpressen. Ich bleibe lieber jetzt in der nebulösen dunklen Ungewissheit und werde das Studium erfolgreich beenden.

Die gestohlenen Kinder hole ich mir mit meiner Liebe zurück. Garantiert. Ich lass mich nicht fremdbestimmen. Ich lebe auch nicht mit diesem kranken Mann zusammen, der meine Kinder und mich krank macht!«

Allein auf sich gestellt, leuchtet dieser Augenblick in ihr wie ein heller Stern; überstrahlt ihr Studium. Sie sieht sich bereits als Lehrerin.

So erträgt sie die verurteilenden, erniedrigenden Blicke, die sie wie ein Schatten umhüllt:

Eine Mutter, die ihre Kinder in fremde Obhut gibt, mittellos und kaltherzig sich von dem kranken Mann scheiden lassen will und fremdgeht, zu Recht schuldig geschieden wird. Sie verliert damit das Anrecht auf Unterhalt.

Das Besuchsrecht ist über Jahre die einzige mögliche Form geblieben. Immer wieder stellen ihre Kinder diese schmerzhafte Frage: *»Warum dürfen wir nicht bei dir sein?«*

Maria lebt ihr Wort: *»Ich hole mir meine Kinder mit meiner Liebe zurück!«*

Ihre beiden Mädchen haben sich zu ihrer Mutter zurückgekämpft.

Große Dankbarkeit und viel Erfahrung befähigen Maria heute, eine Botschafterin zu sein: ein Herzschlag! Am Abgrund stehende Menschen springen zuversichtlich mit Weisheit, Einsicht, Erkenntnis und Selbstliebe.

Sie gewinnen gewaltige Lebensenergie und Freiheit.

Ute Moßbrucker

Im INFIT NLP INSTITUT am Bodensee werden Visionen zu Erfolgen; das spiegeln Menschen, ihre Einmaligkeit, Bauherrin dieser besonderen Oase, fünf Kinder, Firmengründerin, Lehrerin, Dozentin, Speakerin, int. zert. NLP-Trainerin mit 20.880 NLP-Trainingsstunden, achtundzwanzig Jahre erfolgreiches SupervisionsCoaching in Weiterbildungs- und Dienstleistungsunternehmen, Autorin von über 160 Monografien, dreimal über glühende Kohlen gelaufen – das ist Ute Moßbrucker. Sie macht Menschen stark von innen, krisenfest und selbstsicher, damit sie wohlhabend eine Welt miteinander teilen, in der sie respektvoll und umsetzungsstark lieben.

infit-nlp-institut.de

Ein Leben geprägt von der eigenen Vision

»Wer keine Vision hat, vermag weder große Hoffnungen zu erfüllen noch große Vorhaben zu verwirklichen.«
WOODROW WILSON

Der Begriff »Vision« wird heutzutage vielfach diskutiert, doch was steht eigentlich hinter diesem bedeutenden Wort? Die Vision stellt ein Gesamtbild dar oder auch anders ausgedrückt einen Wunschzustand, den Menschen für ihre Zukunft entwerfen. Es verleiht dem Leben seinen Sinn und treibt uns Menschen dazu an, unsere Ziele mit Willenskraft und Eifer zu verfolgen, damit wir diesen für uns idealen Lebenszustand erreichen können.

Eine Vision im Leben zu haben, bringt auch die Frage nach dem »Warum?« mit sich. Hierbei geht es darum, sich mit den tiefgründigen und wahrhaften Beweggründen für seine eigenen Handlungen und Ziele zu beschäftigen. Das Warum stellt im Grunde den größten Motivationsfaktor hinter all unseren Aktivitäten, die wir tagtäglich setzen, dar. Denn nur wer sein Warum kennt, wird auch langfristig das nötige Durchhaltevermögen aufbringen, um seine Ziele zu verwirklichen.

Mein gesamtes Leben ist von einer Vision geprägt, die ich verfolge und die mich und jeden einzelnen Lebensbereich auf positive Weise beeinflusst hat. Ich bin der festen Überzeugung, dass ich meine Erfolge – egal, ob in finanzieller, akademischer oder unternehmerischer Hinsicht – durch die Tatsache, dass ich immer eine klar definierte Vision vor Augen hatte, erreichen konnte.

Ich vertrete die Meinung, dass Menschen, die ihr Leben in Einklang mit ihrer Vision gestalten und ihre Entscheidungen danach ausrichten, überdurchschnittliche Erfolge verzeichnen können.

Wie aber kann man seine eigene Vision für sich finden, sodass sie zur Erfüllung des eigenen Lebens beiträgt?

Ich möchte hierzu eine kurze Geschichte erzählen, um diese Frage besser beantworten zu können. Ich kann mich noch sehr gut erinnern. Es war am 11. Juli 2018, als ich mich zu Hause befand und mich meine Frau plötzlich in voller Aufregung rief. Ich wusste nicht recht, was los war, und lief schnell zu ihr ins Badezimmer, wo sie mit einem weißen Stick in der Hand auf mich wartete. Ich verstand nicht genau, um was es ging und was es mit diesem Stick auf sich hatte. Dann aber verkündete sie mir die frohe Botschaft, dass sie schwanger wäre. Wir beide konnten es kaum glauben und nahmen uns sofort in die Arme.

Eine Vision ist für mich wie eine Schwangerschaft. Diese hängt nicht von Faktoren wie der Herkunft, Sprache, Rasse, Finanzen oder sozialen Gegebenheiten ab. Wie bei einer Schwangerschaft wird die Vision in unserem Kopf geboren, und auch wenn wir anfangs noch daran zweifeln, ob diese wirklich einmal wahr wird, nimmt sie mit der Zeit Gestalt an, da wir unsere Gedankenwelt stetig mit den entsprechenden Ideen und Informationen, die in Einklang mit unserer Vision stehen, nähren. Ab einem gewissen Punkt ist man dann so weit vorangeschritten, dass man keine Wahl mehr hat, als in diese eine Richtung, die zur Verwirklichung der Vision führt, zu gehen.

Auch die Schwangerschaft meiner Frau war solch eine Vision. Als wir unser Kind erwarteten, änderte sich unser gesamtes Leben. Jede Entscheidung und Handlung war auf das Wohl unseres ungeborenen Kindes ausgerichtet. Wir änderten unsere Ernährungsgewohnheiten und unsere Umwelt, damit wir keinerlei Komplikationen während dieser Zeit begegneten. Genauso ist es auch bei einer Vision – auch hier ändert man all seine Lebensumstände, wie die Ernährung, das Umfeld und vielleicht sogar seinen gesamten Lebensstil –, nur um diese Vision Wirklichkeit werden zu lassen.

Im Folgenden stelle ich drei essenzielle Tipps vor, damit es auch Ihnen gelingt, Ihre eigene Vision zu verwirklichen:

1. Offen sein für neue Wege

*»Um Ihre Vision zu verwirklichen, müssen Sie
offen für neue Wege und Dinge sein. Sie wissen
nie, was Sie Ihrer Vision näherbringt.«*

Mein erster Tipp, den ich Ihnen mit an die Hand geben möchte, betrifft die Offenheit für neue Dinge und Wege. Ich denke in diesem Zusammenhang gerne an meinen ersten Versuch, Sushi zu essen, zurück. Ich kann mich noch gut daran erinnern, dass ich, bevor ich überhaupt Sushi einmal ausprobiert hatte, mit der mentalen Einstellung an die Sache heranging, dass es mir nicht schmecken würde. Im Grunde habe ich damit die Basis dafür geschaffen, dass mein erster Versuch, rohen Fisch zu essen, nicht erfolgreich enden konnte.

Mit dieser Geschichte möchte ich Ihnen gerne bewusst machen, dass es für die Verwirklichung einer Vision der Bereitschaft bedarf, offen zu sein für Neues. Neue Wege, neue Strategien und neue Denkmuster können uns dabei helfen zu wachsen, besser zu werden und sogar schneller an unser Ziel zu gelangen. Wenn wir stattdessen immer denselben Weg einschlagen und niemals eine Seitengasse ausprobieren, verbauen wir uns damit die Gelegenheit, wertvolle Chancen zu entdecken. Eine mentale Vorbereitung und das Arbeiten an seinem eigenen Mindset sind dabei elementare Faktoren, um offen zu sein für neue Herangehensweisen.

2. Optimierung des Planes

*»Ihre Vision muss optimiert werden, damit Sie sie
erreichen. Pläne ändern sich vielleicht, trotzdem müssen
Sie weiterhin hinter Ihrer Vision stehen bleiben.«*

In meinem zweiten Tipp möchte ich auf die Optimierung des eigenen Planes für die Erreichung des Zieles und der Verwirklichung der Vision eingehen. Es erweist sich natürlich als sinnvoll, sich einen Plan aufzustellen, der alle nötigen Schritte beinhaltet, um den gewünschten Endzustand zu erreichen. Wichtig ist dabei aber auch, dass man nicht nach zu festgefahrenen Mustern an diesem Plan festhält. Sehr oft kann es auf dem Weg zur Visionsverwirklichung passieren, dass wir Teile unseres Planes oder aber auch den gesamten Plan umgestalten müssen, um Fortschritte zu sehen.

Lebensumstände sind dynamisch, und unsere Umwelt kann sich schnell verändern, daher müssen wir dementsprechend auch unsere Pläne danach anpassen. Es wäre kontraproduktiv hier an Strategien festzuhalten, die ab einem gewissen Zeitpunkt vielleicht gar nicht mehr zur Zielerreichung führen. Deshalb müssen wir unsere Augen offen halten für neue Möglichkeiten, um dann auch bereit sein zu können, diese anzunehmen.

3. Disziplin und Durchhaltevermögen

»Eine Vision zu verfolgen, bedarf Disziplin und das Vermeiden von Dingen, die nicht in Einklang mit Ihrer Disziplin stehen.«

Zwei der fundamentalsten Grundbausteine, um eine Vision in die Realität umzusetzen, sind Disziplin und Durchhaltevermögen. Ich kann mich noch gut daran erinnern, als mein Sohn zur Welt kam und ich zwei Tage später auf einem Event in London vor 1200 Menschen über das Thema »Vision« sprechen sollte. Ich fühlte mich gedanklich hin- und hergerissen, weil ich einerseits gerade in dieser wichtigen Zeit für meine Frau und meinen neugeborenen Sohn da sein wollte, andererseits aber auch eine Vision verfolgte. Ich stand, meinen Sohn in den Armen haltend, im Krankenhauszimmer und sah ihm in die Augen. In diesem Moment wurde mir klar, dass ich nach London fliegen sollte, um meiner Vision nachzugehen, denn schließlich würde auch mein Sohn das für mich wollen. Ich flog daraufhin zu dem Event und stand vor 1200 Menschen auf der Bühne.

Diese Erfahrung zeigte mir, dass wir auch in schwierigen Momenten fest und entschlossen hinter unserer Vision stehen sollten. Oft müssen wir dafür unsere Komfortzone verlassen, um einen Schritt weiter zu kommen. Egal, wie aussichtslos die Situation aber manchmal zu scheinen mag, dürfen wir niemals aufgeben, unsere Vision zu verfolgen. Entscheiden Sie sich heute, mit all Ihren Kräften dieser Vision nachzugehen und Ihr Leben nach dieser auszurichten, um etwas Größeres zu erreichen, als Sie sich je vorstellen konnten.

* Um einen kostenlosen Leitfaden für deine persönliche Vision zu erhalten, einfach E-Mail an: office@rolandngole.com.

* Um meinen Newsletter zu abonnieren, einfach E-Mail an: newsletter@rolandngole.com.

Roland Ngole

Roland Ngole hielt bereits über 150 Vorträge vor rund 13.000 Menschen an Universitäten, Organisationen und Konferenzen in Deutschland und im Ausland. Darüber hinaus hat er zwei Bücher geschrieben und zwanzig Pressebeiträge veröffentlicht. Er weist ein abgeschlossenes Bachelor- und Masterstudium in internationaler Betriebswirtschaftslehre beziehungsweise Supply Chain Management auf. Praktische Erfahrungen konnte er in sechs internationalen Unternehmen in diversen Branchen sammeln. Als trilingualer internationaler Redner teilte er die Bühne mit internationalen Rednern, darunter Eric Thomas. Er hilft Menschen und Unternehmen dabei, ihre Vision zu maximieren.
rolandngole.com

Mit Leichtigkeit ins Glück

Als Kind von Flüchtlingen des Vietnamkrieges wurde mir die Freiheit geschenkt, ein Leben nach meinen Wünschen und Träumen zu gestalten. Doch statt die lang ersehnte Freiheit, für die meine Eltern mit viel Herzblut gekämpft haben, zu genießen, blieb ich ein Flüchtling – statt vor einem blutigen Krieg zu fliehen, floh ich jahrzehntelang vor mir selbst und band mich an die Ketten der Sicherheit. Jene Sicherheit, die meinen Eltern in ihrer Kindheit verwehrt geblieben war und lange im Wortschatz meiner Eltern nicht existierte.

Fließe mit dem Strom

In meiner Schulzeit war Fußball meine Religion. Mit elf Jahren schnürte ich erstmalig den Fußballschuh und verbrachte seither fast jede freie Minute auf dem Bolzplatz. Mit zunehmender Zeit machte ich mir auf dem Fußballplatz immer mehr einen Namen. Ich war jemand, auf den sich meine Teamkameraden stets verlassen konnten. Ich bekam viele unterschiedliche Attribute zugewiesen von »sicher wie eine Bank« bis hin zu »lästig wie ein Wadenbeißer« – für die Gegner versteht sich. Mit meiner Rolle als Manndecker konnte ich mich gut anfreunden und nahm diese sehr ernst. Als Schatten meiner Gegenspieler folgte ich jene auf Schritt und Tritt und gewann so viele Zweikämpfe.

Auch in der Schule war ich stets ein Schatten – ein Schatten meiner selbst, und so verhielt ich mich stets unauffällig. Ich ging den Weg des geringsten Widerstandes – wie der (physikalische) Strom. Die Schule betrachtete ich als Pflichtaufgabe, der ich mich zu stellen hatte. Je mehr ich mich dem Abitur näherte, umso öfter hörte ich den Satz von meinen Eltern: »Es ist nicht so einfach, Geld mit Fußballspielen zu verdienen.« Dabei ging es mir doch um das Fußball SPIELEN und nicht um das Geld.

Statt mit dem Herzen nachzudenken, hörte ich auf den Ratschlag meiner Eltern und fing an, ein vermeintlich sicheres Studium im Bereich Wirtschaftsingenieurwesen – Maschinenbau aufzunehmen. Denn besser wusste ich es zu dem Zeitpunkt nicht. Schließlich schien dies für jemanden, dessen rhetorische Fähigkeiten mit einem »mangelhaft« im mündlichen Abitur bewertet wurden und der auch nur einen 2,7er-Schnitt hatte, doch keine schlechte Wahl, oder? »War Thomas Mann einer der bedeutendsten Schriftsteller des 20. Jahrhunderts?« Diese Frage, auf die ich genau in dem Moment keine Antwort kannte, ließ mich lange im Glauben zurück, dass Deutsch einfach nicht meine Sprache war. Die Antwort darauf fand ich erst viel später in mir. Es waren die Worte, die mir fehlten, weil es für mich zu dem Thema schlichtweg nichts zu sagen gab ...

Ich studiere, also bin ich ... oder auch nicht?!

Mein Studium wurde zu meinem Lebensmittelpunkt. Statt wie bei American Pie, wo der kunterbunte Spaß im Studium vorprogrammiert war, beherrschten Zahlen, Daten und Fakten fortan mein Leben. Ich wollte beweisen, dass ich mehr als meine Deutschnote im Abitur war. Ich meisterte eine schriftliche Prüfung nach der anderen mit Bravour und schloss mein Bachelorstudium mit dem Gütesiegel »sehr gut« ab. Ich erntete viel Lob und Anerkennung, welche mich lediglich kurzfristig energetisierten, um dann wie heiße Luft wieder im Nu zu verpuffen. Statt Stolz zu verspüren, fühlte ich mich weiter getrieben. Schließlich war ich weder Betriebswirt noch Maschinenbauer. »Weder Fisch noch Fleisch« – wie der Volksmund so schön sagt, spiegelte am besten mein gespaltenes Innenleben wider. Es war, als hätte ich mich mein gesamtes Studium – ganze vier Jahre – hinter Zahlen und Formeln versteckt, die ich selber nicht mal vollends verstanden habe. Ein mulmiges Gefühl beschlich mich. Immer noch versanken meine Worte tief im Papier, um dann in einer dunklen Schublade zu verkommen und irgendwann zu Staub zu zerfallen.

»Ein Bachelor reicht heutzutage nicht mehr. Den haben

heutzutage zu viele Leute.« Diese Worte meiner Eltern führten mich weg von den Zahlen und hin zu meinem Masterstudium in Unternehmensentwicklung, wo nunmehr Soft Skills im Vordergrund standen und ich mich erstmalig präsentieren musste. Meine (ersten) Worte fanden Gehör und hinterließen Eindruck. Wenngleich das befremdliche Gefühl im Master abnahm. So war es doch noch nicht ganz gewichen …

Du musst nicht beenden, was du angefangen hast

Voller Tatendrang ging ich meinen ersten Job als Einkäufer an. Um als blutiger Anfänger in der Branche bestmöglich bestehen zu können, erkundigte ich mich nach Überlebenstipps bei einigen älteren Kollegen. Die Tipps hatten eins gemeinsam – sie klangen wie Durchhalteparolen von »Such dir einen Ausgleich« bis »Durchhalten!« und waren wenig verheißungsvoll. Jahrelang fühlte ich mich wie der Hauptdarsteller im Film »Edge of Tomorrow«. Tagtäglich zog ich immer wieder in dieselbe Schlacht, um lediglich eines anderen (oftmals späteren) Todes zu sterben. Je mehr tote Augenblicke ich ansammelte, umso mehr öffnete sich mein Geist. Mein Job war todsicher – genau so waren es meine Strategien. Scheinbar! Wenn mich scheinbar todsichere Strategien in den Tod führten, sollte ich es dann nicht mal mit geistreichen Strategien versuchen? Statt nur jeden Tag dem Tod entrinnen zu wollen, strebte ich danach, am Leben teilzuhaben.

Das Leben in Sicherheit ist nichts wert, wenn die gedankliche Freiheit nicht gegeben ist! Lange Zeit dachte ich, ich hätte alles, um glücklich zu sein. Doch ich irrte – es war vielmehr das Gegenteil. ALLES schien mich unter Kontrolle zu haben. Je mehr ich erreichte, umso weniger konnte ich mich mit meinen Erfolgen identifizieren. Die äußere Bestätigung erwärmte mir in tiefster Dunkelheit mein bereits erstarrtes Herz und schenkte mir kurzfristig Wärme, um wieder in einer Welt zu funktionieren, die einfach nicht mehr in mein Weltbild passte. Viele Leute wären vor Neid erblasst, oder hätten gar gemordet, um solch ein Leben wie meines führen zu können.

Irgendwann war ich es satt, Sprüche zu hören wie »Sei doch mal glücklich!«. Ich war weder richtig glücklich noch unglücklich. Der Aufforderung zum Glücklichsein verweigerte ich den Gehorsam, da es meine bedingungslose Kapitulation bedeutet hätte. Stattdessen begab ich mich auf Erkundungstour zu meinem EIGENEN Glück. Denn mit einem mittelmäßigen Leben konnte ich mich nicht arrangieren. Das, was ich in meinem tiefsten Inneren spüren wollte, war, von vollkommenem Glück umgeben zu sein!

Als ich anfing, meinem eigenen Glück die Treue zu schwören, statt es immer weiter zu vertagen, erfuhr ich wahrhaftiges zeitloses Glück.

Schließlich gelang ich auf meinem Weg zum Glück zu einer entscheidenden Erkenntnis: Meine Worte sehnen sich nicht danach, die richtigen Antworten zu geben, sondern andere Leute durch Herzensfragen mit Leichtigkeit auf den Pfad des Glücks zu leiten und sie an ihre vergessenen Glücksmomente zu erinnern.

Das Glück ist in dir!

Tim Ong – Dein Glückscoach

Tim Ong

Mit insgesamt über 20.000 Hörern, 100 Abonnenten und mehr als 10.000 Downloads inspiriert Tim Ong als Podcaster vom »Gewinner-Mindset« seine Zuhörerschaft mit Impulsen zur persönlichen Weiterentwicklung. Als Autor des Buches »Resilienz im Beruf für Fach- und Führungskräfte« und »Kommunikation in der Ehe und der Partnerschaft« mit über 4000 verkauften Exemplaren animiert er Menschen zu einem achtsameren Lebensstil. Er erinnert Menschen daran, dass ihr persönliches Glück leicht sein kann, damit sie ein freies und selbstbestimmtes Leben von innen herausführen können – denn das haben sie verdient!

tim-ong.de

Plaths Präsentations-Gebote

»So, Herr Plath, nachdem Sie nun die Präsentation gesehen haben: Was halten Sie davon?« Die Frage steht im Raum, und dann blicken mich ein oder gleich mehrere Augenpaare erwartungsvoll an. Das ist der Moment, in dem ich überlege: Wie bringe ich die Wahrheit schonend rüber ...?

Zu meiner Kernkompetenz als Trainer und Coach gehört es, Menschen zu unterstützen, besser zu präsentieren. Ich liebe meinen Beruf, und ich LIEBE eine großartige Präsentation.

In meinem Job sehe ich viele Präsentationen, sehr viele Präsentationen.

Aber wie viele davon waren in den letzten zwölf Monaten für mich ein »Wow-ist-das-gut- Erlebnis«? Die traurige Wahrheit: zu wenige, viel zu wenige.

Meistens habe ich das Gefühl, dass der Präsentierende schlecht vorbereitet ist, keine Lust hat und vor allen Dingen nicht weiß, wie es besser geht.

Das muss aufhören. Schluss mit betreutem Vorlesen, Schluss mit dieser konzertierten Vernichtung von Lebenszeit. Es ist Zeit für eine Revolution. Zumindest für Evolution.

So ist das doch kein Zustand. Das ist Frust, das ist Selbstmord mit PowerPoint.

Die meisten Unternehmen scheuen sich, 100 Euro für Pizza fürs Team auszugeben. Dieselben Unternehmen verschwenden jedoch gleichzeitig viele Tausend Euro an einem einzigen Tag – durch verlorene Zeit in schlechten Präsentationen.

Sie sehen schon, das Thema liegt mir am Herzen. Und Herzensthemen teile ich gerne mit Freunden. Deshalb schlage ich einen ersten Schritt dorthin vor: Lassen Sie uns zum Du wechseln. Erst mal nur für dieses Buch. Wenn wir uns dann persönlich begegnen, zum Beispiel bei einem Präsentationstraining, können wir ja besprechen, ob wir beim Du bleiben.

Präsentieren macht Spaß! Ja, wirklich, wenn du nur ein paar elementare Grundregeln kennst und diese mit ein paar Tipps und Tricks garnierst.

Ich beschäftige mich seit fünfundzwanzig Jahren damit, wie wir besser präsentieren können und dabei Spaß haben: Präsentieren ist keine Kunst, es ist ein Handwerk. Ein Handwerk, das jeder erlernen kann.

Bist du bereit? Prima, los geht's mit einem Einblick in die »Präsentations-Gebote«.

(»Präsentations-Gebote| Einfach.Besser.Präsentieren« ist der Arbeitstitel meines Buches, an dem ich gerade arbeite. Mehr dazu am Ende.)

Was heißt »besser präsentieren«? Wenn du präsentierst, dann hast du ein Ziel. Du möchtest etwas erreichen, sonst würdest du ja nicht präsentieren. Dein Ziel kann es sein, deine Zuschauer von etwas zu überzeugen. Oder alle auf den gleichen Kenntnisstand zu bringen. Sie zu informieren. Oder sie dazu zu bringen, dass sie etwas tun – neudeutsch der »Call-to-action« (die Aufforderung, etwas zu tun). Und damit du dein Ziel erreichen kannst, muss deine Botschaft ankommen.

Du musst mit deiner Botschaft ins Gehirn der Menschen kommen. Zuerst für 30 Sekunden ins Arbeitsgedächtnis und dann ins Langzeitgedächtnis.

Dabei befindest du dich im Krieg um die Aufmerksamkeit deiner Zuhörer.

Den Krieg musst du gewinnen. Deine Gegner sind der Nebenmann/die Nebenfrau, das Handy, Tablet oder Laptop, Geräusche von draußen, Hunger, die Blase, die drückt, oder die Gedanken an den letzten Zoff mit Chef oder Ehefrau …

Die größte Herausforderung: Das Gehirn deiner Zuschauer lässt sich deshalb leicht ablenken. Und wenn du die Aufmerksamkeit verlierst, hast du verloren.

Wenn es dir also nicht gelingt, sie mit deiner Präsentation neugierig zu machen und neugierig zu halten, beschäftigt sich das Gehirn deiner Zuschauer schnell mit etwas anderem. Schlecht. Deshalb lautet ein Präsentationsgebot:

Du sollst einen Zielsatz haben

Wir haben weiter oben schon darüber gesprochen, dass jede Präsentation ein Ziel hat. Im Übrigen hat auch jedes Gespräch ein Ziel. Wir überlegen uns jedoch leider viel zu selten, welches Ziel wir tatsächlich haben, bevor wir ein Gespräch oder eine Präsentation beginnen.

Bevor du also irgendetwas anderes tust, ist der erste Schritt in der Präsentationsvorbereitung, einen Zielsatz zu formulieren. Was ist ein Zielsatz?

Dein Zielsatz ist das Ziel deiner Präsentation in einem Satz zusammengefasst.

Ein Zielsatz ist also zum Beispiel »Nach meiner Präsentation werden mindestens siebzig Prozent der Zuschauer mein Produkt XYZ kaufen« oder »Nach meiner Präsentation wird jeder wissen, was er/sie in unserem Projekt in den nächsten vier Wochen zu tun hat«.

Es geht also darum, das Ziel deiner Präsentation in einem einzigen Satz zusammenzufassen. Das ist nicht immer einfach, jedoch sehr wichtig. Und während du darüber nachdenkst, wie du das Ziel deiner Präsentation in einem einzigen Satz ausdrücken kannst, beschäftigt sich dein Gehirn bereits damit, wie du dies in einer Präsentation umsetzt.

Die gute Nachricht: Die meisten Menschen haben keinen Zielsatz. Weder für Präsentationen noch für Gespräche. Wenn du also einen hast, kannst du bereits mit diesem einen Werkzeug einen deutlichen Unterschied machen. Dein Vorteil.

Du sollst stark starten

»Guten Tag, meine Damen und Herren, ich freue mich, dass Sie alle so zahlreich ...« Gäääähn ... Wenn du so startest, kannst du sicher sein, dass das Gehirn deiner Zuschauer in Sekundenbruchteilen etwas Wichtigeres findet als deine Präsentation.

Mach es anders als die anderen, und starte mit einem Knaller: einer spannenden Geschichte, einem persönlichen Erlebnis, einer herausfordernde Frage, einem passenden Kurzvideo ... nur eben nicht der klassische (langweilige) Start. Dein Start muss gar nicht unmittelbar zum Thema passen. An dieser Stelle geht es nur darum, das Gehirn der anderen neugierig zu machen.

»Eine gute Rede hat einen starken Anfang, ein starkes Ende und möglichst wenig dazwischen.« (Mark Twain)

Du sollst ein starkes Ende wählen

Konzentriere dich auf deinen Zielsatz, und wähle ein starkes Ende. Ein überzeugendes Beispiel, eine emotionale Geschichte, eine packende Präsentationsfolie oder auch eine überzeugende Zusammenfassung. Wähle dein Ende so, dass es sich ins Gehirn deiner Zuschauer einbrennt. Sprich laut, sprich deutlich und dann ... halte die Klappe!

Ich erlebe es viel zu oft, dass der Präsentierende am Ende einfach weiterspricht oder sich bedankt. Damit »verlaberst« du dein starkes Ende. Dein Ende soll beeindrucken und braucht Zeit, um einzusinken.

Es sind nicht die komplizierten Dinge, die den Unterschied machen. Es ist das konsequente Anwenden der richtigen, einfachen Werkzeuge.

Wenn du besser präsentierst, wirst du mehr Spaß daran haben.

Mehr Spaß = mehr Erfolg = mehr Lebensglück.

Die ersten drei Präsentations-Gebote kennst du jetzt.

Bist du neugierig, welches die restlichen siebzehn Präsentations-Gebote sind?

Mehr über mein Buch und jede Menge praktische Werkzeuge wie Checklisten, Beispiele, Geschichten und Tipps und Tricks findest du auf meiner Website: https://alexanderplath.com/buch-praesentations-gebote/.

Checklisten, Werkzeuge, Tipps und Tricks: http://alexanderplath.com/vip

Alexander Plath

»Ich liebe es zu sehen, wie Menschen ihr Potenzial entdecken und umsetzen. Wie sie lernen, anderen zu zeigen, was wirklich in ihnen steckt. Und sie damit viel glücklicher leben.« Ingenieurstudium. Dann vom Verkäufer zum Vorstand. Unternehmer und Solopreneur. Und sich dabei selber vielfach neu erfunden. Begeisterung und brennendes Verlangen. Humor. Und dreißig Jahre Praxiswissen. Menschen inspirieren herauszufinden, wofür sie wirklich stehen. Werte erkennen, Selbstbewusstsein stärken, Selbstverantwortung übernehmen. Dafür steht Alexander Plath als Trainer, Redner und Coach und als Mensch.

alexanderplath.com

Der Tag, an dem ich verstand, warum ich anders bin als andere – und das völlig in Ordnung ist!

Das Geheimnis des inneren Glücks: wie mir klar wurde, was für mein Leben wirklich wichtig ist und welche inneren Antreiber mich motivieren. Auch du kannst das für dein neues, glücklicheres Leben nutzen.

Kennst du das auch? Du kommst am Abend von einem ausgefüllten Arbeitstag nach Hause, hast vielleicht ein aktuelles Projekt erfolgreich abgeschlossen oder von deinem Chef ein Lob bekommen. Die Stimmung unter den Kolleginnen und Kollegen war (wie meistens) prima. Nun könntest du dich eigentlich auf einen schönen Abend mit deinem Partner oder deiner Partnerin freuen. Alles scheint bestens. Und trotzdem spürst du irgendwo tief in deinem Inneren ein diffuses, kaum zu greifendes Gefühl der Unzufriedenheit. Trotzdem fragst du dich immer wieder, was in deinem Leben nicht stimmt – oder noch gravierender: was mit dir nicht stimmt.

Wenn du die eingangs gestellte Frage mit »Ja« beantwortet hast, kann ich dir zunächst einmal versichern: Du bist mit diesem Problem nicht allein. Auch ich kenne das nur zu gut – und nicht nur ich! Als Coach weiß ich aus zahlreichen Gesprächen: Immer mehr Menschen geraten in unserer modernen Zeit in diesen merkwürdigen Zwiespalt. Sie führen ein nach außen erfolgreiches, gesellschaftlich akzeptiertes Leben. Sie »funktionieren« – im Job, als Eltern, im Freundeskreis. Und doch fühlen sie sich irgendwie fremd im eigenen Leben. Als sei der Weg zum wirklichen Glück durch eine unsichtbare Mauer versperrt.

Was ist der Grund dafür?

Die Antwort liegt – in unseren Genen. Nach neuen wissenschaftlichen Erkenntnissen wird unser Handeln durch sogenannte »innere Antreiber« bestimmt. Manchmal werden diese auch mit dem geschützten Begriff »Personal Life Driver®« (PLD) bezeichnet, oder man spricht von »intrinsischer Motivation«. Die inneren Antreiber bestimmen, wie wir uns in einer bestimmten Situation verhalten und wie intensiv wir bestimmte Entscheidungen verfolgen. Sie sind genetisch in jedem von uns festgelegt. Wir können sie uns ebenso wenig aussuchen wie unsere Augenfarbe.

Das Problem liegt nun darin: Eine Menge Menschen lebt die inneren Antreiber als Kind zwar noch auf ganz natürliche Art und Weise aus. Bis zum Erwachsenenalter werden die PLD aber mehr und mehr abtrainiert. Das geschieht durch äußere Zwänge, gesellschaftliche Erwartungen, Erziehung und Umgebung. In der Folge verhalten sich diese Menschen anders, als es ihre inneren Antreiber eigentlich vorgeben. Die Konsequenzen sind Stress, Unsicherheit, Unzufriedenheit. Zusammengefasst: Um nach meinen Bedürfnissen zu leben, muss ich diese Bedürfnisse erst einmal kennen. Um mehr Klarheit über mein Leben zu bekommen, um zufriedener und glücklicher zu werden, muss ich meine genetisch angelegten inneren Antreiber kennen. Wer das nicht tut – der verhält sich wie ein Autofahrer, der mit angezogener Handbremse fährt.

Klingt logisch und einleuchtend, wirst du vielleicht sagen – aber wie schaffe ich das?

Es gibt dazu ein erprobtes Verfahren, das bereits vielen Tausend Menschen und auch mir geholfen hat, die bis dahin unerklärlichen Blockaden im Leben zu überwinden. Mithilfe eines empirisch erarbeiteten Testverfahrens, das über ein Online-Tool genutzt werden kann, kann ich fundierte Erkenntnisse darüber erhalten, was mich innerlich antreibt.

Grundlage dieses Verfahrens sind sechzehn Motiv-Paare, in denen insgesamt zweiunddreißig innere Antreiber zusammengefasst sind, die wiederum prägend für unser Verhalten sind. »Harmonie – Konkurrenzbedürfnis« ist zum Beispiel eines dieser Motivpaare, »Dienstleistung – Führung« ein anderes.

Vom Nutzen und der Wirksamkeit dieses Testverfahrens bin

ich persönlich zutiefst überzeugt. Der Grund ist ein ganz einfacher: Ich habe es selbst erlebt.

Mehr als zwanzig Jahre meines Berufslebens war ich als Vertriebler tätig, und das auch relativ erfolgreich. Dennoch fehlte mir irgendetwas. Ich spürte instinktiv, dass ich anders war als meine Kollegen, und das belastete mich. In Kundengesprächen habe ich mich nie richtig wohlgefühlt. Auch hat es mich überhaupt nicht interessiert, geschweige denn angespornt, wenn andere mehr verdient haben als ich. Wenn Kollegen oder ich eine Auszeichnung für besondere Vertriebsleistungen bekamen, hat mich das kaum berührt. Ich quälte mich mit Selbstzweifeln: Bin ich schlechter als die anderen? Was ist mit mir los? Ich war überzeugt: Irgendetwas stimmt mit mir nicht. Nur was – darauf bin ich all die Jahre nicht gekommen. Bis ich über einen Bekannten zu einem Coaching kam, in dem es auch um unsere inneren Antreiber ging.

Was soll ich sagen? Es war, als sei mir eine Last von den Schultern genommen worden. Durch den Test erfuhr ich, dass zu meinen wesentlichen PLD nicht etwa starke »Kontaktfreudigkeit«, sondern im Gegenteil starke »Zurückgezogenheit« gehört. Zwar bin ich auch gern mit anderen Menschen zusammen, aber nicht dauernd. Ich brauche auch viel Zeit für mich allein. Es gab aber noch viel mehr Erkenntnisse, und sie waren überwältigend. Mir wurde zum Beispiel klar, warum ich als junger Mann von dreiundzwanzig Jahren meinen Job als Bauleiter (bei dem ich damals schon mehr als 100.000 Mark im Jahr verdiente) irgendwann einfach kündigte: Meine PLD »Führung« ist sehr stark ausgeprägt. Deshalb fällt es mir schwer, nach Vorschriften zu arbeiten (was ich trotz der Position als Bauleiter damals musste – ich hatte ja schließlich auch noch meine Chefs).

Andere Teilnehmer, die den Test absolviert haben, erzählten mir, dass sie nun heilfroh seien, keine Kinder in die Welt gesetzt zu haben, auch wenn sie jahrelang mit dem Gedanken gespielt hatten. Nun erfuhren sie allerdings, dass ihr Antreiber »Familienorientierung« nur sehr schwach ausgeprägt ist. Aller Wahrscheinlichkeit nach wäre die Gründung einer Familie wohl nicht lange gut gegangen.

Oder nehmen wir eine Coaching-Teilnehmerin von mir: Eine lange Zeit verstand sie nicht, warum sie sich auf ihrer Arbeit nicht mehr durchsetzt. Obwohl sie sehr gute Arbeit macht, wollte sie nicht als Teamleiterin eingesetzt werden. Sie fühlte sich nicht wohl dabei, Entscheidungen zu treffen und anderen Anweisungen zu geben. Durch den Test wurde ihr bewusst, dass bei ihr der Antreiber »Dienstleistung« sehr ausgeprägt ist. »Führung« gehört dagegen nicht zu den Hauptantreibern. Sie ist eher zurückhaltend, bleibt lieber im Hintergrund und will geführt werden. Also bewarb sie sich auf eine andere Position, die diesen Antreibern eher gerecht wird. Da fühlt sie sich heute wohl und leistet tolle, wertvolle Arbeit.

Doch für mich persönlich war noch etwas anderes extrem wichtig. Ich wusste nach dem Test: Ich kann endlich aufhören, nach Wegen zu suchen, um so zu sein wie die anderen. Oder so, wie die anderen mich haben wollen. Ich bin, wie ich bin.

Mein Leben hat sich seitdem in vielerlei Hinsicht verändert. Als Coach habe ich einen neuen Weg eingeschlagen, für den ich mir natürlich auch Erfolg wünsche. Entscheidend ist aber, dass ich nun im Einklang mit meinen inneren Antreibern lebe. Und ich bin sicher: Du schaffst das auch!

Alexander Preuß

Alexander Preuß (Jahrgang 1968) ist Coach aus Leidenschaft. Der Schwerpunkt seiner Tätigkeit liegt auf den sogenannten »inneren Antreibern«, jener in der Persönlichkeit festgelegten Struktur, die unser Handeln bestimmt. Ursprünglich als Handwerker, später als Vetriebler und selbstständiger Unternehmer tätig, fand er über mehrere Seminare zur Persönlichkeitsentwicklung zu seinem jetzigen Beruf. »Ich will Menschen helfen, ihre inneren Antreiber zu erkennen und so zu einem bewussteren, zufriedeneren und erfolgreicheren Leben zu finden«, sagt der Berliner. Alexander Preuß ist ausgebildeter Master in Neurolinguistischem Programmieren (NLP).

Honiglöwe

Wie wir den Honiglöwen in uns wecken können

Ein Freund, mit dem ich tanzen lernte, erzählte mir von einem Workshop in Amsterdam. »Tantra Into Zouk« lautete der Titel. Eine Mischung aus Neugier und Aufregung erfasste mich, denn der Workshop sollte tantrische Methoden (ohne Sex) in den Tanz integrieren. Das war unerhört und neu. Ich nahm meinen Mut zusammen und sagte zu.

Zu Beginn fühlte ich mich nicht recht wohl in meiner Haut. Ich beobachtete eher passiv die Gruppenübungen – alles war so neu und fremd. Und ich fragte mich, ob ich hier wirklich richtig sei.

Wir machten Übungen, um emotionale Blockaden zu lösen und freier und lebendiger zu werden. Wir bedienten uns der verschiedenen Archetypen, um die unterschiedlichen Rollen und Anteile in uns zu fühlen – und anzunehmen. Wer es nicht kennt, Archetypen wie die Mutter, der Krieger oder der Liebende helfen uns, bei dem jeweils dominierenden Gefühl nachzuspüren und es wieder zu erleben. Es war seltsam schön, als ich meinen Kopf in den Schoß einer fremden Frau legte und sie begann, mich in ihrer Mutter-Energie sanft zu kraulen.

Tief in meinem Gedächtnis hat sich eine Übung eingegraben, die mit den Energiezentren im Körper arbeitet. Wir machten ein Geräusch, um unser Wurzelzentrum zu aktivieren. Es liegt am Ende der Wirbelsäule und steht für unsere Verbindung zur Erde. Mit den archaischen Rhythmen der Trommel-Musik spürte ich ein Pulsieren in diesem Punkt und tanzte mit meiner Partnerin in dieser Energie. Es war ein bisher unbekanntes und ganz und gar unglaubliches Gefühl. Ich verstand nicht, was da gerade mit mir passierte.

Ich spürte den wilden Löwen in mir, der in Jagdstimmung

war. Meiner Tanzpartnerin ging es nicht anders. Sie knurrte mich an. Ich jagte sie durch den Raum. Zusammen tanzten wir den Tanz zweier Löwen. Ich spürte ihre, nein meine unbezähmbare Kraft. Unglaublich. Kraftvoll. Lebensverändernd.

Noch nie fühlte ich mich so lebendig wie nach diesem Tanz; so völlig verbunden mit mir und meinem Körper. Dieser Tanz und diese Frau haben den Löwen (das Tier) in mir erweckt, und ich bin sehr dankbar für diese Erfahrung. Kannte ich vorher nur den Kuschelkater und meine weibliche Seite, war jetzt der wilde Löwe erweckt und mit ihm meine männliche Seite. Wie gut zu wissen, dass ich beides in mir habe: eine sanfte, kuschelige, verspielte und süße Seite – der Honig – und auch die kraftvolle, wilde, freie Seite – der Löwe.

Wann hast du dich das letzte Mal wild, frei, lebendig, in deiner Kraft und Macht gefühlt?

Was bringt dich in deine Kraft?

Zu welchen Anteilen in dir hast du eine gute Verbindung, zu welchen nicht?

Als funktionierendes Mitglied der Gesellschaft sind wir oft vollkommen in Sachzwängen und Denkmustern gefangen. Der Blick für das Wesentliche geht verloren, der Blick auf das Geschenk des Lebens. Krisen sind oft ein Moment der Erkenntnis. Ein Moment, in dem sich Verlust, Schmerz und Angst die Bahn bricht und alles sinnlos erscheint.

Das habe ich auch so erlebt. Mein Wendepunkt war die Hochzeit nach zehn Jahren Beziehung und ihr jähes Ende nur sechs Monate später. Der romantische Heiratsantrag auf einem See in den kanadischen Rocky Mountains und die schöne Hochzeitsfeier verloren ihren Wert als schöne Erinnerung am folgenden Heiligabend und der Trennung.

Ich fühlte, wie ein Teil in mir starb. Die Illusion, dass wir bis an das Ende unseres Lebens zusammensein würden, platzte wie eine Seifenblase. Es war der schmerzhafteste Moment meines Lebens. 10 von 10 auf der Schmerzskala. Und es fühlte sich sehr, sehr seltsam an, nach so langer Zeit wieder allein zu sein. Allein zu schlafen, allein zu essen, allein die Wochenenden zu verbringen.

Wann hast du das letzte Mal Zeit nur mit dir verbracht?

Wie hast du dich allein gefühlt?

Hast du es genossen oder war es unangenehm?

Nach und nach begann ich aber, das Alleinsein zu genießen. Ich mochte die Stille, ich hatte Zeit für mich. Damals begann ich eine Reise: die Reise in mein Innerstes. Eine Reise in die Liebe. Sie führte mich zu einem Tanzkurs und dazu, meinen Körper zu spüren und zu bewegen. Das fiel mir anfangs ziemlich schwer. Doch mir wurde bewusst, dass ich eine Hüfte habe und sie bewegen kann. Und das ist auch gut so. Denn für einen brasilianischen Paartanz ist das unerlässlich. Und ich lernte zu führen, eine Richtung vorzugeben.

Das Grandiose am Tanzen ist dieser Moment, wenn du erkennst, dass du nicht ein ENTWEDER-ODER, sondern ein SOWOHL-ALS-AUCH bist. Du erkennst deine Möglichkeiten, deine Facetten und deine Qualitäten – und du lernst, sie wertzuschätzen. Es ist doch gerade diese Unterschiedlichkeit, die uns so einzigartig und großartig macht. Wir dürfen sie annehmen und leben.

Unsere Gesellschaft braucht mutige Löwinnen und Löwen, die ihre Kraft aus ihrer Mitte beziehen und liebevoll und kreativ einsetzen. Wenn du all deine Facetten annimmst, wirst du glücklicher und zufriedener. Du wirst dich vollständig und erfüllt fühlen.

Auch in einer Partnerschaft geht es um Akzeptanz und Annehmen. Niemand kann seinen Partner oder seine Partnerin verändern, verbiegen oder gar verbessern. So einfach es ist, die schönen und süßen Seiten des anderen anzunehmen, so sehr verlangt die wahre Liebe das Annehmen von beidem, von Licht und Schatten.

Kannst du deinen Partner voll und ganz annehmen, wie er heute ist?

Kannst du dich voll und ganz annehmen, wie du bist?

Welche Seiten, Gefühle, Archetypen in dir möchten gelebt und geliebt werden?

Ich lerne jeden Tag auf mein Herz zu hören. Manchmal sind die Antworten laut und klar, manchmal verstehe ich die Botschaften nicht. Ich denke, das ist in Ordnung. Je mehr ich mich und all meine Seiten akzeptiere und liebe, umso mehr komme ich in meine Kraft. Übrigens habe ich vor kurzem erfahren, dass ich tatsächlich ein Löwe im Aszendenten bin.

Ich wünsche dir viel Freude beim Dialog mit allen Anteilen in dir.

Wenn du magst, schreib mir doch mal von deiner Honiglöwen-Erfahrung. Ich freue mich, von dir zu lesen.

Ich schenke dir mein Workbook für mehr Mut und Lebenskraft. Dieses kannst du unter www.christianreich.com herunterladen.

Dein HonigLöwe
Christian

Vielen Dank, Kristina, für deine Liebe und Inspiration.

Christian Reich

 Mehr als zwölf Jahre professionelle Erfahrung in den Bereichen Veränderung und Transformation. Seit mehreren Jahren praktiziert und lehrt Christian Reich Persönlichkeitsentwicklung und Spiritualität. Er lebt und liebt die Weiterentwicklung, das Wachstum und das Entdecken des Unbekannten, außerhalb der Komfortzone. Mit voller Leidenschaft kreiert er auf seinen Veranstaltungen und auf der Bühne magische Momente und öffnet den Raum für Offenheit, Ehrlichkeit und Menschlichkeit. Er teilt seine Erfahrungen und seine Erkenntnisse mit Unternehmen und Lesern. Seine Mitmenschen inspiriert er, ihre Wahrheit und ihre Kraft zu erkennen, damit sie ein selbstbestimmtes Leben führen können. In seiner Arbeit als Coach und Lehrer kombiniert er altes Wissen aus dem Yoga, Tantra und Schamanismus mit moderner Wissenschaft aus Quantenphysik, Neurologie und Epigenetik. Er arbeitet sehr intuitiv und methodisch und holt den Menschen da ab, wo er steht.
christianreich.com

So kreieren Sie Produkt-Bestseller!

Bei der letzten Party ist es wieder passiert:

»Sag mal, welche Farben kommen denn im nächsten Jahr? Meinst du, ich könnte das pinkfarbene Kleid vom letzten Jahr noch tragen? Werden die Hosenbeine jetzt eigentlich wieder schmaler?«

Jeder, der in der Modebranche arbeitet, kennt solche Fragen. Die Fragen nach dem, was kommen wird. Die Fragen nach den neuesten Trends und dem nächsten Hype.

Mode und Fashion ist für viele Leute so spannend wie ein Krimi.

Wenn Sie erzählen, dass Sie selbst Kollektionen entwickeln und einkaufen, haben Sie mit Sicherheit die volle Aufmerksamkeit. »Wow!«, »Aufregend!«, »Wie kreativ!«, kommt dann oft wie aus der Pistole geschossen.

Mit Mode zu arbeiten, bedeutet für viele immer noch den Duft der großen weiten Welt, der Promis, der Selbstverwirklichung und der Wunder-Karrieren.

Apropos »Wunder«.

Sie kennen bestimmt Lewis Caroll und sein weltberühmtes Kinderbuch »Alice im Wunderland«.

Da gibt es eine Szene, die die Modebranche von heute erschreckend gut beschreibt:

Alice trifft auf die rote Königin. Die nimmt sie an die Hand und fängt an zu rennen. Sie rennen und rennen.

Doch sosehr sie auch rennen, sie bewegen sich keinen Millimeter von der Stelle.

Alice wundert sich. Die Königin erklärt daraufhin, wie das Leben so läuft: »Hierzulande musst du so schnell rennen, wie du kannst, wenn du am gleichen Fleck bleiben willst.«

Davon können viele Modemacher ein Liedchen singen: Sie hechten von Saison zu Saison, von Modemesse zu Modemesse. Sie saugen jede Information auf, sind ständig auf der Suche nach dem neuesten Trend, entwickeln Mode-Kollektionen wie am Fließband.

»Ich muss unbedingt das Trendbuch von XY haben! Und zur Messe nach Paris! Ach, und den Influencer-Bericht lesen! Ich muss günstiger einkaufen und besser verhandeln! Ich muss nachhaltige Produkte anbieten! Ich muss! Schnell! Rennen!«

Die Welt dreht sich so schnell, dass man ständig rennen muss, um den Anschluss nicht zu verlieren. Von »vorwärtskommen« kann dabei gar keine Rede sein.

Viele sind froh, wenn sie es schaffen, auf der Stelle zu bleiben, und nicht zurückfallen.

Das Problem am »Rennen« ist, dass man Gefahr läuft, die richtigen Hinweisschilder zu übersehen. Die Wegweiser, die Sie zu mehr Umsatz und besseren Abverkäufen führen. Paradoxerweise sind das auch noch die gleichen Schilder, die zu weniger Arbeit, aber mehr Effizienz führen.

Okay, aber wie findet man diese Wegweiser? Wie gelangt man auf den erfolgreichen Pfad?

Wie entwickelt man »auf Knopfdruck« Produkte, die sich richtig gut verkaufen?

Ich erkläre Ihnen wie.

Sie müssen genau drei Dinge tun, und Sie müssen bereit sein für etwas völlig Neues:

Punkt 1: *Das Erste, was Sie tun müssen, ist für viele gleichzeitig das Schwierigste. Sie müssen aufhören zu rennen. Halten Sie an. Sofort!*

Gönnen Sie sich eine Pause und gewinnen Sie Abstand von Instagram und Influencern. Pfeifen Sie mal für einen Moment auf Modetrends, und überlegen Sie, wofür Sie eigentlich stehen. Was macht Sie aus? Wie unterscheidet sich Ihre Marke von anderen? Welche Probleme lösen Sie und welche Wünsche erfüllen Sie?

Punkt 2: *Verlassen Sie das Wunderland.*

Als Nächstes müssen Sie schnellstens aus dem Wunderland raus. Folgen Sie nicht länger dem weißen Hasen, der immer murmelt: »Oje, oje ... ich werde zu spät kommen!«

Kriechen Sie durch das Kaninchenloch zurück in die reale Welt. In die Welt Ihrer Kunden.

Überlegen Sie sich genau, wer Ihr Kunde ist.

Wie sieht er aus? In welcher Situation befindet er sich? Wie tickt er? Welche Probleme hat er?

Schreiben Sie sich alles auf, und erstellen Sie ein Kundenprofil.

Wenn Sie ein kreativer und visueller Mensch sind, können Sie eine Collage mit Bildern machen. Wichtig dabei ist: Nehmen Sie Bilder von »realen Menschen« (die Ihren Kunden entsprechen) – meist sind das keine Supermodels. Es geht darum, dass Sie Ihre echten Kunden glasklar vor Augen haben.

Immer dann, wenn Sie das Gefühl haben, das Mode-Wunderland mit all seinen extravaganten Trends ruft, dann schauen Sie sich Ihr Kundenprofil an. Wird Ihr Kunde das wirklich tragen? Die meisten Menschen möchten sich nicht verkleiden. Sie wollen gut aussehen, sich attraktiv fühlen und die ein oder andere Problemzone kaschieren.

Übrigens: Ich erlebe oft, dass Unternehmen ihre Kundenprofile von externen Agenturen erstellen lassen. Begehen Sie nicht diesen Fehler. Machen Sie es selbst.

Glauben Sie mir: Keine noch so gute Agentur kennt Ihre Kunden so gut wie Sie.

Punkt 3: *Nutzen Sie ein Navigationssystem und die Formel zur Erstellung »perfekter Produkte«.*

Und so stellen Sie das Navi ein: Das Feld für die Start-Adresse können Sie einfach frei lassen. Das ist genau die Stelle, an der Sie im Moment stehen.

Ihr Ziel ist es, ein Produkt zu entwickeln, welches Ihre Kunden unbedingt haben wollen. Einen Bestseller. Also tragen Sie bei »Zieladresse« ein: »das perfekte Produkt«.

Jetzt müssen Sie in den »Einstellungen« nur noch die geheime Formel eingeben, für den kürzesten und schnellsten Weg.

Die Formel lautet:
Zielgruppe + Thema + Problem = das perfekte Produkt

Fragen Sie sich:

1. Wen möchte ich erreichen (Zielgruppe)?
2. Passt mein Thema zu dieser Zielgruppe/zu meinen Kunden?
3. Löse ich ein Problem, welches meine Zielgruppe hat?

Wenn Sie Bestseller kreieren wollen, also etwas, was sich wie verrückt verkauft, nutzen Sie diese Formel. – Funktioniert übrigens in jeder Branche, bei jedem physischen Produkt und auch bei Dienstleistungen.

Noch eine Anmerkung zur ewigen Jagd nach den neuesten Trends:

Wenn irgendetwas »im Trend ist«, dann ist es nicht mehr neu. Es ist bereits breit im Markt – denn genau das besagt ja eigentlich das Wort »Trend«. Das heißt auch: Die Konkurrenz ist groß. Wenn Sie immer den neuesten Strömungen folgen, bedeutet das, dass Sie auch permanent Ihren Mitbewerbern hinterherjagen. Und: Sie müssen ständig für Kundennachschub sorgen.

Drehen Sie den Spieß lieber um.

Anstatt verkaufen zu wollen, was Sie produziert haben, produzieren Sie lieber etwas, das Sie verkaufen können!

Wenn Sie Ihre Kunden besser kennenlernen wollen und vorhaben, erfolgreichere Produkte und Sortimente zu erstellen, dann buchen Sie jetzt ein kostenloses Erstgespräch bei mir: www.sandrarepking.com/termin.

Sandra Repking

Mode-Management-Expertin, Unternehmensberaterin für Handel und Industrie
»ERFOLGREICH. MODE. MACHEN!«
Sandra Repking ist Unternehmensberaterin und international gefragte Expertin für Mode-Management und Markenbildung.

Die studierte Textil-Betriebswirtin verfügt über mehr als dreißig Jahre Berufserfahrung in Führungspositionen und besitzt enormes Prozess-Know-how im internationalen Multi-Channel.

Seit 2007 berät Repking mittelständische Unternehmen der Textil-/Modebranche aus Handel und Industrie.

Ihr Erfolgsrezept lautet: Kundenzentrierung. »Setze die Kundenbrille auf – suche Produkte für deine Kunden, anstatt immer Kunden für deine Produkte zu suchen.«

Markenentwicklung im Multi-Channel ist ihr Kernthema.

Sandra Repking ist Lehrbeauftragte an internationalen Modeschulen. Sie veranstaltet Seminare, bietet Online-Kurse an und ist gefragte Speakerin zum Thema »Erfolgreich. Mode. Machen!«

sr-fashionconcept.com

Führen in Extremsituationen

Die Welt ist in Unordnung. Angesichts einer weltweit zunehmenden Zahl massiver politischer Krisen, komplexer gesellschaftlicher und klimatischer Veränderungen sowie disruptiver Entwicklungen in der Wirtschaft ist mehr denn je Führung und Orientierung gefragt. Dies gilt erst recht für die bislang größte weltumspannende Krisensituation seit Ende des Zweiten Weltkriegs: die Corona-Pandemie. Sie bildet in ihren Auswirkungen bislang die Spitze in einer Reihe globaler Krisenmomente wie Kuba (1962), Tschernobyl (1986), New York/World Trade Center (2001), der Finanzkrise (2008) und Fukushima (2011).

Kennzeichnend für Krisen in der Politik, im Privatleben wie auch im Unternehmen ist eine starke Verunsicherung. Der Kontrollverlust und die Ungewissheit gehen einher mit der Angst vor den Auswirkungen, Angst vor dem Unbekannten und Angst vor der Zukunft. Angst, die in vielen Fällen lähmt. Die Menschen wollen wissen: Was kommt auf uns zu, und wie sollen wir uns verhalten? Genau in diesem Moment beweist sich die Stärke echter Führungsqualitäten: Politiker, Unternehmer und Führungskräfte, die imstande sind, Menschen die Angst zu nehmen sowie Orientierung und Halt zu geben.

Welche Punkte sind nun entscheidend, damit Führung auch in extremen Situationen wirkungsvoll gelingt? Das Tückische an Krisen ist gerade, dass sie plötzlich und unerwartet auftreten. Auch wenn vorher vielleicht Krisenszenarios geübt wurden, fehlt in der Regel die Möglichkeit, sich auf die konkrete Situation genau vorzubereiten. Wenn Führung Halt und Orientierung geben soll, sind in der Regel schnelle und klare Entscheidungen gefragt. Trotz enger Zeitfenster, unübersichtlicher Situationen und komplexer Sachverhalte voll widersprüchlicher Informationen und vor allem Emotionen.

Wichtig ist dabei, als Führungskraft keine Angst vor falschen Entscheidungen zu haben. Entscheidend ist nicht die Frage nach Richtig oder Falsch, sondern das, was ich als »Sinnstiftung für den Augenblick« bezeichne. Was erscheint mir in diesem Augenblick als das Sinnvollste, nach bestem Wissen und Gewissen? Dazu stehe ich auch und übernehme damit die Verantwortung. Der nächste entscheidende Schritt ist, dass ich erkläre, warum ich diese Entscheidung getroffen habe. Damit nehme ich die Menschen, um die es geht, mit. Diese wollen wissen, *warum* sie etwas tun sollen. Was sind die Ziele? Wie sehen die einzelnen Schritte dahin aus, und was ist dafür zu tun? Je nach Situation bleibt mir auch ein bestimmtes Zeitfenster bis zur Entscheidung. Das gibt im Idealfall den Rahmen, um mit einem geschulten Team oder Experten Best- und Worst-Case-Szenarien zu entwerfen.

Ist die Entscheidung gefallen, folgt als nächstes Glied in der Kette etwas, dem oft viel zu wenig Beachtung geschenkt wird: die passende Fehlerkultur. Sowohl in der Politik wie auch in Unternehmen sind Fehler häufig immer noch mit dem Makel des Negativen behaftet. Wer Fehler macht, fürchtet sich vor den Konsequenzen. Deshalb will keiner Fehler eingestehen, sondern schiebt die Verantwortung auf andere. In der Corona-Krise mussten nicht zuletzt beratende Virologen und Epidemiologen den Volkszorn aushalten, um schwierige Entscheidungen der Politiker bei Lockdown-Maßnahmen zu rechtfertigen.

Anders versucht man in Armee, Polizei und Feuerwehr mit fehlerhaften Reaktionsweisen umzugehen. Hier folgt den Einsätzen in der Regel eine penible Auswertung, um so beständig an konkreten Verbesserungsmaßnahmen und Strategien zu arbeiten. Dies gilt speziell auch im Umgang mit neuen oder unbekannten Situationen. Für die Führungskraft im Unternehmen heißt das, dass sich die Etablierung einer offenen und angstfreien Fehlerkultur, die die Übernahme von Verantwortung belohnt statt sanktioniert, mittel- und langfristig auszahlt.

Ein vierter wesentlicher Punkt ist die richtige Kommunikations- und Informationsstrategie. Große Unsicherheit, schnelle Situationswechsel, neue Erkenntnisse und Gefahrenlagen erfordern eines: viele und möglichst in sich stimmige Informationen, klare und häufige Ansprachen und häufige Präsenz. Wichtig: Versprechen sollten gehalten werden oder nicht gegeben werden.

Ein gutes Beispiel dafür waren die häufigen öffentlichen Ansprachen und Auftritte der Bundeskanzlerin während der kritischen Anfangsphase der Coronakrise im März/April 2020. Wird die konsequente Informations- und Kommunikationsstrategie außer Acht gelassen, kann dies den Boden bereiten für Gerüchte, Mythen oder Verschwörungstheorien. Dass die Social Media in unserer schnelllebigen Medien- und Informationsgesellschaft vor diesem Hintergrund inzwischen ein zunehmend unkalkulierbareres Eigenleben entwickeln, sei nur am Rande erwähnt. Und macht die Situation von Führungskräften nicht einfacher.

Wer sich angesichts der hohen Anforderungen jetzt am Kopf kratzt, dem sei versichert: Die wenigsten kommen als Führungskraft auf die Welt. Doch umso mehr Bedeutung kommt der richtigen Ausbildung zu. Als Offizier wurde ich vom ersten Tag an systematisch ausgebildet, Menschen zu führen und schwere Entscheidungen zu treffen. Das geht vom Zugführer (analog: Abteilungsleiter im Unternehmen) über den Kompaniechef (analog: Niederlassungsleiter) und reicht bis zum General. Dabei geht es immer um die Besonderheiten und speziellen Aufgaben der jeweiligen Position. Sogar für die höchsten Funktionen gibt es spezielle Führungstrainings.

Und im Unternehmen? Wird nicht selten im Handumdrehen aus einer exzellenten Fachkraft eine Führungskraft ohne Vision. Meistens ohne auch nur einen Tag dafür ausgebildet worden zu sein. Zu beachten ist zusätzlich, dass heute angesichts dynamischer und komplexerer Wirklichkeiten einfache »Wenn-Dann-Logiken« nicht immer funktionieren. Ganz wesentlich ist, dass Führungskräfte bereits in ihrer Ausbildung geübt haben, mit schwierigen Situationen umzugehen. Dies sollte immer wieder eingeübt werden, so wie Piloten ja auch immer wieder im Simulator trainieren. Nur so erlange ich eine gewisse Gelassenheit, Sicherheit und innere Hypothese, wie ich mit einer unsicheren Lage umgehe. Versäumnisse in der Ausbildung können früher oder später ganz automatisch zu möglicherweise vermeidbaren Fehlern, Fehleinschätzungen, Teamproblemen bis hin zu falschen Kommunikations- und Geschäftsstrategien führen.

Der letzte und entscheidende Faktor in unserer Diskussion ist das Thema Selbstführung. Wer andere führen will, muss imstande sein, sich selbst zu führen. Ich muss meine Stärken und Schwächen, meine Motivation und meine Ziele und als zentralen Punkt meine inneren Werte kennen. Nur dann bin ich in der Lage, empathische Gewissensentscheidungen zu treffen und als Persönlichkeit authentisch und überzeugend zu wirken. Und darauf kommt es in der Krise an.

Damit die Menschen auf der Grundlage der aufgeführten Punkte Halt und Orientierung finden, ist nicht in erster Linie wichtig, was genau entschieden und umgesetzt wird, sondern wie es vermittelt wird. Beim »Wie« kommt es auf die innere Haltung an: Souveränität, Ruhe, Vertrauen und Zuversicht, Konsequenz im Handeln und Vorbildwirkung sind hilfreich. Ich darf ruhig eigene Ängste und Unsicherheiten thematisieren, sollte aber dabei Hoffnung ausstrahlen. Dies mag die hohe Popularität einzelner deutscher Länderchefs in der Coronakrise erklären, während etwa die Inkonsequenz in Privatangelegenheiten von Dominic Cummings, Strategieberater des britischen Premiers Boris Johnson, vernichtende Popularitätswerte nach sich zog. Er entschloss sich, trotz Ausgangssperre und Covid-19-Symptomen seiner Frau, mit ihr und den Kindern 400 Kilometer quer durch England zu fahren, um näher bei seinen Eltern zu sein. Vorbild sein geht anders.

Egmont Roozenbeek

Fast zwanzig Jahre hat Egmont Roozenbeek als Offizier der Militärpolizei bis zu 120 Menschen geführt und parallel dazu als Türsteher im Stuttgarter Nachtleben gearbeitet. In beiden Fällen musste er blitzschnell Entscheidungen treffen, die zum Teil weitreichende Konsequenzen über Leben und Tod hatten. Heute zeigt der Keynote Speaker und systemische Business Coach, der sowohl Staats- und Sozialwissenschaften als auch BWL studiert hat, in Vorträgen, Seminaren und Einzel-coachings hochrangigen Managern, wie sie in Extremsituationen führen und souverän Entscheidungen treffen können.

egmontroozenbeek.de

Der geheime Nebeneffekt der Notfallplanung für Unternehmer

Als Unternehmer oder Führungskraft erhalten Sie irgendwann den Impuls, einen Plan B, einen Notfallplan zu erstellen. Häufig wird dieser Impuls von außen, durch Dritte, an Sie herangetragen und meistens sogar häufiger als einmal.

»Was meine ich damit?«

Die Vorbereitung eines Notfallplans oder Notfallordners für einen hoffentlich niemals eintretenden Moment. Der »Tag X«, an dem plötzlich alles anders ist als je zuvor in Ihrem Leben.

Ein unerwartetes Ereignis, ein Unfall oder eine Krankheit oder sogar der Tod treten plötzlich auf und stellen Sie, Ihre Angehörigen, Ihre Mitarbeiter und Lieferanten vor eine große Herausforderung.

Da niemand weiß, wann und was einem widerfahren könnte, ist die Absicherung gegen eine plötzliche Handlungsunfähigkeit so immens wichtig. Sollte kein persönlicher Notfallplan vorhanden sein, kann eine solche Situation zu einem handfesten Desaster werden. Sollten Sie keine Vorkehrungen getroffen haben, stehen gerade die Menschen, die Ihnen besonders wichtig sind, plötzlich vor einem Scherbenhaufen. Nicht nur Sie, sondern auch Ihre Familie und Ihr Betrieb sind von jetzt auf gleich handlungsunfähig.

Wichtige Entscheidungen können nicht mehr von Ihnen getroffen werden. Das muss nun jemand anderes tun – aber wer? Dies ist nur eines von zahlreichen Problemen, die nicht selten die Familie und den Betrieb auseinanderbrechen lassen. Warum also beschäftigen sich viele Unternehmer und Selbstständige nicht mit der eigenen Notfallplanung?

Weil die meisten Menschen düstere Gedanken an Leid und möglicherweise den Tod lieber verdrängen. Wenn Sie sich dagegen überwinden und intensiv mit möglichen Schicksalsschlägen befassen, werden Sie doppelt belohnt. Nicht nur, dass Sie nach der Erstellung eines Notfallplans mehr Schutz und Sicherheit für Ihre Familie und Ihren Betrieb erhalten – Sie können darüber hinaus sogar noch zusätzlichen Nutzen daraus ziehen, zum Beispiel durch eine Persönlichkeitsoptimierung und ein kostenloses Selbstcoaching. Wir sprechen hier von einem persönlichen, meist unbekannten oder »geheimen« Nebeneffekt der Notfallplanung.

Vielleicht haben Sie gerade gedacht, Sie haben alles geregelt und Sie sind stolz auf sich, diesen besonderen Schritt der Notfallplanung bereits erledigt zu haben. Wenn das so ist, gehören Sie allerdings zu einer Minderheit von Unternehmern. Die meisten haben eben keinen perfekten Notfallplan. Für sie ist es an der Zeit, einen Notfallordner anzulegen und alles Wichtige für den Ernstfall zu planen und zu besprechen. Sie müssen sich nicht länger schlecht fühlen, wenn Sie eventuell an das letzte Gespräch mit Ihrer Familie, der Bank oder Ihrem Steuerberater denken, die Sie bereits mehrfach angesprochen haben, welche Handlungsanweisungen Sie für den Notfall erstellt haben.

Diese Zeilen sollen Sie motivieren, endlich mit der Notfallplanung zu beginnen. Wenn Sie dieser Motivation folgen und mit Ihrer persönlichen und betrieblichen Notfallplanung beginnen, ernten Sie dabei einen besseren Betriebsablauf sowie ein deutlich gestärktes Mindset. Der Grund: Ein besserer Ablauf von Tätigkeiten und Vorgängen innerhalb des Betriebes sowie die Stärkung Ihrer Persönlichkeit ergibt sich von ganz alleine, sobald Sie einen eventuellen Notfall geplant und durchdacht haben. Mit jedem Schritt, den Sie innerhalb einer Notfallplanung gehen, haben Sie die Chance auf mehr finanzielle sowie tatsächliche Freiheit.

Welche Schritte sind es nun, die Sie im Rahmen der Notfallplanung erledigen sollten?

Abhängig von der Größe Ihres Unternehmens sind 12 bis 24 wichtige Punkte zu berücksichtigen. Von der finanziellen Planung, der Kontovollmacht, Patientenverfügung, Vorsorgevollmacht, Testament, Absicherung und Vorsorge mal abgesehen, geht es natürlich auch um die Frage, wer Sie im Notfall vertreten kann. Wer übernimmt die Tätigkeiten, die Sie bislang ausgeführt haben? Wer hat Kenntnisse über die wichtigsten Dinge Ihres Unternehmens?

Um nichts zu vergessen, können Sie eine vorbereitete Check-liste kostenlos unter www.notfall-ordner.de/checklistebuch her-unterladen. Wenn Sie die Fragen dieser Checkliste durchgehen, jede Ihrer Aufgaben hinterfragen und einen Testlauf zur Notfall-planung wagen, bemerken Sie sehr wahrscheinlich, dass all diese Aufgaben teilweise auch ohne Sie funktionieren. Bisher hatten Sie jedoch bestimmt immer gedacht, dass Sie jede Aufgabe selbst erledigen müssen. Mit der Überzeugung, der Beste für diese Aufgaben zu sein, kümmern Sie sich um alles selbst, statt einen Teil der Aufgaben zu delegieren.

Wenn Sie jedoch offen für Veränderungen sind, entsteht für Sie eine wahre Chance, sich vom Selbstständigen zum Unter-nehmer zu entwickeln! Haben Sie den Mut, Aufgaben abzu-geben, und erleben Sie, wie gut Ihr Personal diese für Sie löst. Durch das Abgeben und Delegieren gewinnen Sie Zeit und kön-nen sich auf andere, ertragreichere Tätigkeiten konzentrieren. Selbstverständlich können Sie die freie Zeit auch dazu verwen-den, Ihrem Hobby nachzugehen oder mit der Familie gemeinsa-me Zeit zu verbringen. Es bietet sich allerdings auch die Chan-ce, einfach mehr **an** Ihrem Unternehmen statt **in** Ihrem Unter-nehmen zu arbeiten.

Die eigene Persönlichkeit könnten Sie auch innerhalb der Freiräume weiter durch Seminare, Fortbildung oder Coachings verbessern. Wenn Sie den Mut haben, diesen Weg zu gehen, ver-ändert sich automatisch Ihr Denken, Ihre Persönlichkeit wächst, und Sie haben ein besseres Mindset. Sie erhalten eine deutlich bessere Einstellung zu Ihrer Tätigkeit, Ihrem Betrieb oder Ihrer derzeitigen Lebenssituation. Zahlreiche Selbstständige und Un-ternehmer haben mir gezeigt und bestätigt, welche Entwicklun-gen Sie durch das Proben des eigenen Notfalls im Unternehmen erleben durften. Das Vertrauen in die Mitarbeiter, der Auftritt gegenüber der Bank, dem Steuerberater und natürlich gegenüber Ihren Liebsten hat sich massiv verbessert. Die eigene Stimmung bei Ihnen, das gute Gefühl, das Sie aus dieser gelösten Aufgabe – der eigenen Notfallplanung – gewinnen, ist unbezahlbar. Der größte Gewinn und somit der geheime Nebeneffekt der persön-lichen Notfallplanung ist jedoch, bei dem Freisetzen von Zeit-ressourcen und den daraus resultierenden neugewonnenen Ideen,

Fähigkeiten, Ansichten und der persönlichen Freiheit mal nicht im Unternehmen zu sein.

Gerade durch diese Freiräume gelangen Sie in einen sehr guten und entspannten Zustand, in dem das Nachdenken über mögliche Veränderungen im eigenen Leben oder im Unternehmen viel leichter von der Hand geht als in der Hektik des Alltags. Welche Fragen könnten Sie sich in dieser Zeit stellen? Das können grundsätzliche Fragen zu Ihrem derzeitigen Leben sein. Oder aber Fragen zu Ihrer körperlichen und mentalen Bestform. Alles ist möglich, wenn Sie es wirklich von ganzem Herzen wollen.

Durch das Anlegen eines Notfallordners kommen Sie unweigerlich an den Punkt, an dem Sie der Gedanke erfasst, die derzeitige private oder berufliche Situation zu verbessern. Nutzen Sie daher diese außergewöhnliche Gelegenheit für eine Verbesserung in Ihrem Leben, und beginnen Sie gleich heute mit Ihrer persönlichen Notfallplanung.

Manfred Sack

Ich unterstütze Frauen und Männer auf dem Weg zu mehr Sicherheit in ihrem Leben. Die beste Sicherheit für deine persönliche Zukunft findest du in dir, es ist deine eigene, ganz persönliche Selbstsicherheit. Auf dem Weg, diese Fähigkeit zu verstärken und zu deinem Erfolgsmagneten in der Zukunft zu machen, unterstütze ich dich als dein Coach. Die eigene innere Stärke, dein eigenes Selbstvertrauen wird künftig deine Selbstsicherheit beflügeln und wird somit dein wichtigster Begleiter auf der Reise durch dein Leben.

manfred-sack.com

Das große Ganze ...
einfach über sich
hinauswachsen

»Das große Ganze ist mehr als die Summe seiner Teile.« Wahrscheinlich kennen Sie dieses Zitat. Für mich ist es schon lange ein Begleiter in meinem Leben. Persönliche spannende Erfahrungen in den Bereichen ganzheitlicher Heilung sowie Erkenntnisse und Erfahrungen im Bereich der Intuitions- und Kohärenzforschung haben mir eines gezeigt: Das mechanistische Weltbild des 19. Jahrhunderts erklärt vieles in unserer Welt sehr gut und präzise. Gleichzeitig erfasst es nicht alles. Als rationaler Mensch geprägt wollte ich mehr dazu wissen und begab mich auf die Suche – eine Suche im Außen und im Innen.

Philosophische und spirituelle Schriften haben schon immer davon gesprochen, dass es eine metaphysische Ebene gibt hinter allem, was wir mit unseren Sinnen wahrnehmen. Und in neuerer Zeit erkennt auch die Naturwissenschaft, dass am Ende des Zerteilens von Materie etwas übrig bleibt, das eher dem Geistigen ähnelt, wie etwa der langjährige Leiter des Max-Planck Institutes Hans-Peter Dürr meinte.

Doch was bedeuten diese Erkenntnisse tatsächlich für unser Leben? Haben wir tatsächlich mehr Gestaltungsraum, als wir denken, und wie könnten wir dieses Potenzial nutzen? Und kann es sein, dass wir über unseren reinen analytischen Verstand hinaus die Möglichkeit haben, intuitiv-ganzheitlich zu Informationen zu kommen?

Ein Aufenthalt in den USA brachte mir weitere Antworten auf diese Fragen. Ich verbrachte einige Wochen am Institute for Noetic Science, das sich im Wesentlichen mit Bewusstseinsforschung beschäftigt. Ich konnte aus den Erkenntnissen der dortigen Wissenschaftler sowie einiger weiterer intensiver Auseinandersetzungen mit Bewusstseinsforschung einige Schlussfolgerungen ziehen, warum und wie etwa Intuition funktioniert. Aber auch andere Phänomene wie Spontanheilungen oder die kohärente Entwicklung von Organisationen lassen sich mit einigen Aspekten der »Software« hinter der Welt erklären.

Und was hat das nun mit dem »großen Ganzen« zu tun? Nun, evolutionär betrachtet hat sich unser Gehirn in einer Art entwickelt, die uns das tägliche Überleben auf diesem Planeten ermöglicht. Wir können aus unserer Erinnerung Dinge abrufen und mit diesen in die Zukunft planen. Doch es dürfte uns Menschen eben auch möglich sein, in das oben beschriebene Feld der Potenziale einzutauchen und in diesem Zustand etwas zu schaffen bzw. zu erkennen. Anstatt im Überlebensmodus zu sein und sinnbildlich unsere Augen permanent offen zu halten nach der nächsten Nahrung, ist es eher ein fokussierter und gleichzeitig entspannt-getragener Zustand.

Sicher haben Sie es auch schon erlebt, ganz bei einer Tätigkeit aufzugehen, fast so, als würde die Zeit stillstehen. Dieser sogenannte Flowzustand dürfte ein Ausdruck dieser Verbundenheit mit einem »großen Ganzen« sein – präsent, stark, frei, klar, zielfokussiert, aber auch innerlich frei.

Egal, ob bahnbrechende Erkenntnisse gemacht wurden, Eliteeinheiten und -teams in einem perfekten Zusammenspiel ihre Mission erledigten oder große politische Würfe und Weichenstellungen, die den Handlungsspielraum der betroffenen Personen erweiterten, erreicht wurden. Oft befanden sich die Akteure in diesem fokussiert-entspannten Zustand.

Untersuchungen des Institutes for Heartmath zeigen, dass durch verschiedene Maßnahmen der kohärente Verlauf der sogenannten Herzratenvariabilität gefördert wird. Damit verbunden sind kohärente Gehirnwellen und damit wiederum die Öffnung des Menschen für ein höheres Potenzial.

In einem solchen kohärenten Zustand entsteht das Gefühl, dass man eigentlich nichts mehr braucht und man dabei aber trotzdem ein angestrebtes Ziel entspannter erreichen kann. Und vor allem entwickeln sich Ereignisse so, dass sie wirklich zu einem passen und nicht nur aus dem konditionierten Geist angestrebt werden.

Kollektiv gesehen wäre es wünschenswert, wenn mehr Menschen öfters in diesen Zustand eintauchen könnten. Menschen mit Selbstvertrauen, Dankbarkeit, einem Gefühl für die Stärke aus einer inneren Tiefe, intuitive Menschen könnten viel an Verbesserung aktueller Probleme bringen.

Beruf und Berufung könnten leichter zusammenfinden, Menschen und Teams dadurch gleichzeitig glücklicher und effektiver werden, Menschen würden wissen, wo ihre Talente und Fähigkeiten benötigt werden, und würden diesen in verschiedenen Bereichen nachgehen.

Man mag nun einwenden, das ist alles zu schön beschrieben und unrealistisch. Ja, es geht aber hier nicht primär um die unmittelbar realistische Perspektive, sondern eben um die Erweiterung dieses Realistischen hin zu einer Realität, die einen Schritt weitergeht als das bisher Bekannte. Und es geht auch nicht darum, das Ganze mit einem Knopfdruck zu erreichen. Vielmehr ist wichtig, eine Entwicklungsrichtung zuzulassen und quasi evolutionär entstehen zu lassen.

Man mag weiters einwenden, dass viele es gar nicht wünschen, dass Menschen so ticken wie beschrieben. Das mag stimmen, doch dieses Nichtwollen dieser Menschen kommt auch aus einer eigenen Verkürzung und Einschränkung. Das ist eine verkürzte und eingeschränkte Form von Macht. Macht als Ausdruck von Kraft des hier beschriebenen Prinzips ist etwas anderes. Sie gibt Raum für die kraftvolle Gestaltung von Möglichkeiten und großer Leistungen, die uns ehrfurchtsvoll staunen lassen.

An einem Punkt erscheinen mir die Erkenntnisse und vorangegangenen Hypothesen besonders wichtig. Menschen rund um den Erdball sind der festen Überzeugung, aufgrund ihrer Ideologie oder ihrer Werten zu den »Guten« zu gehören, die die Welt verstehen und wissen, wie es richtig gehen würde. Würde sich nur jeder so verhalten wie sie, dann wäre die Welt gerettet. Wir alle ticken im Modus der Kategorisierung und Bewertung mal mehr und mal weniger so.

Möglicherweise wird aber die Welt nicht so sehr stärker, besser, glücklicher durch eine bestimmte Ideologie oder ein Betonen von Problemen und wie wichtig es ist, dass wir diese lösen.

Möglicherweise ist es vielmehr so, dass es die innere Haltung von Ganzheit braucht, eigentlich eine Art »Es ist doch alles schon gelöst«-Haltung, um aus dieser Haltung heraus dann im Handeln Lösungen schaffen zu können, anstatt immer tiefer ins Problem reinzugraben und dadurch dem Problem mehr Raum zu geben als der Lösung.

Der Raum der Möglichkeiten – ein Gefühl dafür, dass die Zukunft nicht die lineare Fortsetzung der Vergangenheit sein muss, sondern grundlegend Neues beinhalten kann.

Wo auch immer wir in unserem Leben stehen: mehr aus dieser Haltung zu leben statt durch ein eng definiertes Bild aus Beruf, Geschichte, Gelerntem, kann jedem Einzelnen von uns und dadurch allen kollektive Quantensprünge ermöglichen.

Gregor Schanda

Claim: Impulsgeber im Krisen- und Veränderungsmanagement von Organisationen

Schon lange davon überzeugt, dass unser menschliches Potenzial größer ist, als wir denken, frühe Beschäftigung mit der Verbindung aus Bewusstseinsforschung und Persönlichkeits- und Organisationsentwicklung, akademische Ausbildung im Bereich Wirtschafts- und Sozialwissenschaften mit dem Spezialgebiet Psychologie in Organisationen, Erfahrung im Krisenmanagement von Menschen und Organisationen, Ausbildung zum Mentaltrainer, erweiterte Ausbildung und Anwendung in den Bereichen Intuitionsforschung und Kohärenzforschung, Aufenthalt in den USA am Institute for Noetic Science für angewandte Bewusstseinsforschung, interessiert an der Anwendung dieser Erkenntnisse im Bereich Gesundheitsförderung, Organisationsentwicklung, Politik und Gesellschaft, als Umsetzer, Entwickler, Impulsgeber, Führungskraft, Entscheider, Projektbegleiter, Erweiterer.
gregorschanda.com

Opa war mein Held

23:45 Uhr, gleich wird er rappeln, ich bin fast immer vor ihm wach. Mein Wecker schrillt in meinen Ohren. Ich muss raus, waschen, anziehen, schnell eine Tasse Kaffee und dann los mit meinem Rad rüber zum Nachbarort. Es ist eiskalt. Meine Finger kribbeln. Sie sind fast steif. Die klare Luft bringt mich in Fahrt und macht mich hellwach. Als ich ankomme, kommt mir schon der Duft entgegen. Ich liebe diesen Duft von Frischgebackenem. Ich bin Bäcker. Ich liebe Bäckerei.

Aufgewachsen bin ich in den 70ern. Mit sechs Personen haben wir auf knapp fünfzig Quadratmeter gelebt. Unsere Wohnung war in einem Häuserblock für sozial Schwache, hinter einem riesigen, grünen Tor mit Stahlspitzen, vergleichbar mit einem Gefängnistor. So hat es sich auch angefühlt, wenn ich so zurückdenke. Wir vier Kinder wohnten in einem Zimmer. Geschlafen haben wir in Etagenbetten, gemeinsam nutzten wir einen Kleiderschrank und hatten einen Tisch, der als Schreibtisch diente. Mein Vater war ein einfacher Fabrikarbeiter. Wir hatten nie Geld.

Doch ich hatte Glück. Ich hatte meinen Opa. Ab dem siebten Lebensjahr durfte ich, wann immer es ging, alleine mit dem Fahrrad zu ihm fahren. Mein Opa Fritz lebte wie im Paradies. Hier war alles offen und weit. Eine alte Mühle auf einem riesigen Grundstück am Waldrand mit Gänsen, Hühnern, Schafen, Kaninchen und mit meinem Freund Blacky, einem wunderschönen, schwarzen Schäferhund. Und wenn ich die paar Kilometer raus aus der Stadt zu ihm aufs Land fuhr, war das das Fahren in eine andere Welt. Hier konnte ich toben, klettern, Spaß haben, all das, was ich in der Enge zu Hause vermisst habe.

An den Wochenenden oder in den Ferien durfte ich dann auch schon mal bei ihm übernachten. Ich bin oft zu ihm gefahren, und irgendwann hatte ich dort sogar mein eigenes Zimmer.

So auch in den Sommerferien, als ich neun Jahre alt war. Wir saßen morgens beim Frühstück, aßen frisch gebackene Brötchen, gekochte Eier, die ich zuvor noch im Hühnerstall stibitzt hatte und selbstgemachte Marmelade aus Erdbeeren von Omas Garten.

Als Opa zu mir sagte: »Heute bauen wir dein erstes Baumhaus. Wir frühstücken, und dann legen wir los.«

Ich habe gefuttert, was reinging. Ich habe mich so gefreut. Wir sind dann runter in seine Werkstatt, die in einem alten Kellergewölbe war. Dort haben wir einen Leiterwagen genommen und alles draufgepackt, was man so braucht: Balken, Bretter, Hammer, Nägel und Säge. Dann sind wir los, raus aus dem Gewölbe über den Hof zwischen den Hühnern durch bis hin zu einem wunderschönen Apfelbaum. Da haben wir gebaut. Als wir nachmittags dort oben sitzen und ich nur so am Strahlen bin, sagte mir mein Opa den alles entscheidenden Satz: »Frank, willst du später auch mal ein eigenes Haus mit einem großen Garten haben? Oder willst du weiter so leben wie deine Familie?«

Sofort sagte ich: »Ich will so leben wie du, Opa.«

»Frank, dann bleib dran, denn Durchhalten ist der Schlüssel zum Erfolg.«

Doch was heißt Durchhalten? Dranbleiben? Dranbleiben woran? Was waren meine Antriebe, das zu erschaffen, was ich nun lebe?

Mach weiter, wenn andere lachen. Du siehst deinen Traum

Ich war fünfzehn Jahre alt, als meine Freunde über mich lachten. Wenn sie im Schwimmbad oder auf Partys waren, habe ich entweder geschlafen oder gearbeitet. Nach der Hauptschule habe ich Bäcker gelernt. Ich würde es jederzeit wieder tun. Ich habe gearbeitet, wenn andere feierten. Meine Ausbildung war der Grundstein für alles, was ich jetzt lebe. Nach der Bäckerlehre habe ich mich noch zum Konditor weitergebildet. Ich habe gearbeitet, bis mir im Stehen die Augen zugefallen und die Bleche aus der Hand gefallen sind. Opas Worte und das Haus mit Garten waren meine Motivation.

Durchhalten ist mein Ehrgeiz. Gib niemals auf

Ich war Konditor in einem mittelständischen Unternehmen und habe nach ein paar Monaten den Leiter der Konditorei überholt. Ich habe gemerkt, da geht noch mehr. Habe mich hochgearbeitet zum Abteilungsleiter, dann Produktionsleiter und mich kaufmännisch weitergebildet bis hin zum Verkaufsleiter mit einer Mitverantwortung für über 1000 Mitarbeiter. Immer hab ich auf meine Stärken gebaut, niemals aufgegeben.

Gefühle sind ein Zeichen. Hör drauf

In meiner Zeit als Verkaufsleiter habe ich sieben Tage die Woche gearbeitet, das hat mir nichts ausgemacht. Ich war wie eine Lokomotive, für die es kein Links und kein Rechts mehr gab. Alle habe ich mitgezogen. Das war einerseits sehr kraftvoll, andererseits wurde ich sehr traurig. Diese innere Traurigkeit habe ich lange nicht verstanden, bis ich begriff, dass Wertschätzung, Lob und Anerkennung fehlen. Gerade dies war mir besonders wichtig. Für mich sind die Menschen das Wichtigste im Unternehmen. Dazu habe ich immer gestanden. Manche Entscheidungen, die ich treffen musste, konnte ich nicht vertreten. Das war nicht ich.

Ohne Risiko und Mut klappt's nicht

Im Oktober 2009 habe ich dann eine Entscheidung getroffen. Es war an einem Freitag. Mal wieder wurde eine Filiale eröffnet. Dort traf ich einen Unternehmer, den ich gut kannte.

»Günther, was muss ich tun, um freitagnachmittags so entspannt und gut auszusehen?«

»Frank, du hast es selbst in der Hand.« Und er hatte recht.

Ich stellte mir selbst die Frage: »Willst du das? Willst du das die nächsten fünfundzwanzig Jahre?« Meine innere Stimme sagte »NEIN«. Im Januar 2010 habe ich gekündigt. Ich habe mein gut bezahltes Angestelltenverhältnis aufgegeben und das Unternehmen »bsc-konzepte« gegründet.

Heute bin ich einer der bekanntesten Berater der Branche

und zudem Prokurist beim Ladenbauer Nr. 1. Und das alles, weil ich meinem Opa geglaubt habe, dass Durchhalten der Schlüssel zum Erfolg ist. Doch was brauchen wir, um durchhalten zu können? Klare Zielbilder, die uns emotional bewegen, das bestätigt auch das Forbes Magazin in einer Befragung von 1100 Mitarbeitern und 500 Unternehmern. 76 Prozent bestätigen, dass sie aufgrund ihrer klaren Visualisierung genau da sind, wo sie hinwollten. Insbesondere die Unternehmer. Denn ohne klare Zielbilder wird man sein Ziel auch nie erreichen. Heute lebe ich in meinem Zielbild: Platz im eigenen Haus mit Garten. Ich bin immer drangeblieben, egal was die anderen über mich geredet oder gedacht haben.

Frank Schmitz

Frank Schmitz, ein ehrgeiziger offener Typ, zeigt, dass Herkunft keine Begründung für Erfolg oder Misserfolg ist. Vom Hauptschüler und gelernten Bäcker entwickelte er sich zu einem der bekanntesten Berater der Bäckereibranche sowie zum Prokuristen des Ladenbauers Nr. 1. Wille und Durchhaltevermögen brachten ihn zu jedem Ziel. Als Keynote Speaker bei Gedankentanken und zahlreichen Großveranstaltungen begeistert Frank Schmitz mit Leidenschaft und Humor. Der ehemalige Kraftdreikämpfer schulte Hunderte Führungs- und Nachwuchskräfte in Motivation, Führung und Abläufen.

frank-schmitz-speaker.de

BBT – Begeisterungs-Business-Thouret

Ich bin traurig. Ich bin traurig.

Das Verschwommene um unser Handy ist unser Leben.

Früher hieß es über den Tellerrand hinaussehen, heute heißt es über das Handy hinaussehen. Das Handy von heute hat mehr Rechenleistung als der erste Rechner zur Mondlandung!

Vor Kurzem war ich bei einem Kunden zu besuch, ich war etwas früher dran. Und dann sah ich sie. Die »Walking Deads«. Sie kamen zum Blutsaugen, mussten nur noch stempeln, und dann gingen sie ihrer Mission nach. Ich ging über Pfützen des Jammerns und des Leidens der Schleimspuren, mir fehlten nur noch die Gummistiefel. Und das Kreuz.

Kein Lächeln. Die Köpfe gesenkt. Kein blick zueinander. Kein wahrnehmen von Optionen. Sie waren tot, haben nur vergessen umzufallen.

Ich machte mir so meine Gedanken dazu.

Das Ganze sollte mich noch länger beschäftigen.

Dieses nicht Wahrnehmen der Umwelt.

Als guter Hanseat habe bzw. hatte ich Dauerkarten beim HSV.

Als guter Papa ging ich natürlich auch mit meiner Tochter zum HSV.

Das Spiel lief wie so viele Spiele zu dieser Zeit.

Wir hatten schon beim Warmmachen Probleme.

Die anderen spielten Fußball, und wir sprinteten und grätschten beim warmmachen.

Am Ende war man froh, dass wir einen Zaun um das Stadion hatten, sonst wäre der eine oder andere mit dem Ball bis Bielefeld gelaufen.

Fehlpass-Bingo vom Feinsten und am Ende freust du dich über einen richtigen Einwurf zum Gegner. Es kam nun mit etwas späterer Erkenntnis, wie es kommen musste.

Meine Tochter Julia schubste mich mehrmals. Und boxte mich mit ihrem Ellenbogen.

Ich schaute sie deutlich genervt an! Was ist denn, Juli?

Papa, du regst dich nicht einmal mehr auf, sogar den anderen fällt das hier schon auf.

Ich überlegte kurz, und dann sagte ich: Juli, komm, wir fahren nach Hause. Mitten im Spiel.

Zuhause sagte ich zu meiner Frau: Ne gute und schlechte Nachricht.

Die schlechte: Der Querschlanke ist jetzt mehr zu Hause, ich gehe nicht mehr in das Stadion. Die gute: ich habe jetzt mehr Zeit für dich.

Am Ende löste das ganze viel mehr in mir aus, als ich zu diesem Zeitpunkt glaubte.

Ich war nicht mehr ganz bei der Sache, nicht mehr angefixt, im Theater sagt man »im Moment sein«. War ich noch begeisterungsfähig, spiele ich auf Sieg oder Unentschieden, spiele ich nur Querpässe auf Sicherheit oder gibt's auch mal ein Foulspiel, Meckerei mit dem Schiedsrichter, ein Schuss auf das Tor und hole mir auch mal ne gelbe Karte ab, wechsle die Taktik und gehe voll auf Sieg.

Danke, Juli.

Warum erzähle ich euch das Ganze

Es braucht Begeisterung.

Ohne Begeisterung ist noch nie Großartiges geschaffen worden.

Eine aktuelle Internet-Marktstudie hat ergeben, dass an ca. der 19. Stelle der erste brauchbare Beitrag zum Thema Begeisterung kommt.

Dass bei YouTube, man sagt dazu das neue Fernsehen, ab Platz 15 der erste nicht antiquarische Beitrag über Begeisterung kommt.

Ich möchte mit euch über euer Warum, was begeistert euch sprechen

- Warum ist Begeisterung wichtig? Warum sollte Begeisterung Beachtung finden?
- CRM sowie Managementformeln, Schlagzahlmanagement, Serviceleistungen sind dauerhaft ohne Begeisterung nicht erfolgreich.
- Was sind Weltmeisterschaften ohne Begeisterung?
- Was ist Erfolg ohne Begeisterung?
- Was sind Produkte ohne die Menschen dahinter oder davor, nur Produkte?
- Wie wirken Dinge, die wir ohne Begeisterung tun?
- Lass dich begeistern, begeistere und habe Erfolg!

Warum ist es wichtig, als Führungskraft zu begeistern

- Wir sind der Überbringer der Informationen und Trainings.
- Wir haben CRM, wir haben Service-Dienstleistungen, wir haben Produkte.
- WAS ist das alles ohne Begeisterung? Emotionen?
- Was begeistert mich? Nur wer begeistert ist, kann begeistern.
- Ich muss diese Dinge selber vorleben. Warum tue ich das? Was begeistert mich?
- Warum ist das für Erfolg so wichtig, wie schaffe ich es, andere zu begeistern?
- Warum können wir nur damit erfolgreich sein? Alles andere sind nur Zahlen und Systeme.
- Geschäfte entstehen zwischen Menschen mit Gemeinsamkeiten.
- Natürlich kann ich Management-Werkzeuge einsetzen und meine Mitarbeiter damit auf das nächste Level bringen.
- Aber bleiben die Mitarbeiter deshalb auf diesem höheren Level, wenn es keine Begeisterung dafür gibt?
- Warum sind Bücher wie »Nicht gekauft hat er schon« von Martin Limbeck Bestseller geworden? Warum sagen wir,

dass nur jeder 10. Kunde kauft? Weil wir nicht begeistert sind, sondern nur geistern. Anstatt uns zu motivieren, negieren wir von Beginn weg.

- Mein Kunde ist nur mein Kunde mit Begeisterung. Mein Erfolg entsteht durch Begeisterung.
- Wir wollen als Vorbild die Themen mit Begeisterung füllen und vorleben, wir wollen unser Feuer entzünden und bei unseren Mitarbeitern anzünden, den Funken der Begeisterung übergeben.
- Erst wenn ich es als Führungskraft schaffe, die Themen mit Begeisterung zu füllen, habe ich Erfolg.
- Wie werden wir bei unseren Mitarbeitern die Begeisterung entfachen?
- Was braucht Erfolg beim Kunden?
- Was interessiert meinen Kunden, was begeistert meinen Kunden? Service, Produkte?
- Ist es nur der zehnte Kunde oder ist es der Kunde?
- Wie ist das? Läuft das Geschäft beim Kunden, was beschäftigt den Kunden? Was begeistert meinen Kunden? Fällt euch was auf bei meinen Kunden?
- Wie kann ich diese Dinge sehen?
- Wie kann ich diese Punkte anzünden?
- Wir brauchen eigene Begeisterung, um diese Dinge beim Kunden zu sehen.
- Noch einmal: Was braucht Erfolg beim Kunden/Feuer beim Kunden?
- Wie werden wir bei unseren Kunden die Begeisterung entfachen und den Funken der Begeisterung übergeben?

Begeisterungs-Thouret

- Was begeistert deine Mitarbeiter gerade?
- Was bewegt deine Mitarbeiter gerade?
- Was begeistert deine Familie?
- Was begeistert dein Partner gerade *weißt du das?*
- Begeisterst *du* deinen Partner gerade *spürt er das?*

- Was begeistert dich gerade *merkt man das?*
- Bei was *glitzert deine Stimme?*
- Bei was *leuchten deine Augen?*
- Wenn DU diese Fragen *nur mit einem Vielleicht* beantworten kannst, dann schaue auf dein *Handy, du digitaler Zombie!*
- *Denn du triffst keine Entscheidungen mehr.*
- *Die nächsten Entscheidungen werden für dich getroffen.*
- Niemand kann euch sagen, wie *Begeisterung auszusehen* hat, aber wie es sich *anfühlt, weiß* so ziemlich jeder.
- Da die Begeisterung seit *Geburt in dir steckt,* reicht oft schon der kleinste *Funke,* um diese Begeisterung wieder zu wecken.
- Wer das schon einmal gespürt hat, weiß, dass es sich *lohnt, dafür zu gehen.*
- *Wo Begeisterung zum Vorschein kommt, verschwindet die Gleichgültigkeit. Ernst Ferstl.*
- *Wacht auf und begeistert euch und eure Umwelt!*
- Ich wünsche mir, dass ihr mit etwas *mehr ich* nach Hause geht, als ihr gekommen seid.

Jack Tourette

Brauchen wir heute noch um alles eine Schleife? In schlechten Zeiten kommt immer: Warum hast du es nicht eher gesagt? Manchmal sieht man mehr, wenn man nichts sieht! Digitale Zombies, die Walking Deads des Business – gehörst Du schon dazu? Triffst du deine Entscheidungen noch selber? Sind deine Meetings betreutes Lesen oder ähneln Sie der Apotheken Rundschau? Besser ist, du bleibst heute zu Hause, *denn wo Begeisterung zum Vorschein kommt, verschwindet die Gleichgültigkeit. Auf was bist du die Antwort – Aspirin oder Latschenkiefer?*
j-t@jack-tourette.de

Empowerment in allen Lebenslagen

Oder doch ein Begriff aus der Arbeitswelt? Per Definition ist es die Förderung der Fähigkeit für selbstständiges/selbstbestimmtes Handeln. Empowerment beschreibt Mut machende Prozesse der Selbstbemächtigung, in denen Mitarbeiter*, Teilnehmer* oder Coachees* in Situationen der Angst oder des Mangels sich wieder ihrer eigenen Fähigkeiten bewusst werden, eigene Kräfte entwickeln und ihre individuellen Ressourcen wieder selbstbestimmt umsetzen.

Wenn Sie, liebe Leserin und lieber Leser, nach dieser Erläuterung keine Lust mehr zum Weiterlesen haben sollten, kann ich das nachvollziehen. Deshalb möchte ich Ihnen hier die von mir gewählte Auslegung von Empowerment gerne vorstellen.

Ermächtigung ist, von jemandem eine höhere Vision zu haben als die Person selbst

Als wir noch Kinder waren, hatten wir darüber überhaupt keine Frage. Als Eltern wissen wir, dass unsere Kinder über alle außergewöhnlichen Fähigkeiten und Talente verfügen, denen sie mit Hingabe – im Flow – nachgehen, wenn wir sie nur lassen. Sie folgen ihrer angeborenen Neugierde und Kreativität, probieren frei von Angst, Fehler zu machen, vollkommen unbefangen neue Ideen oder Lösungsansätze aus.

Die besondere Herausforderung im Leben ist es, diesen Zustand zu behalten. Doch Hand aufs Herz – wer ist in der glücklichen Lage, davon überzeugt zu sein, schier unmöglich erscheinende Schwierigkeiten mit der gleichen dynamischen Gelassenheit zu meistern wie als Kind?

Auf einmal – wie von Geisterhand – übernehmen wir von Eltern, Verwandten, der Schule und der Gesellschaft zunächst Befangenheiten, Meinungen und Vorurteile. Persönliche und gesellschaftliche Erwartungen und Wertvorstellungen haben uns zum Teil so geprägt, dass wir unsere besonderen Begabungen begraben haben. Aus Angst, Fehler zu machen, abgelehnt zu werden und/oder nicht mehr dazuzugehören.

Vielleicht haben auch Sie gerade Ergebnisse, die Ihnen nicht gefallen? Bis jetzt haben Sie versucht, etwas zu ändern, und hoffen dadurch, den ersehnten Traumjob, höhere Umsätze zu generieren oder endlich die ersehnte glücklichere Beziehung zu bekommen.

Sie haben x Bewerbungen geschrieben und bekommen nicht mal eine Antwort oder nur Absagen?

»War ja eh klar, habe ich sowieso gewusst« oder ähnliche Gedanken schießen Ihnen in den Kopf.

Sie haben eine Firma oder leiten ein Team und stellen sich folgende Fragen: »Wie kann ich meine Mitarbeiter noch besser unterstützen oder ermächtigen? Warum nehme ich Unterstützung ungerne oder wenig an? Wie erschaffe ich ein ausgerichtetes Team? Warum tun Menschen nicht, was ich sage? Wie steigere ich meine Risikobereitschaft?«

Sie fragen sich, warum Sie nicht den richtigen Partner finden oder beziehungsunfähig sind, weil immer wieder die gleichen Probleme an einem bestimmten Punkt auftauchen. Sie haben eine Beziehung und fühlen sich trotzdem einsam? Sie streiten sich immer über das Gleiche und fragen sich, wie Sie Ihre Eifersucht loswerden?

Welche innersten Überzeugungen herrschen hier vor? *Eine innerste Überzeugung ist mehr als nur eine Meinung. Es ist etwas, wovon Menschen wirklich zutiefst überzeugt sind. Sie erleben es als »die Wahrheit«.* Denken Sie jetzt gerade, dass das tatsächlich so ist, ist das Ihre innerste Überzeugung, und genau die bringt Ihre derzeitigen und messbaren Ergebnisse hervor – in allen Bereichen.

Was denken Sie, wenn Sie eine Frau sind, über Männer? Unsicheres Weichei, beklopptes Arschloch, unzuverlässiger Versager oder nichtsnutziger Ökofreak. Liebe Damen, welches dieser Exemplare kommt Ihrer Wunschvorstellung am nächsten?

Lieber das Weichei, das macht, was Frau will, oder das bekloppte Arschloch, das Kohle rankarrt und unverschämterweise einem Hobby nachgeht, das so gar nicht ins Konzept der Frau passt?

Was denken Sie, wenn Sie ein Mann sind, über Frauen? Blöde Kuh, verlogene Schlampe, berechnendes Biest oder lahme Ökoschlampe. Liebe Männer, welche dieser Varianten gefiele Ihnen am besten? Die blöde Kuh, die zu allem Ja und Amen sagt, oder doch lieber die verlogene Schlampe, die ab und an dem Schornsteinfeger Einlass in die ehelichen Gemächer gewährt?

Welche Vorbehalte und Vorwürfe haben Sie ans andere Geschlecht? Je mehr Sie haben, desto größer wird die Distanz zu Ihrem Partner oder auch zu Ihrem nicht gleichgeschlechtlichen Chef. Männer und Frauen sind Menschen. Chefs und Chefinnen übrigens auch.

Kennen Sie das? Ein Mann klagt über Schmerzen, und kaum hat er es ausgesprochen, siehst du eine Frau augenrollend mit großer Verachtung zu einer anderen Frau sagen: »Männer.« Die beiden bilden in Sekundenschnelle eine Seilschaft, und das oft vor den Augen ihrer Söhne, die gleich mal mitbekommen, was Frau über das Mannsein denkt, und sich sicher fragen, warum Männer anders Schmerzen empfinden sollten als Frauen ... umgekehrt ist es oft beim Autofahren: »Typisch Frau!«, das gönnerhafte Grinsen der Männer wird gleich mitgeliefert. Aktuelle Statistiken beweisen, dass Frauen die besseren Fahrer sind.

Wie wäre es stattdessen, das Anderssein des anderen mit Begeisterung willkommen zu heißen?

Wie wäre es, den Partner zur Nummer 1 zu machen,
zu vertrauen, integer zu sein mit Achtung und Respekt?

Liebe ist das Einzige, das sich vervielfacht, wenn wir es verschenken.

Geschlechterfrieden als Garant für Erfolg und Erfüllung. Funktioniert.

Ermächtigende Frauen steuern Männer in ihre Potenz. Absolut. Denken Sie an Michelle Obama.

Potente Helden schneiden Dysfunktionales ab. Herbert Grönemeyer beschreibt das klar in »Männer«. Seine Liebe zur Frau in »Glück«.

Jeder Mensch hat exakt dieselben Grundbedürfnisse: *Men-*

schen wollen lieben und geliebt werden, als Kind, als Mann oder Frau. Jeder Mensch möchte zu einer Gemeinschaft gehören, möchte unabhängig vom Alter seinen eigenen Beitrag leisten und sich auch weiterentwickeln oder wachsen. Wenn diese drei Bedürfnisse erfüllt sind, sind wir in der Lage, Vertrauen in uns selbst und unsere Begabungen zu entwickeln.

In meinen Seminaren, Trainings oder Coachings stelle ich gerne folgende Frage an die Teilnehmer*: »Was tust du wirklich gerne, was macht dir stets Freude und wie oft tust du das oder wann zuletzt?« Ihr Innerer Kommentator *(die innere Stimme, die uns meistens erklärt, warum gerade etwas nicht geht, wir das ohnehin nicht können oder wieso ausgerechnet sollte das jemanden interessieren etc. – die gute Nachricht: Sie sind nicht die Stimme in Ihrem Kopf)* meldet sich sicher gerade zu Wort und fragt Sie: »Na, wann hast du denn zum letzten Mal gesungen, getanzt, warst Bergsteigen, radeln oder hast die Nacht durchgevögelt?«

Wenn wir tun, was wir lieben, und dabei selbstbestimmt und selbstbewusst unseren eigenen Weg gehen, steigt die Chance auf ein erfolgreiches und erfülltes Leben um ein Vielfaches.

Ganz schön unverschämt, denken Sie sich jetzt vielleicht noch nach wie vor, oder Sie erinnern sich an das kleine Mädchen oder den kleinen Jungen in Ihnen, wissend: Alles ist möglich.

Sie haben die Wahl, so weiterzumachen wie bisher oder das Leben in aller Fülle zu genießen.

Deshalb möchte ich Ihnen gerne mein Herzensthema, Menschen wirklich zu ermächtigen, anhand von Fragen und wahren Geschichten näherbringen:

Wie wäre es für Sie, Ihre Angst vor Ablehnung oder Risiken zu minimieren?

Wie wäre es, von den Anforderungen des Lebens, sei es beruflich oder privat, nicht mehr gestresst, genervt und/oder überfordert zu sein?

Andrea van Geenen

Andrea van Geenen ist Trainerin, Speakerin, Coachin und Expertin für Geschlechter-Frieden.

Studium der Betriebswirtschaftslehre, Sales and Advertising in Wien.
Die Begegnung mit dem legendären Wirtschaftsphilosophen Jim Rohn war die Zündung ihre Botschaft als zertifizierte Trainerin in die Welt zu tragen.

Erfahrung:
Über 14.000 SeminarteilnehmerInnen, mehr als 2.400 Einzelcoachings und 1.200 Seminartage. Teams aus dem In- und Ausland von Rewe, Renault, diverse Banken, Institute wie das Wirtschaftsförderungsinstitut, Start-Ups und Einzelpersonen vertrauen ihrer Expertise.

Portfolio:
Beratung, Verkauf, Training, Kommunikation, Coaching, Bewerbungs- und Beziehungscoaching

Presse:
EmpowerMentorin Andrea van Geenen berührte, begeisterte und beeindruckte von der ersten Minute an. »Ermächtigende Frauen steuern Männer in ihre Potenz.« Ihre Botschaft des Geschlechterfriedens ließ sowohl dem Publikum als auch der internationalen Jury den Atem stocken. (WAZ)

Philosophie:

> *»Menschen zu empowern,*
> *ist kein Beruf,*
> *sondern eine Berufung.»*

andreavangeenen.com

Entscheide dich – und sprenge deine Grenzen

Jeder Mensch trifft täglich ca. 20.000 Blitzentscheidungen (Tönnesmann, 2008). Die meisten davon treffen wir unbewusst und ohne große Anstrengung. Doch wir werden ebenfalls von Entscheidungen heimgesucht, die große Auswirkungen auf unser Leben haben können. Und genau solchen versuchen wir aus dem Weg zu gehen. Warum?

Deine Lebensqualität ist das Resultat der Entscheidungen, die du in der Vergangenheit getroffen hast.

Manch einer würde diesen Satz kategorisch ablehnen. Das tat auch ich – vor einigen Jahren. Heute, mehr als zwei Jahrzehnte und viele Entscheidungen später, ist er zu meinem Leitsatz geworden. Diesem Leitsatz habe ich es heute zu verdanken, dass ich ein selbstbestimmtes und wunderbares Leben führe. All das wurde von vergangenen Entscheidungen bestimmt. Und jede neue Entscheidung, die ich heute treffe, wird meine Zukunft prägen. Glücklicherweise ist die Selbstbestimmung für viele Menschen heutzutage selbstverständlich. Doch für mich war es nicht immer so. In meinem Leben gab es eine grundlegende Entscheidung, die andere für mich getroffen haben. Diese eine Entscheidung hat mich für zwei Jahrzehnte lang in meinem Dasein gelähmt. Und auch meine eigene Entscheidungskompetenz maßgeblich auf die Probe gestellt.

Der Reisebus bewegte sich langsam, fast ein bisschen bedächtig aus der Stadt. Im Inneren herrschte eine unheimliche Stille und Angst. Angst vor Ungewissheit, Angst, wo diese Reise enden wird. Angst ums Leben, weil der Bus an einer kilometerlangen Schlange von Kettenfahrzeugen, Panzern und schwerem Geschütz vorbeifuhr. Diese bewegte sich auch langsam – aber stadteinwärts. Es war im Jahr 1992, und einer der brutalsten Kriege in Europa hat gerade erst begonnen. Das Reiseziel dieser Gruppe war westliches Europa, und jeder im Bus wusste, um dahin zu kommen, mussten sie mehrere kritische Grenzen passieren. Grenzen, die jedes Land langsam, aber sicher dichtmachte, um sich vor einer Flüchtlingswelle zu schützen.

Ich saß damals in diesem Bus. Als wir am ersten Kontrollpunkt ankamen, stieg ein Soldat ein, um unsere Pässe zu kontrollieren. Für mich sah er aus wie eine Ausgeburt der Hölle. Ich hatte noch nie im Leben eine Waffe gesehen. Und schon gar nie jemanden, der sich damit bis an die Zähne geschmückt hatte!

Als er meinen Pass in den Händen hielt, schaute er mich lüstern an und fragte dümmlich-verwundert: »Arlena?« Der Name, der mir mein bis dahin kurzes Leben lang verhasst war, weil ihn sich niemand merken konnte, hat mir tatsächlich in diesem Moment das Leben gerettet! Oder die Ehre? Nach langem Zögern übergab er mir den Pass und ging weiter. Mir aber blieb die Luft weg, und ich verkroch mich in meinen Sitz, um nicht loszuschreien. Ich vernahm nur noch schemenhaft, dass weiter hinten im Bus einige Menschen hinausbefördert wurden. Auf Nimmerwiedersehen.

In diesem Moment habe ich realisiert, dass meine Mutter nur meinetwegen unser Zuhause verließ. Sie wollte mich vor Gewalt ebensolcher Männer schützen. Ich war damals fünfzehn Jahre alt und schon mit allen weiblichen Attributen ausgestattet. Die Entscheidung, die sie damals für mich traf, war nur zu meinem Besten gewesen. Das konnte ich aber viele Jahre lang nicht so sehen. Denn in diesem einen Moment im Bus hat mein Unterbewusstes felsenfest beschlossen, dass es gefährlich ist, wenn man sich dafür entscheidet, Grenzen zu überqueren. Beschlossen, abgestempelt und besiegelt. So war es, und es durfte nie mehr etwas anders behauptet werden. Dieser Beschluss wurde mit jeder weiteren Grenze und jedem weiteren Kontrollpunkt umso mehr bestärkt. Eine Erfahrung hat eine Emotion ausgelöst, die zur körperlichen Wahrnehmung wurde. Diese Wahrnehmung wurde mit jeder weiteren Grenze und jedem weiteren Kontrollpunkt umso mehr gefestigt, dass sie zur Überzeugung mutierte und somit der Glaubenssatz entstand: »Du darfst nicht über die Grenze gehen.« Von nun an galt dies auch im übertragenen Sinne – ich darf meine Komfortzone nicht verlassen, sonst fühlt es sich schrecklich an.

Mein rationaler, analytischer Verstand hat immer wieder neue Ideen und Impulse gebracht. Sobald aber mein Unterbewusstes das Gefühl hatte: »Hmmm ... könnte schwierig werden, über diese Hürde zu gehen. Grenze – schlecht für mich – mache ich nicht mit!«, hatte ich keine Chance.

Lange Zeit wusste ich gar nicht, dass all meine vermeintlichen Misserfolge auf dieser Geschichte beruhen – über die eigenen Grenzen zu gehen! Denn jedes Mal, als ich kurz davorstand, meine Ziele und Ideen zu realisieren, bin ich vor Angst zurückgewichen. Und jedes Mal hat mir nur ein kleiner Schritt gefehlt. Ein kleiner Schritt, um festzustellen, dass hinter der Grenze Wachstum, Entwicklung und unendliches Potenzial nur auf mich warten. Ich hätte nur den einen Schritt machen müssen ...

Und so ist es mit jeder Entscheidung und mit jedem guten Vorsatz, den wir uns vornehmen. Solange wir das Unbewusste nicht auf eine für ihn attraktive Art und Weise mitnehmen können, sind wir eigentlich gar nicht so sehr Herr der Lage, wie wir uns dies gerne vormachen. Das Gegenteil ist der Fall, und zahlreiche wissenschaftliche Studien aus der Psychologie und Neurowissenschaft haben dies auf vielfache Art und Weise belegt.

Ich wollte mit dieser Geschichte aufzeigen, wie unsere Emotionen unsere Entscheidungen beeinflussen, so dass wir sie meiden oder gar nicht treffen mögen. Selbst wenn wir einer Entscheidung aus dem Weg gehen, haben wir uns dafür entschieden und den Status quo gewählt. Wir können nicht nicht entscheiden. Und vor allem können wir keine rationalen Entscheidungen treffen, ohne dass unsere Emotionen dabei beteiligt sind. Unserer bewussten Entscheidung geht immer eine unbewusste Entscheidung voraus. Die Frage ist nur, wie weit lassen wir dabei unsere Emotionen eingreifen?

Meine Angst, die Komfortzone zu verlassen, hinderte mich viele Jahre lang daran, zu wachsen und mich weiterzuentwickeln. Heute bringe ich mich bewusst und mit Leichtigkeit immer wieder in Situationen, in denen ich meine Komfortzone weit hinter mir lassen muss. Das ist die Entwicklung. Wie schaut es bei Ihnen aus? Am Schluss sind es immer nur Sie, die darüber entscheiden, ob Ihre Lebensqualität steigt oder sinkt.

Neulich bin ich in Goethes Faust auf folgendes Zitat gestoßen, und es scheint mir hier als Abschluss passend zu sein: »Vermesse dich, die Pforten aufzureißen, vor denen jeder gern vorüberschleicht. Hier ist es Zeit, durch Taten zu beweisen, dass Manneswürde nicht der Götterhöhe weicht.« Unser Leben wäre halb so interessant, wenn es gradlinig und immer sanft verlaufen würde. Es sind geradewegs die Herausforderungen, Stolpersteine und unsere Entscheidungen, die unsere eigene Geschichte entstehen lassen und die es lebenswert und kunterbunt machen.

Arlena Velagic

Arlena Velagic ist erfolgreicher Coach, Speaker und besser und sicherer zu treffen, als auch für ihn reproduzierbare Entscheidungsprozesse zu entwickeln. Dabei liegt der Schwerpunkt auf Emotionen, die menschliche Entscheidungen maßgeblich positiv oder negativ beeinflussen können. Sie gibt mehrmals im Jahr Radiointerviews zu den Themen Business, Erfolg, Leben, Kommunikation und Entscheidungen. Arlena Velagic ist mehrfache Firmengründerin und arbeitet außerdem mit mehreren Ärzten als Hypnose-Consultant zusammen.

arlenavelagic.com

Trainer*innen on stage – trau dich, in (d)eine Rolle zu fallen!

Wenn du den Mut findest, verschiedene Trainerrollen zu performen, hast du eine Präsenz, die Menschen nachhaltig begeistert und inspiriert!

Die fünfundvierzigjährige Kathie arbeitet seit rund zwanzig Jahren als Pädagogin mit beeinträchtigten Menschen. Während dieser Zeit hat sie sich intern besonders im Umgang mit autistischen Menschen einen Namen gemacht. Ihre Kolleginnen und Kollegen schätzen ihre fachliche Expertise und Souveränität, Angehörige ihre emphatische Haltung.

Eines Tages tritt der Bereichsleiter auf sie zu und bittet sie, ein zweitägiges Inhouse-Training über das Asperger-Syndrom anzubieten. Kathie sagt spontan zu und spürt im Laufe des Tages eine unbändige Lust, ihr Wissen und ihre Erfahrungen an andere weiterzugeben.

Am nächsten Tag legt sie los.

Sie schreibt ihr geballtes Know-how zu einem Konzept zusammen und fiebert dem ersten Trainingstag euphorisch entgegen. Es haben sich vierundzwanzig Mitarbeitende angemeldet. Ausgerüstet mit einer aufwendigen PowerPoint-Präsentation, Flipchart, Statistiken, Studien, Checklisten, Unterlagen, Übungen und hoher Motivation startet Kathie ihr erstes Training.

Es scheint alles nach Plan zu laufen. Zeitlich gut getaktet geht sie Folie für Folie durch, erklärt, gibt Beispiele, stellt Zwischenfragen und gibt Antworten. Im Laufe des Tages umschleicht sie allerdings ein ungewohntes Gefühl: Sie nimmt wahr, dass nur einzelne besonders Engagierte Fragen stellen, aufmerksam zu sein scheinen und Übungen gewissenhaft umsetzen. Andere schauen immer mal wieder auf ihre Mobilphone, bringen sich wenig bis gar nicht ein und kommen nur schleppend aus den Pausen zurück.

Wie kann das sein? fragt sich Kathie. Sie ist sich sicher, dass ihr Know-how einen hohen fachpraktischen Nutzen für die Teilnehmenden hat, also richtig wertvoll ist. Eigentlich müssten diese ihr an den Lippen hängen, aber sie tun es nicht; nicht wirklich.

Fast verzweifelt stellt Kathie sich die Frage: Was fehlt nur?

Am darauf folgenden Freitagabend sitzt Kathie mit ihrer Freundin Beate zusammen und erzählt ihr von dieser für sie enttäuschenden Erfahrung. Wissen zu vermitteln, scheint doch nicht gerade zu meinen Stärken zu gehören, resigniert Kathie.

Kathie, mal spontan gefragt: Wenn du dich an vergangene Veranstaltungen erinnerst, die dich und vielleicht auch andere nachhaltig beeindruckt und weitergebracht haben, kannst du dann ausmachen, ob es – allgemein gesprochen – besondere Gütekriterien für erfolgreiche Trainings gibt? Was bringt Teilnehmende in Aktion? Was muss passieren, dass sie berührt und begeistert sind? – Oder kurz: Was wirkt?

Kathie wandert in ihren Erinnerungen durch viele verschiedene Trainings und Fortbildungen. Heureka – ich hab's!

Menschen sind dann begeistert und machen aktiv mit, wenn sie die Chance haben,

- ihre eigenen Erfahrungen mit neuen Erkenntnissen zu betrachten,
- sich auch mal zeigen dürfen und dafür Applaus ernten,
- inspiriert werden, Neues auszuprobieren,
- sich mit ihren persönlichen Geschichten einbringen können,
- als Person wahrgenommen und gewürdigt werden,
- das Gefühl von persönlichem Wachstum erleben,
- durch den Austausch mit anderen eine emotionale Nähe spüren,
- einen Wechsel von Spannung und Entspannung erfahren,
- Feedback zu ihren Fortschritten erhalten und sich auch mal
- vor Lachen ausschütten können.

Allein die Erinnerungen an all diese wunderbaren Momente lösen bei mir einen immensen Schub an positiver Kraft und Schaffensfreude aus, grinst Kathie.

Okay, das ist es, sagt Beate. Du weißt nun, mit welchen unausgesprochenen und sicherlich auch unbewussten Erwartungen

Menschen in deinem Training sitzen. Sei mal ehrlich, Kathie: Hatten Erwartungen dieser Art Platz in deinem Training?

Schlagartig entgleisen Kathie sämtliche Gesichtszüge. Also, genau genommen nicht viele, gesteht sie. Leider habe ich mich völlig auf die Fachinhalte konzentriert, wollte unbedingt als Fachexpertin für Autismus erkannt werden. Ich dachte fälschlicherweise, dass alle happy sind, wenn ich mein gesamtes Fach- und Erfahrungswissen auf das Wichtigste komprimiere und ihnen in einem Fünf-Gänge-Menü serviere, bestehend aus – wohlgemerkt - fünf Hauptspeisen! Jetzt kann ich nachvollziehen, dass selbst die Hungrigsten spätestens nach dem dritten Gang satt waren und mit einem Völlegefühl in das bekannte Suppenkoma fielen. Meine Nichte würde sagen, es fehlte der Fun-Faktor!

Bingo, sagt Beate. Top-Trainer konzentrieren sich in ihren Veranstaltungen nicht primär auf den Inhalt, den sie unter die Leute bringen wollen.

Top-Trainer inszenieren aus dem Blickwinkel der Teilnehmenden einen dramaturgischen Rahmen und schaffen mit verschiedenen Mitteln Möglichkeiten der rationalen, emotionalen und physischen Beteiligung. Als Trainerin bist du die Regisseurin, die das inhaltliche Werk mit Geschichten, sprachlichen Bildern, Einsatz von Körper, Stimme, Sprechpausen, Bewegung, Musik und Requisiten zu einem Gesamtwerk zusammenfügt und auf die Veranstaltungsbühne bringt.

Kathie ergänzt: Ob und wie Fachinhalte verstanden und nachhaltig angewendet werden, hängt somit maßgeblich vom Spannungsbogen der Veranstaltung und der darauf abgestimmten Trainerperformance ab. Exzellente Trainer verstehen es, eine Symbiose aus rationaler Klarheit und emotionaler Intensität herzustellen. Um das wirksam tun zu können, performen sie analog ihres perfekt präparierten Drehbuchs inszenierte Rollen. Sie begreifen sich anlass- und kontextbezogen als

- Fachexperte für ein bestimmtes Thema,
- als Veranstaltungsregisseur für den Ablauf,
- als Busfahrer der Gruppe,
- als Präsentator für die Wissensdarbietung,
- als Mentor für die Teilnehmerbetreuung,
- als Professor für reine Fach- und Sachaspekte,

- als Geschichtenerzähler, um Fachinhalte praxisbezogen einzubetten,
- als Facilitator, um die Gruppenstimmung wahrzunehmen,
- als Entertainer, um die Gruppe in Aktion zu bringen,
- als Moderator, um Ergebnisse sichtbar zu machen, und auch
- als Magier für beeindruckende Special Effects.

Mit dem Blick auf Kathies weiteren Trainingstag fragt Beate abschließend:

Das klingt großartig, Kathie. Doch Folgendes möchte ich dich noch fragen:

- Bist du denn auch mutig, mit deiner Stimme zu spielen? Mal leise wie eine Libelle, mal laut wie ein Löwe?
- Bist du denn auch mutig, dich auf der Bühne zu bewegen? Mal schnell, mal schleppend?
- Bist du denn auch mutig, von deinen eigenen Erfahrungen zu erzählen? Von schönen und nicht so schönen?
- Bist du denn auch mutig, eine Rampensau zu sein? Ja? Dann starte durch – jetzt!

Fall du dich allerdings in einem Moment mal nicht so mutig fühlen solltest, so lass dir sagen: »Niemals wird dir ein Wunsch gegeben, ohne die Möglichkeit, ihn auch zu verwirklichen« (Richard Bach). Und es ist vollkommen okay, dass du auf dem Weg dorthin noch Anregungen und Unterstützung brauchst.

Kathie wird klar, dass sie ein hervorragendes Grundgerüst für ihre nächste Veranstaltung gefunden hat. Zugleich erinnert sie sich allerdings auch an einen Lieblingssatz ihrer Oma:

Die Zutaten haben wir; nur kochen müssen wir jetzt noch!

Anna Vogel

Studierte Pädagogin, fünfundzwanzigjährige Lehr- und Coaching-Tätigkeit im beruflichen Bereich, Themenfelder: Pädagogik, Psychologie, Verkauf. Seit fünfzehn Jahren Dozentin an Universitäten: Schwerpunkt Bildungswissenschaften, Auszeichnung als Excellence-Speakerin, Speaker-Weltrekordhalterin 2020, systemische Coachin, Netzwerkerin, Buchautorin, zahlreiche Veröffentlichungen, Firmengründerin, Mutter und Ehefrau. Anna Vogel unterstützt mit Leidenschaft und höchstem Gefühl von Glück Menschen darin, ihre Passion zu finden und ihre Profession zu performen.

anna-vogel.com

Mit Beautiful Commitment die Welt retten

Als wir vegan wurden, war uns beiden klar, dass uns das allein nicht reicht. Wir wollten mehr, als nur damit aufzuhören, Tiere auszubeuten. Wir wollten dazu beitragen, dass das Thema Tierausbeutung irgendwann nur noch in den Geschichtsbüchern zu finden ist. Zu Beginn litten wir sehr unter diesem Weltschmerz. Erst durch unser Aktiv-Werden ging es uns besser. Je mehr Ideen wir in die Tat umsetzten, umso mehr fanden wir in unsere Mitte zurück. Heute erlauben wir uns (wieder) glücklich zu sein. »Wirken – Erfüllung – Glück« hat dafür gesorgt, dass unser Commitment zu etwas Wunderschönem geworden ist.

2018 waren wir auf einem Seminar für persönliche Weiterentwicklung. Vor Ort waren Hunderte Menschen, die voller Tatendrang waren, aber kein »Warum« hatten. Sie wussten nicht, wofür sie sich einsetzen sollten. Das hat uns unfassbar schockiert. So viele Suchende … Wir kannten wiederum Hunderte, Tausende vegane Menschen, die ein riesengroßes »Warum« hatten, aber nicht wussten, wie sie es kommunizieren sollten.

Wir haben uns dann gefragt, warum es solche Seminare oder Coachings eigentlich nicht für VeganerInnen gibt. Wir kannten niemanden damals, der sich dieses unfassbar präsenten Themas angenommen hat. Daher haben wir beschlossen, selbst Persönlichkeitsentwicklung für VeganerInnen anzubieten.

Heute stärken wir mit unseren Seminarveranstaltungen und Mentoring-Programmen AktivistInnen und VeganerInnen mit all unseren Erfahrungen und erlernten Tools den Rücken und vermitteln MultiplikatorInnen ein starkes und sinnhaftes »Warum«.

Wir sind Caroline von Schwerin und Stephanie Klann, zwei ehemalige Straßenaktivistinnen aus Hamburg mit Leader-Background aus der Unternehmens- und Finanzberatung, die jeden Einsatz für Tiere einer Cocktailparty vorziehen würden, denn wir haben uns das schlichte Ziel gesetzt, die Welt zu retten, indem wir dazu beitragen, die Massentierhaltung abzuschaffen, Tierethik Mainstream und Veganismus sexy zu machen.

»Beautiful Commitment« ist unsere Liebeserklärung an die Welt!

Jeder Mensch hat eine ganz besondere Gabe, eine Fähigkeit oder ein Talent. Wir sind alle einzigartig. Wie traurig wäre es zu denken, dass wir nicht bedeutsam sind? Und diese eine Gabe, diese Fähigkeit trainierst du und wirst immer besser darin, um dich dann mit Leichtigkeit und Freude genau damit für die Tiere einzusetzen. Aktivismus hat unglaublich viele Gesichter: Kochen, Backen, Malen, Zeichnen, Handwerken, Programmieren, Designen, Beraten, Texten, Verkaufen, Connecten, Netzwerken, Organisieren, Leiten, Gärtnern, Entwickeln, Entwerfen, Kreieren, Erfinden bis hin zu Spenden, um denen zur Hand zu gehen, die schon etwas bewegen und verändern. Jede/r Einzelne von uns ist unentbehrlich in dieser Bewegung, ein Puzzlestück im großen Ganzen. Zu denken »Ich allein kann eh nichts ändern!« oder »Ich bin nicht gut genug!« sind limitierende Glaubenssätze, die es gilt umzukehren. Dies ist eine unserer selbstgewählten Aufgaben und einer unserer Schwerpunkte mit unserer Arbeit mit »Beautiful Commitment«.

Reflektierter Konsum und die vegane Lebensweise sind ein guter Anfang. Andere dafür zu begeistern, macht den großen Unterschied! Doch der soziale Druck, gesellschaftliche Zwänge und vor allem Ängste und mangelndes Selbstvertrauen lassen noch unfassbar viele von uns stumm bleiben, daher bieten wir unserer Community den wöchentlich erscheinenden »Bewege etwas«-Podcast, die Seminar-Veranstaltungen, das Einzel-Mentoring, die Workbooks und Webinare, mit denen wir vegan lebende Menschen motivieren und befähigen, sich clever mit positiver Schaffenskraft aktiv für die Tiere, die Menschen und unseren Planeten einzusetzen. Wir begleiten VeganerInnen dabei, für ihre persönlichen Werte einzustehen, und unterstützen sie mit unserem Modell »Mastering the Change«, basierend auf den »7 Säulen der Veganen Persönlichkeitsentwicklung«, und mit den »4 Action-Typen« unseres »W.E.G.-Modells«, selbstbewusst und happy zum strahlenden Vorbild für andere zu werden, denn unserer Meinung nach hat unsere Mitwelt es verdient, dass wir alle unser volles Potenzial ausleben.

Wir empowern Menschen damit, ihre Schöpferkraft zu entdecken, neue Wege zu gehen, sich für die vegane Bewegung im eigenen Umfeld mit Klarheit und Nachsicht zu positionieren oder sogar ein »veganes« Business zu gründen, um gemeinsam mit einer engagierten Community die Welt Stück für Stück zu einem besseren Ort für alle zu machen. Denn alles hängt miteinander zusammen.

Um Mitgefühl, Achtung, Respekt und Liebe Mainstream zu machen, vereinen wir mit »Beautiful Commitment« die Mega-Trends der Zukunft und haben die »vegane Persönlichkeitsentwicklung« als smarte Aktivismus-Form der aufgeklärten Gesellschaft in der Szene etabliert. Nun wird es Zeit, das Thema »Tierrechte« endlich aus der Nische zu holen. Doch das ist eine echte Challenge. Wir können von uns behaupten, dass wir, seitdem wir uns für die vegane Lebensweise entschieden haben, den wohl größten Wachstumsprozess unseres Lebens erfahren haben. Und wir wachsen weiter. Jeden Tag!

Rückschläge und Frust erleben wir fast täglich. Im Verhältnis zu dem, was da draußen passiert, ist es jedoch unbedeutend. Oft steht uns Menschen nur das eigene Ego im Weg oder persönliche Befindlichkeiten. Wir selbst drücken dann bei uns immer auf den imaginären »Reset-Button« und stellen uns die Frage: Wofür sind wir angetreten? Letztendlich ist es einfach: Wenn du nur ein einziges Leben rettest, nur eines, ist es all das wert. Alles! Was die meisten Menschen am Ende ihres Lebens bereuen, sind nicht die Dinge, die sie getan haben, sondern jene, welche sie nicht getan haben.

Und aus diesem Grund sind wir unendlich dankbar! Dankbar für all das, was wir erlebt und erfahren haben, für all die Menschen, die in unser Leben getreten sind und die uns geholfen haben, für all die Dinge, die wir bereits erschaffen und verändert haben, für die Hunderte von Leben, die wir bereits retten durften. Dieses Gefühl zu »wirken«, erfüllt uns so sehr, dass es uns unendlich glücklich macht. Und genau aus diesem Grund darf Tierrechts-Aktivismus und Veganismus hell und leuchtend, strahlend und vor allem ansteckend sein!

Mitgefühl und Respekt allen Lebewesen gegenüber und das Teilen der veganen Lebensweise ist unsere Mission. Die Schönheit dieser Verpflichtung zu erkennen, sie zu leben und zu lieben, ist unsere Vision für alle Menschen da draußen. Unser größtes Bestreben ist es daher, Menschen, die dies bereits erkannt haben, so aufzustellen, dass sie sich erfolgreich für die Tiere einsetzen und somit auch für sich selbst. Das bedeutet konkret, Mut zu entwickeln und voller Dankbarkeit und mit Stolz die eigenen Werte nach außen zu tragen. Die Frage, die sich jede/r stellen darf, lautet: Warum bin ich hier?

Wir sind unendlich dankbar, dies für uns beantworten zu können. Wir haben nur dieses eine Leben. Leben wir es!

Carolin von Schwerin und Stephanie Klann

Als »Premium« und »Lieblings-Podcasterinnen« der Veganszene etablierten Caroline von Schwerin und Stephanie Klann mit »Beautiful Commitment« die »vegane Persönlichkeitsentwicklung« und holen so auf ihre Weise Veganismus in die Mitte der Gesellschaft. Mit viel Charme und klaren Worten machen sie Weltretten nicht nur bühnenreif, sondern auch sexy. In ihren Coachings unterstützen die beiden VeganerInnen dabei, sich selbstbewusst und smart zu positionieren und gleichzeitig voller Erfüllung und Leichtigkeit richtig was zu bewegen und zum strahlenden Vorbild für andere zu werden.

beautifulcommitment.de

Entscheidung zum Glücklichsein

Hast du dir schon mal die Frage gestellt, ob du dich nicht viel zu oft von äußeren Einflüssen leiten lässt – von deinen Eltern, Nachbarn, Lehrern und der Werbeindustrie?

Heutzutage wird uns gesagt, wir haben tausend Möglichkeiten. Was uns aber keiner sagt, ist, was daraus für Probleme entstehen. Denn bist du schon mal an einer Straßengabelung mit zig verschiedenen Wegen gestanden und hattest keine Ahnung, wohin du gehen sollst? Das ist das Problem – durch die vielen Möglichkeiten sind wir nicht in der Lage, schnell und instinktiv zu entscheiden – auf unser Bauchgefühl zu hören, unser Herz zu fragen, wo es denn hinwill.

Wir wissen nicht, was wir wollen und was uns ausmacht, es spielt auch nur noch eine untergeordnete Rolle. Wir können keine Entscheidung treffen.

Warum machen wir das? Weil es einfach und bequem ist – wenn unsere Meinung und unser Handeln dem Konsens der breiten Masse entspricht, brauchen wir nicht zu fürchten, irgendwo anzuecken oder aufzufallen. So lassen wir uns in ein Leben dirigieren, was meistens noch nicht mal unser Eigenes ist. Aber es kommt noch schlimmer, wir werten unser Leben, unsere Erfolge oder Misserfolge immer an anderen, wir belegen uns mit einem Fremdbild, von etwas oder jemandem, das wir sein wollen oder denken es sein zu müssen. Wir werten selbst nach den falschen und äußerlichen Kriterien und lassen uns in unseren Entscheidungen beeinflussen oder sogar für uns entscheiden.

Wann haben wir aufgehört, unsere Entscheidungen selbst zu treffen? Wann hören wir in uns hinein und hören auf unser Herz, wenn es uns versucht zu sagen, was es will?

Denk kurz an die folgenden Fragen:
- Wer interessiert sich für DICH?
- Wer bist du denn eigentlich?

- Was macht dich glücklich?
- Was sind deine Ziele in deinem Leben?
- Wofür bist du angetreten?
- Was willst du aus deinem Leben machen?
- Was willst du der Nachwelt und deinen Kindern hinterlassen?
- Bist du glücklich mit deinem Leben/Job/aktueller Situation?

Die meisten von uns sind unzufrieden und unglücklich mit ihrem Leben, aber selbst nicht in der Lage, es zu ändern. Statt nach Ursachen dieses Problems zu suchen, geraten wir in die Alltags-Lethargie. Wir leben nicht, wir funktionieren. Wir haben längst vergessen, was es bedeutet zu träumen. Erinnere dich mal an deine Kindheit zurück – du konntest alles sein, du konntest fliegen oder warst Superman. Wo sind diese Träume geblieben? Wir dürfen wieder lernen zu träumen und groß zu denken. Was hält uns auf?

Wir machen uns selbst viel kleiner, als wir sind, oder wir denken: Wozu träumen, das schaffe ich sowieso nicht? Und was, wenn doch ...?! Die wichtigste Frage, die man sich hierbei stellen sollte, lautet: Was würdest du machen, wenn alles möglich wäre?

Wenn du für dich die Antwort auf diese Frage gefunden hast, dann gibt es nur eines – entscheide dich, deinen Weg zu gehen, glaube an dich und deine Idee, und ziehe es durch. Das ist die einzige Möglichkeit, um wahres Glück zu empfinden. Und glaub mir, es funktioniert! Doch die Mehrheit scheitert bereits am Glauben an die Idee, denn für jede Lösung gibt es immer auch ein Problem. Hier den Glauben an sich und seine Idee nicht zu verlieren und einen Zeitplan zu erstellen, ist der Schlüssel zum Erfolg. Lass uns daran festhalten, denn wenn wir sehr viele Ideen und Wünsche haben, ist es sinnvoll, diese in einen zeitlichen Plan zu verpacken, damit wir unterwegs nicht dauernd von unseren zukünftigen Ideen unterbrochen werden. Nimm dir Zeit, um nur an einem Traum fokussiert zu arbeiten.

Nur zuerst sollen wir uns entscheiden, was wir möchten. Wer sich heute nicht entscheiden kann und immer am Zweifeln ist, wird im Zweifel sterben. Nur wer sich hier und jetzt traut, auf sein Herz zu hören, der wird das Glück auch machen. Denn Glück findet man nicht, man muss es sich erarbeiten. Entscheidungen zu treffen müssen wir lernen – uns darauf trainieren, das Glück, das wir empfinden, wenn wir etwas Entscheidendes zu Ende geführt haben, zu genießen und uns zu belohnen. Wenn wir es geschafft haben, kleine Erfolge zu feiern, indem wir das umgesetzt haben, was wir uns vorgenommen haben, so werden sich die Erfolgs- und Glücksmomente automatisch vermehren.

Egal in welcher Situation wir heute stecken, wir dürfen nie vergessen, dass es immer ein Danach geben wird. Es gibt hier keinen schlimmeren Fehler, als tagein und tagaus in demselben Trott vor sich hin zu leben, immer traurig und unglücklich. Das will doch niemand auf Dauer! Wir müssen aufwachen und die Sinnfragen zulassen, auch wenn diese Aufgabe nicht einfach ist – denn nichts ist schlimmer, als vertanes Leben zu bereuen.

In meinem Leben war es der Drogenkonsum und die daraus resultierende Lethargie, die meinen Lebensweg verändert haben. Solange der Kühlschrank voll war, die Miete bezahlt und das Internet funktionierte, war alles in Ordnung. Das ging durch sehr viele Jahre so. Ich hätte mit diesem Lebensstil beinahe alles verloren – meine Frau, meinen Job und Wohnung. Und erst als meine Frau schwanger war, habe ich es geschafft, mich auf mich einzulassen und mir die Frage der Fragen zu stellen: Was will ich eigentlich? Will ich ein bekiffter arbeitsloser Papa werden? »NEIN!«, habe ich mir gesagt und ab diesem Tag mein Leben konsequent und komplett auf den Kopf gestellt.

Das war die beste Entscheidung, die ich bisher getroffen habe. Einfach war der Weg nicht, aber dank dem Glauben an eine bessere und glücklichere Zeit habe ich es geschafft. Kurze Zeit später haben wir unsere Firma gegründet und führen seither ein kleines mittelständisches Unternehmen mit jährlichem Zuwachs.

Eine klare Entscheidung, die konsequent verfolgt wird, kann den Unterschied zwischen arbeitslos und unglücklich und erfolgreich und glücklich ausmachen. Es gibt kein pauschales Rezept, das es einem erleichtert, ab heute nur noch die richtigen Entscheidungen zu treffen, geschweige denn ein Rezept für Glück.

Aber ich verspreche euch, wenn jeder von uns etwas mehr an sich und seine Träume glaubt und bewusst entscheidet, seinen Weg zu gehen, dann leben wir bald in einer Gesellschaft voller glücklicher und erfüllter Menschen. Denn Erfolg ist die Folge von Entscheidungen.

Markus Zeitler

Markus Zeitler

 Er hat das Talent, Probleme schnell zu erfassen und einfache lösungsorientierte Vorschläge schnell zu formulieren. Seine Lösungsvorschläge sind unkonventionell, jedoch wirksam und erfolgreich. Mit seinen achtunddreißig Jahren führt er nun seit fast zehn Jahren ein erfolgreiches Montage- und Elektrounternehmen. Diese Tätigkeit hat ihn gelehrt, schnelle, praxisnahe Lösungen zu finden und umzusetzen. Auch als Arbeitnehmer überzeugte er durch Innovationen und hervorragende Stressresilienz. Er hilft Menschen dabei, aus ihrem Alltagstrott zu erwachen und ihr Leben selbstbestimmt und entscheidungsfroh zu leben.

m-zeitler.de

Glücklich sein durch Selbsterkenntnis

Es gibt nur eine wichtige Angelegenheit im Leben aller.

Seine Seele zu vervollkommnen.

Nur in dieser einzigen Angelegenheit gibt es kein Hindernis für den Menschen und nur durch diese einzige Angelegenheit erfährt der Mensch immer die Freude.
LEO TOLSTOJ

Wir alle kommen in dieses Leben, um glücklich zu sein. Aber nicht jeder schafft das. Ängste, Unsicherheiten, Kränkungen, Zweifel, Probleme an der Arbeit, Krankheiten und andere negative Einflüsse in unserem Leben hindern mich daran, glücklich zu sein.

Wo liegen die Ursachen, dass diese Probleme in mein Leben treten? Was kann ich dagegen tun? Was kann mir wirklich helfen, um zufrieden zu sein? Wie kann ich in meine Kraft kommen? Auf was soll ich achten? Was kann ich verändern?

Antworten auf diese Fragen bekommst du nur, wenn du dich auf den Weg machst.

Was bestimmt dein Leben?

Unser Leben ist geprägt von Verhaltensmustern, die wir in unseren Familien erfahren und angenommen haben, von Glaubenssätzen, unbewussten Wahrheiten, in die wir uns verstrickt haben. Viele unbewusste Gewohnheiten und Emotionen bestimmen unser Handeln, wir leben sie aus, aber tun sie uns gut? Führen sie nicht zu Missverständnissen, offenen oder unausgesprochenen Konflikten oder gar zu Streit, weil wir z. B. aus gekränkter Eitelkeit oder fehlender Wertschätzung heraus reagiert haben. Begrenzen wir nicht selbst unsere Möglichkeiten, weil wir ja »sowieso nicht gut genug sind«?

Legen wir nicht oft die Verantwortung für unser Leben in die Hände der Anderen? Die Anderen sind schuld, wenn es mir nicht gut geht, die Anderen haben mit ihrem Verhalten dafür gesorgt, dass ich schlecht dastehe, und ich rechtfertige mich vor den Anderen, warum es in meinem Leben so aussieht und nicht anders.

Unbewusst identifizieren und definieren wir uns mit dem und über das, was um uns herum geschieht, ohne den Blick auf uns selbst zu richten und ohne die Verantwortung für eigenes Handeln, eigene Emotionen, eigene Gedanken zu übernehmen. Wie oft verfallen wir in die Rolle des Opfers, indem wir die Verantwortung für alles, was in unserem Leben geschieht, ja sogar für unser Glück, den äußeren Umständen, anderen Menschen, deren Absichten und unserer Vergangenheit zuweisen.

Der erste Schritt zum eigenen Glück

Nein, kein Mensch ist ein Opfer. Jeder von uns ist ein gleichwertiger Teil der Schöpfung, hat einen freien Willen und die Kompetenz des freien Denkens, hat Gefühle und Bedürfnisse. Mensch zu sein, bedeutet in erster Linie das bewusste Gestalten des eigenen Lebens und die verantwortungsvolle Anwendung der eigenen Schöpfungskraft, damit Glück und Harmonie sich entfalten.

STOPP – wahres Glück ist immer bewusst, alles andere ist »russisches Roulette«. Und wenn du beginnst, dich zu fragen, warum dir diese oder jene Dinge passieren, warum du mit diesen oder jenen Menschen Konflikte aushalten oder austragen musst, warum dein Leben nicht leicht und glücklich verläuft, dann ist es genau die richtige Zeit, um innezuhalten, allen Mut zusammenzunehmen und den ersten Schritt zu machen.

Der Weg zu dir selbst

Der Weg zu sich selbst beginnt mit der Entscheidung, erkennen zu wollen, warum du so bist und nicht anders, warum du dieses Leben hast und kein anderes. Und mit der Bereitschaft, lernen zu wollen, wie du dein Leben bewusst positiv gestaltest. Um dich selbst zu erforschen, brauchst du den Mut, die Wahrheit über dich selbst zu erfahren, dem Bewussten und dem Unbewussten zu begegnen.

Die Grundlage der Selbstforschung basiert unter anderem auf dem Erkennen des Ursache-Wirkung-Prinzips: Jedes menschliche Verhalten hat eine Ursache, einen Grund und du hast die Aufgabe, beides herauszufinden. Ist es deine Sehnsucht nach Anerkennung, die dich immer weiter in die Leistung treibt, dafür sorgt, dass du dich nur über deine Arbeit definierst, die dich zwar erfolgreich, aber nicht glücklich macht und dir keinen inneren Frieden schenkt?

Oder ist es dein Wunsch nach Liebe und Geborgenheit, nach Zugehörigkeit und Schutz, der dich dazu bringt, immer das zu tun, was andere von dir erwarten? Vielleicht ist es aber auch die Angst vor dem Verlust von Liebe und Zuneigung, warum du die Bedürfnisse der Anderen höher stellst als deine eigenen?

Es muss dir bewusst werden, dass jede Veränderung der Ursache automatisch die Wirkung, also die Verhaltensweisen – deine und damit die der Anderen – verändert. Je bewusster du handelst, je bewusster du dich ausdrückst, desto klarer, leichter und somit glücklicher entwickelt sich dein Leben.

Sei du selbst die Veränderung, die du
dir wünschst für diese Welt.
(MAHATMA GHANDI)

Ich bin Helen Zwölfer, ich kann dich auf deinem Weg der Veränderung und auf dem Weg zu dir selbst begleiten, damit du durch Selbsterkenntnis zum wahren Glück kommst. Ich unterstütze dich dabei, Verhaltensmuster und Glaubenssätze, die dich prägen, zu erkennen und zu verändern. Dabei wende ich seit vielen Jahren erfolgreich die Praxis der Meditation und des Familienstellens an.

Meditation ist die Ursachenforschung. Hierbei gehen wir von außen nach innen, stärken unsere Willenskraft, reinigen uns und erkennen in uns, wo Blockaden, Schwachstellen und Anhaftungen sind. Durch die Meditation erlangen wir innere Stärke, Kraft und Klarheit. Meditation befreit uns von Bewertung und Polarität, verschafft uns die Kontrolle über unsere Gefühle und unseren Verstand, schenkt uns die innere Stille, befreit die Seele und befestigt sie in ihrem wahren Selbst.

Familienstellen identifiziert die Muster, die wir als Glaubenssätze und Werte aus unseren Familien übernommen haben, die uns daran hindern, frei und glücklich zu sein. Familienstellen hilft, auf der mentalen und energetischen Ebene die Verstrickungen und Belastungen, welche die Ursache für schwierige Lebenssituationen bilden, zu erkennen und aufzulösen. Das führt dazu, dass wir die natürlichen Beziehungen zu unseren Eltern, Großeltern und Ahnen in Freiheit, Liebe, Achtung und Wertschätzung leben.

Auf diesem Weg wirst du schnell spüren, dass es kein Kurztrip ist, sondern eine lebenslange spannende Forschungsreise, aber es lohnt sich. Denn je mehr du von dir kennenlernst, desto mehr bestimmst du in deinem Leben, wo es lang geht. Denn du allein kennst das Ziel, weißt, wo du hinmöchtest, wie du dich fühlst, und du allein gehst diesen Weg zu dir selbst. Nur du trägst die Verantwortung und weißt, was gut für dich ist. Und nur du kannst wissen, was deine Wahrheit ist, was für dich Liebe und Glück bedeuten.

Helen Zwölfer

Helen Zwölfer steht für Selbstgestaltung, bewusstes Leben und die Integration der Spiritualität ins tägliche Leben, für die Entwicklung der Kraft der Liebe, für Selbstforschung und spirituelles Wissen. Sie forscht seit über dreißig Jahren auf dem Gebiet

der Spiritualität, hat Hunderte von Aufstellungen geleitet und unterrichtet seit über zehn Jahren in mehreren Ländern und Sprachen. Sie blickt auf Zigtausende Stunden Meditationspraxis zurück und hat den Fokus ihrer Arbeit auf Wertschätzung, Achtung und selbstlose Liebe gelegt – Helen Zwölfer verhilft Menschen zum wahren Glück durch Selbsterkenntnis.

alternative-psychology.eu

Verzeichnis der Bildrechte:

Severin Bah: Alexander Wurm

Achim Behrens alias »Jack Tourette«: Jamie Lee Arnold

Max Beier: SignoreRudolpho

Andreas Berwing: Michael Siebert, Hannover

Detlef Blankenburg: Fotostudio am Hexenturm, Herborn

Gabriele Braeker: Fotostudio Faceland

Wilfried Brunck: Dominik Pfau

Ulf Camehn: Sascha Hahne

Güngör Coskun: Dominik Pfau

David Gil Cristóbal: David Gil Cristóbal

David Diesel: Janosch Obermayer

Tobias Epple: Wolfgang Jansen

Rezzan Fabienne: Benjamin Gelhaar

Tanja Franz: Sabine Schreiber Fotografie

Maren Fromm: Dominik Pfau

Ursula Garo: PetraAngelaImhof.ch

Andy Gerard: Andy Gerard

Matthias M.C. Gondorf alias Folgenreich: Dominik Pfau

Stefanie Grossmann: Phillip Eggers

Birgitt Groth: Birgitt Groth

Andreas Hacker: Marc Gilsdorf

Tobias Hauk: Adrian Tirlui

Oliver Helfrich: BVFI-Bundesverband für die Immobilienwirtschaft

Jürgen Herrmann: Wosilat

Hans-Jochen und Tanja Hesseln: lumière fotografie, Butzbach

Toni Hisenaj: Jens Bremeyer

Angelika Eléna Hohenberger: Arne Pastoor

Florian Höper: Aron Grawert

Monika Hoyer: Dominik Pfau

David Huber: david-jacob-huber

Niklas Jost: Foto Kirsch GmbH

Heinz Kaegi: Foto Larko

Michael Kiel: Dominik Pfau

Verena Kiy: Bea Rietz, Gloomy Light Photography

Markus Klimesch: Nicole Schenzel

Marc Kristen: TR Fotografie

Monika Leu: Aneta Lehotska

Bettina Löber: Bettina Löber
Ralf Lüttmann: Louis & Co GmbH
Brigitte Meinl: Brinke
Katharina Mihatsch: picturepeople
Magdalena Modlinska-Nawroth: Alina Lenja Proc
Gerald Moser: Christine Rechling - Foto[CR]afie
Ute Moßbrucker: M. Moßbrucker
Roland Ngole: Polina Ngole
Tim Ong: STUDIOLINE PHOTOGRAPHY
Alexander Plath: Tres Camenzind
Christian Reich: Katrin Mauch PHOTO
Sandra Repking: Rene Luedke Photography
Egmont Roozenbeek: Steffen Schmid
Manfred Sack: Sabrinity
Gregor Schanda: Evelyn Schanda
Frank Schmitz: Patrick Reymann
Andrea van Geenen: Dominik Pfau
Arlena Velagic: Anna Tomczak
Anna Vogel: Dominik Pfau
Carolin von Schwerin und Stephanie Klann: Danny Yassaro
Markus Zeitler: Zeitler
Helen Zwoelfer: Dominik Pfau